Ulrich Kutschera

Grundpraktikum zur Pflanzenphysiologie

Quelle & Meyer Verlag Wiesbaden

Prof. Dr. U. Kutschera
Universität Kassel (GhK)
FB 19 Pflanzenphysiologie
Heinrich-Plett-Str. 40
D-34109 Kassel

Die Deutsche Bibliothek - CIP-Einheitsaufnahme

Kutschera, Ulrich:
Grundlagen der Pflanzenphysiologie / Ulrich Kutschera. -
Wiesbaden : Quelle und Meyer, 1998
(UTB für Wissenschaft : Uni-Taschenbücher ; 2026)
ISBN 3-8252-2026-5 (UTB)
ISBN 3-494-02245-3 (Quelle und Meyer)

ISBN 3-494-02245-3

Umschlaggestaltung: Jürgen Reichert
Druck und Verarbeitung: AZ Druck und Datentechnik, Kempten
Printed in Germany/Imprimé en Allemagne

ISBN 3-8252-2026-5 (UTB-Bestellnummer)

Inhaltsverzeichnis

Vorwort

Die Biologie ist keine Verbal-, sondern eine Real-Wissenschaft. Zum Verständnis der in den Lehrbüchern dargestellten Fakten ist es daher für die Studierenden erforderlich, mit eigenen Händen am lebenden Objekt zu arbeiten. Neben den theoretischen Lehrveranstaltungen (Vorlesungen, Seminare) sind entsprechende Praktika, die je nach Umfang und Anspruch auch als Kurse oder Übungen bezeichnet werden, für die Ausbildung von großer Bedeutung.

Im Katalog der biologischen Pflichtfächer der Diplom- und Lehramtsstudiengänge unserer Hochschulen nimmt die Pflanzenphysiologie aus einer Reihe von Gründen eine zentrale Position ein. Zunächst ist es für angehende Biowissenschaftler und Lehrende an höheren Schulen unabdingbar, die Fähigkeit zum Beobachten und Experimentieren zu erwerben. Lebende Pflanzen sind aufgrund der geltenden Tierschutzbestimmungen bevorzugte Versuchsobjekte zur Durchführung physiologischer Praktika. Die experimentell ermittelten Meßwerte müssen tabelliert, umgerechnet, ausgewertet und in Form korrekt beschrifteter Grafiken anschaulich dargestellt werden. Im letzten Schritt erfolgt dann die Interpretation der Daten: welche Hypothesen bzw. Theorien werden durch die Versuchsergebnisse unterstützt oder in Frage gestellt? Neben dem Handwerk des Experimentierens ist der Erwerb dieser intellektuellen Fertigkeit des naturwissenschaftlichen Erkenntnisgewinns eines der wichtigsten Lernziele.

Das vorliegende Praktikumsbuch wurde zum einen als Begleittext des pflanzenphysiologischen Grundkurses angehender Diplombiologen und zum anderen für die Hauptpraktika der Lehramtsstudiengänge verfaßt. Nebenfach-Biologen, wie z.B. Pharmazeuten, Agrar-, Forst- und Gartenbau-Wissenschaftlern sowie Lehrenden an Gymnasien wird es ebenfalls von Nutzen sein. Das Experimentierbuch wurde bezüglich der Stoffauswahl und Art der Darstellung auf das im gleichen Verlag erschienene *Kurze Lehrbuch der Pflanzenphysiologie* (UTB 1861) abgestimmt. Der Text kann aber auch in Verbindung mit jedem anderen modernen Lehrbuch der Pflanzenphysiologie benutzt werden.

Das Buch beginnt mit einer theoretischen Einleitung, die den Leser motivieren soll, sich mit den Lebensprozessen der Pflanzen zu befassen. In den folgenden 12 Kapiteln werden dann alle wesentlichen Teilaspekte der Physiologie der höheren Pflanzen abgehandelt, wobei auch Themen wie die Biometrie und die Photobiologie berücksichtigt wurden. Am Anfang jedes Kapitels steht eine kurze theoretische Einführung, in der das zum Verständnis notwendige Hintergrundwissen vermittelt wird. Auf den folgenden Seiten sind dann relativ einfach durchführbare Schlüsselexperimente zur Illustration bzw. quantitativen Analyse der wichtigsten physiologischen Prozesse der höheren Pflanzen beschrieben. Sämtliche Experimente sind durch Abbildungen illustriert (Versuchsaufbau; Ergebnis). Repräsentative quantitative Resultate und eine kurze Interpretation der Daten ergänzen den Text. Die Mehrzahl der aufgenommenen Experimente wurden bisher noch nicht beschrieben; zum Teil handelt es sich um vereinfachte

Varianten bekannter Versuche. Reine *in vitro*-Experimente (z.B. Analyse von Enzymaktivitäten) wurden nicht berücksichtigt, da dies Gegenstand der Pflanzenbiochemie ist, die im Rahmen biochemischer Kurse abgehandelt wird. Es steht in dem vorliegenden Grundpraktikum immer der *intakte Organismus* im Vordergrund, wobei bei der Auswahl der Versuchsobjekte ökonomisch wichtige Nutzpflanzen berücksichtigt wurden. Als Grundausstattung wird in der Regel ein Lichtmikroskop mit Okularmikrometer und Präparierbesteck sowie das übliche Labor-Gebrauchsmaterial (z.B. Petrischalen, Pipetten, Glaskolben) benötigt. Unter Verwendung selbstgebauter Apparate und im Fachhandel erhältlicher Standardgeräte (z.B. Gefrierpunkt-Osmometer, Spektralphotometer) können die hier beschriebenen Experimente auch in größeren Gruppen leicht durchgeführt werden. Wegen der derzeit gültigen Gefahrstoffverordnung wurde auf die Verwendung gesundheitsgefährdender Chemikalien, wie z.B. KCN, grundsätzlich verzichtet. Die Mehrzahl der hier beschriebenen Experimente sind somit im Prinzip auch für den Unterricht an höheren Schulen geeignet.

Das Praktikumsbuch hätte ohne die Hilfe meiner Mitarbeiter nicht entstehen können. Mein besonderer Dank gilt Frau O. BRAND (Schreibarbeit) und Frau DR. I. PFEIFFER, die den Großteil der Abbildungen nach meinen Vorlagen und Entwürfen gezeichnet hat. Dem Quelle & Meyer Verlag danke ich für gute Zusammenarbeit und die Bemühung, das Buch zu einem relativ günstigen Preis erscheinen zu lassen.

Kassel, im April 1998 U. KUTSCHERA

1 Einleitung: Die Bedeutung der Pflanzen für das Leben auf der Erde

Ohne die in der Sonne ablaufende Kernfusion wäre die Erde eine eiskalte, lebensfeindliche Steinwüste, deren Atmosphäre keinen Sauerstoff enthalten würde. Außerhalb der Erdatmosphäre (Weltall) herrscht eine durchschnittliche Temperatur von –271 °C. Die solare Strahlungsenergie führt zu einer Erwärmung unserer Atmosphäre (Durchschnittstemperatur: +15 °C). Der *natürliche Gewächshauseffekt* bewirkt, daß die Erd-Temperatur um + 33 °C höher ist als sie aufgrund des Abstandes zur Sonne sein sollte: „Treibhausgase" wie CO_2 und Wasserdampf lassen einen Teil der Sonnenstrahlen passieren. Sie absorbieren jedoch die von der Erdoberfläche reflektierte langwellige (infrarote) Wärmestrahlung und senden diese zurück in die Atmosphäre. Resultat: es herrscht auf der Erde eine Temperatur, die für die Mehrzahl der Lebewesen optimal ist.

Die Photosynthese der Pflanzen ist der mit Abstand wichtigste Prozeß, über den die Sonnenenergie in die Biosphäre gelangt: grüne (chlorophyllhaltige) Organismen wandeln die solare Strahlungsenergie in chemische (verwertbare) Energie um und speichern diese in Form energiereicher Kohlenstoffverbindungen. Als Nebenprodukt entsteht Sauerstoff. Man schätzt, daß etwa 1 % der auf der gesamten Erdoberfläche eintreffenden Strahlungsenergie über die Photosynthese „gebunden" und somit für die Biosphäre nutzbar gemacht wird. Die photoautotrophen (d.h. sich unter Ausnutzung der Lichtenergie selbst ernährenden) Pflanzen produzieren somit die Primärnahrung (energiereiche organische Substanzen), von der alle heterotrophen Organismen leben (die Tiere einschließlich des Menschen; Pilze; zahlreiche Bakterien). Die Welt-Primärproduktion an pflanzlicher Trockenmasse liegt im Bereich von etwa 170 Milliarden Tonnen/Jahr. Hiervon entfallen etwa 1/3 auf das Meer (Algen) und 2/3 auf die festgewachsenen höheren Landpflanzen. Wir wollen uns im folgenden mit der Evolution des Lebens, insbesondere der Entstehung der Photosynthese, befassen. Abschließend sind die praktischen Aspekte der Pflanzenphysiologie dargestellt.

A. Chemische Evolution

Das Alter der Erde sowie der benachbarten terrestrischen Planeten Venus und Mars wird auf etwa 4,5 Milliarden (= 4500 Millionen) Jahre geschätzt. Die Zusammensetzung der Uratmosphäre der jungen Erde ist unbekannt. Man vermutet, daß sie aus Wasserdampf, Wasserstoff, Kohlendioxid, Stickstoff, Methan und anderen Gasen bestand. Der lebenswichtige Sauerstoff war, genau wie noch heute auf den Planeten Venus und Mars, nur in Spuren vorhanden. In dieser weitgehend anaeroben (sauerstofffreien) Uratmosphäre herrschten lebensfeindliche Bedingungen (hohe Temperaturen, kein UV-Schutz, Blitze, Vulkanausbrüche). Bereits 1 Milliarde Jahre nach Entstehung der Erde, d.h. vor etwa 3,5 Milliarden Jahren, waren die Urozeane mit primitiven Lebensformen besiedelt, die den noch heute lebenden Cyanobakterien (Blaualgen) ähnelten (Abb. 1.1). Wie konnten diese ersten Lebewesen in der heißen Ursuppe der jungen Erde entstehen? Zwei Hypothesen wurden formuliert. 1. Es wurde wiederholt die Vorstellung geäußert, die ersten Lebewesen seien über Sporen aus dem Weltall auf die junge Erde gelangt und hätten sich dort ausgebreitet. Diese Hypothese (*Panspermie*, d.h. Import der Urlebewesen aus anderen Sonnensystemen) ist mit naturwissenschaftlichen Methoden weder überprüf- noch widerlegbar und soll daher hier nicht weiter diskutiert werden. 2. Vor etwa 4 Milliarden Jahren entstanden in den Urozeanen der jungen Erde aus unbelebter (toter) Materie die ersten Lebewesen. Diese zweite Hypothese (eine *chemische Evolution* führte zur Entstehung der Urlebewesen) wird durch ein berühmtes Experiment unterstützt, das im folgenden kurz besprochen werden soll. S.L. Miller und H. C. Urey führten in den 1950er Jahren eine Serie von Versuchen durch, die zeigten, daß mit Hilfe elektrischer Entladungen (Blitze) in einer anaeroben Atmosphäre aus einfachen Substanzen (Methan, Ammoniak, Wasser, Wasserstoff) organische Moleküle entstehen können. Neben zahlreichen proteinogenen Aminosäuren wurden auch verschiedene organische Moleküle (z.B. Milchsäure, Harnstoff, α-Aminobuttersäure) gefunden. Im Jahr 1961 gelang durch Abänderung der Versuchsbedingungen der Nachweis, daß ein Baustein der Nucleinsäuren abiogen gebildet werden kann. Die stickstoffhaltige Base Adenin, Bestandteil der Desoxyribonucleinsäure (DNA), verschiedener Ribonucleinsäuren (RNA) und des Adenosintriphosphats (ATP), wurde in der künstlichen „Ursuppe" in relativ hoher Konzentration nachgewiesen. Die meisten Biogenese-Forscher gehen heute davon aus, daß die ersten Lebewesen aus abiogen gebildeten RNA-Molekülen hervorgegangen sind. Obwohl noch zahlreiche Fragen offen sind, wird diese experimentell überprüfbare Hypothese zur Erklärung der Lebensentstehung (Biogenese) auf der jungen Erde zur Zeit weitgehend akzeptiert.

B. Biologische Evolution

Die vermutlich tröpfchenförmigen, einzelligen, sich selbst replizierenden Urorganismen schwammen im Urozean umher und ernährten sich von den dort reichlich vorhandenen organischen Molekülen. Wir vermuten, daß die anaerobe Energiegewinnung der an heute lebende heterotrophe Bakterien erinnernden Urlebewesen über Gärungsprozesse

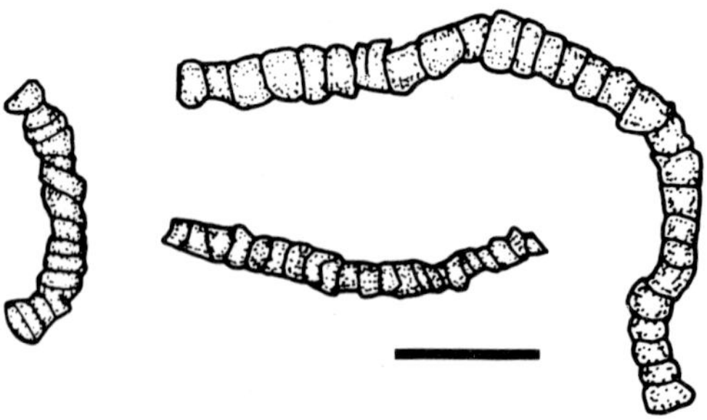

Abb. 1.1: Schematische Darstellung der ältesten fossil erhaltenen Zell-Abdrucke (Urorganismen). Die etwa 3,5 Milliarden Jahre alten Mikrofossilien bestehen aus Fäden mikroskopisch kleiner Zellen, die an heute lebende photosynthetisch aktive Cyanobakterien erinnern. Balken: 10 µm. (Nach Schopf, J.W.: Science 260, 640-646, 1993.)

verlief. Es kam somit in der „Ursuppe" mit der Zeit zu einer Verarmung an organischen Molekülen. Dies induzierte einen *Selektionsdruck*: Lebewesen, die sich neue, alternative Energiequellen erschließen konnten, überlebten, während die „konservativen" Konsumenten nach und nach ausstarben. Zunächst entstanden vermutlich die Vorläufer der heutigen Rhodospirillales (grüne Bakterien und Purpurbakterien). Diese orange oder grün gefärbten, im Wasser lebenden Einzeller nutzen das Licht ($h \cdot \nu$) als Energiequelle, um unter Verwertung der Wasserstoff-Donatoren H_2S (oder H_2) aus CO_2 energiereiche Kohlenhydrate (CH_2O) zu synthetisieren:

$$2\,H_2S + CO_2 \xrightarrow{h \cdot \nu} CH_2O + H_2O + 2\,S$$

Da bei diesem Prozeß Schwefel (S), jedoch kein Sauerstoff frei wird, bezeichnen wir diese Art der Sonnenenergie-Nutzung als *anoxigene Photosynthese*.

Vor 2 – 3 Milliarden Jahren kam es zu einer „biochemischen Revolution": Einzeller, die vermutlich den noch heute lebenden Cyanobakterien ähnlich waren, erschlossen sich eine praktisch unerschöpfliche Quelle für Wasserstoff-Atome. Durch lichtgetriebene Spaltung des H_2O-Moleküls (Photolyse des Wassers: $2\,H_2O = O_2 + 4\,H$) waren die zur Reduktion des CO_2 notwendigen H-Atome nun in unbegrenzter Menge verfügbar:

$$2\,H_2O + CO_2 \xrightarrow{h \cdot \nu} CH_2O + H_2O + O_2$$

Da hierbei als Nebenprodukt molekularer Sauerstoff (O_2) freigesetzt wird, bezeichnen wir diesen Prozeß als *oxigene Photosynthese*. Diese photochemische Reaktion wird als

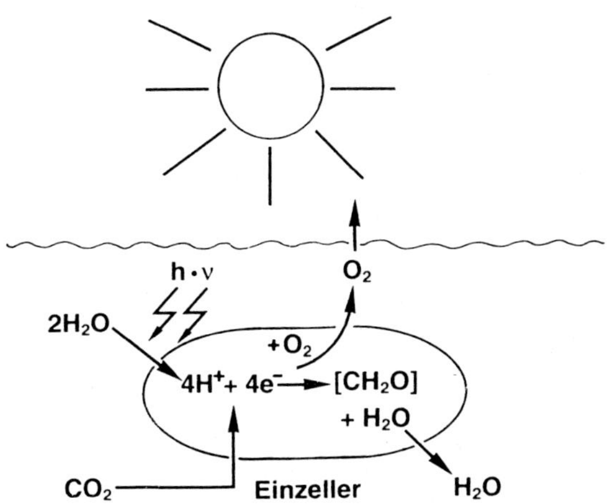

Abb. 1.2: Entstehung der oxigenen Photosynthese (Photolyse des Wassers) vor 2 – 3 Milliarden Jahren. Die im „Urozean" lebenden Zellen (s. Abb. 1.1) erschlossen sich durch lichtgetriebene Spaltung von H_2O-Molekülen eine unerschöpfliche Quelle für Wasserstoffatome ($H = H^+ + e^-$), die zur Reduktion des Kohlendioxids (CO_2) zum Kohlenhydrat [CH_2O] benutzt werden konnten. Als Nebenprodukt wird Sauerstoff (O_2) freigesetzt, der sich in der Uratmosphäre ansammelte.

„Urknall in der Evolution der Organismen" bezeichnet (Abb. 1.2). Die nach „Erfindung" der oxigenen Photosynthese entstandenen und sich nun rasch vermehrenden Urorganismen hatten gegenüber ihren Konkurrenten entscheidende Selektionsvorteile: H_2O-Moleküle waren im Urozean in praktisch unbegrenzter Menge vorhanden, während die organischen Substrate der heterotrophen Konkurrenten bzw. die Wasserstoff-Donatoren (H_2S bzw. H_2) der anoxigen Photosynthese betreibenden Organismen limitierende Faktoren darstellten. Für die anaeroben (heterotrophen) Urlebewesen stellte der freigesetzte Sauerstoff ein toxisches Gas dar: es ist wahrscheinlich, daß mit der Entstehung der oxigenen Photosynthese ein erstes Aussterben einer ganzen Gruppe von Urorganismen (Gärungs-Mikroben) verbunden war.

Wie rasch stieg der O_2-Gehalt in der Uratmosphäre an? Wir vermuten, daß das im Meer gelöste Eisen-II-oxid sowie Bestandteile der Erdkruste ein enormes O_2-Bindevermögen besaß. Zunächst wurde der freigesetzte Sauerstoff somit „abgefangen" (Bildung von Eisen-III-oxid und -sulfat). Einige Millionen Jahre nach Entstehung der oxigenen Photosynthese waren diese anorganischen O_2-Puffer jedoch weitgehend erschöpft: es kam im Wasser und in der Luft zu einem stetigen Anstieg des O_2-Gehalts, der heute bei etwa 21 Volumen % liegt (Abb. 1.3). Der Anstieg im O_2-Gehalt hatte zwei weitreichende Konsequenzen für die biologische Evolution: Die Entwicklung einer Ozon-Schutzschicht und die Ermöglichung der aeroben Energiegewinnung (Zellatmung). Im folgenden wollen wir die beiden Prozesse etwas detaillierter betrachten.

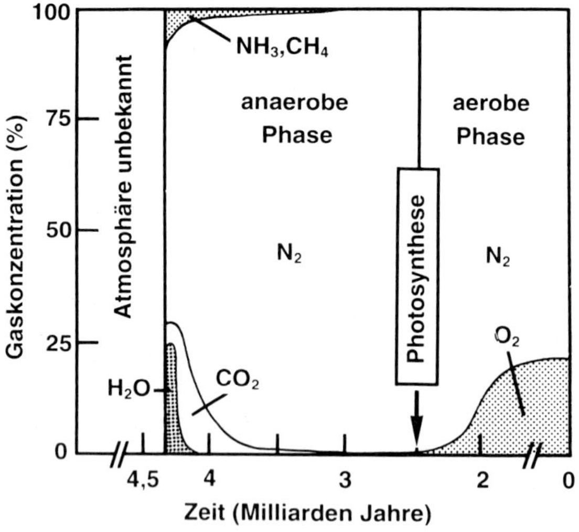

Abb. 1.3: Änderung der Zusammensetzung der Erdatmosphäre im Verlauf der vergangenen 4,5 Milliarden Jahre (= Zeitraum seit der Entstehung der Erde). Die ersten Urlebewesen entwickelten sich vor etwa 4 Milliarden Jahren (reduzierende Atmosphäre, Zusammensetzung: Wasserdampf [H_2O], Kohlendioxid [CO_2], Ammoniak [NH_3], Methan [CH_4] und Stickstoff [N_2]). Vor 2 – 3 Milliarden Jahren entstand die oxigene Photosynthese. Als Resultat stieg der Sauerstoffgehalt (O_2) der Luft von ~ Null auf etwa 21 Vol.% an. (Nach ALLEGRE, C.J. & SCHNEIDER, S.H.: Sci. Amer. 271, 44-51, 1994.)

(I). Ozonschicht: Die Stratosphäre (Luftschicht, 20 – 40 km oberhalb des Erdbodens) ist der Raum, in dem etwa 90 % des gesamten atmosphärischen Ozons entsteht. Diese durch Absorption von kurzwelligem Ultraviolett (UV)-Licht (Wellenlänge $\lambda < 240$ nm) ermöglichte Reaktion verläuft in zwei Schritten: 1. $O_2 + h \cdot \nu \rightarrow 2\ O$ (atomarer Sauerstoff), 2. $O + O_2 \rightarrow O_3$ (Ozon). Die in der Stratosphäre unter Wirkung kurzwelliger UV-Strahlung ($\lambda < 240$ nm) gebildeten O_3-Moleküle absorbieren das längerwellige UV-Licht ($\lambda < 310$ nm) und wandeln hierbei die Strahlungsenergie in Wärme um (UV-Schutz durch photolytische Zersetzung des Ozons):

$$h \cdot \nu + O_3 \xrightarrow{\lambda < 310\ \mathrm{nm}} O + O_2 + \text{Wärme}$$

In der Stratosphäre bildet sich somit unter Wirkung des kurzwelligen Sonnenlichtes (UV) eine Ozon-Gleichgewichtskonzentration aus, die in 20 – 25 km Höhe ein Maximum erreicht ($10^{12} - 10^{13}$ O_3-Moleküle pro cm^3 Luft). Dieser *Ozon-Schutzschirm* entstand vermutlich vor etwa 1 Milliarde Jahren, d.h. zu einem Zeitpunkt, als der Sauerstoffgehalt der Atmosphäre noch geringer war als er heute ist. Da die kurzwellige, energiereiche UV-Strahlung der Sonne ($\lambda = 200 - 300$ nm) für Lebewesen schädlich bzw. je nach Intensität tödlich ist (→ Zerstörung der DNA, Mutationen, Zellwucherung, Photooxidation), konnte erst nach Entstehung der oxigenen Photosynthese (Abb. 1.2) das Land erobert werden. Vor etwa 0,5 Milliarden Jahren besiedelten die ersten Landpflanzen unter dem Schutz der Ozonhülle die nicht mit Wasser bedeckten Bereiche unseres Planeten. Bis zu diesem Zeitpunkt (d.h. etwa 3 Milliarden Jahre lang) war das Meer der einzige Lebensraum auf der Erde. Ein Schutz der stratosphärischen Ozonschicht, die derzeit durch anthropogene Emissionen wie gasförmige Chlorfluorkohlenwasserstoffe dezimiert wird („Ozonloch"), ist für das Überleben der terrestrischen Organismen notwendig: ohne Erhalt des Ozon-Schutzschirms werden die Landlebewesen zugrunde gehen.

(II). Zellatmung: Wie Abb. 1.3 zeigt, zerfällt die biologische Evolution in eine anaerobe und eine aerobe Phase. Vor der „Erfindung" der oxigenen Photosynthese war der O_2-Gehalt der Erdatmosphäre so gering, daß die aquatischen Urlebewesen auf eine Energiegewinnung durch *Gärungsprozesse* angewiesen waren. In Anwesenheit von Sauerstoff ist die als Zellatmung bekannte Form der heterotrophen Energiegewinnung möglich. Die Energieausbeute (d.h. der ATP-Gewinn pro Glucose-Molekül) ist unter aeroben Bedingungen etwa 18 mal größer als in Abwesenheit von Sauerstoff. Mit dem Anstieg der O_2-Konzentration in der Erdatmosphäre war somit eine wesentlich effizientere Ausnutzung der vorhandenen organischen Moleküle durch heterotrophe Organismen möglich. Die mehrzelligen Organismen (Pilze, Tiere, Pflanzen) entwickelten sich rasch weiter und bilden heute die dominierenden Lebewesen unserer Erde.

C. Pflanzenphysiologie und menschliche Existenz

Wir haben bereits eingangs erwähnt, daß die grünen Pflanzen über die Photosynthese die energiereiche Primär-(oder Ur-)Nahrung produzieren, von der letztlich auch der Mensch lebt. Die photoautotrophen Pflanzen sind somit die einzigen *Produzenten* auf der Erde; sie geben bei der lichtgetriebenen Biosynthese der organischen Moleküle außerdem den lebensnotwendigen Sauerstoff ab. Ihnen stehen die heterotrophen *Konsumenten* gegenüber (Pflanzenfresser und Räuber). Die toten organischen Substanzen (Pflanzen- und Tierkörper; von den Produzenten und Konsumenten hinterlassene Ausscheidungsprodukte) werden von den *Destruenten*, das sind im wesentlichen in der Erde lebende Mikroorganismen und Pilze, in anorganische, energiearme Bausteine zerlegt. Bei diesen als Mineralisation bezeichneten Prozessen werden zum einen Ionen (z.B. Nitrat) freigesetzt, die sich im Kapillarwasser des Bodens ansammeln und über die Wurzeln der Pflanze wieder aufgenommen und verwertet werden. Außerdem entsteht bei der mikrobiellen Mineralisation CO_2, das in die Luft entweicht und der photosynthetisch aktiven Pflanze als Kohlenstoffquelle dient.

In Abb. 1.4 ist eine Nahrungskette dargestellt, in die der Mensch als zentraler End-Konsument eingezeichnet ist. Der Einfachheit halber wurden nur Landpflanzen berücksichtigt. Der Mensch benötigt die Pflanzen im wesentlichen zur Ernährung, als Bau- und Energiestoff und als Quelle für Arzneimittel. Zur *Ernährung* dienen entweder pflanzliche Photosyntheseprodukte (z.B. Kartoffeln, Gemüse, Früchte, Samen) oder Muskelgewebe von Tieren (Fleisch). Aus der Sicht des Biologen verhält sich der Mensch somit entweder wie ein Primärkonsument (Pflanzenfresser) oder als Sekundärkonsument (Räuber). Es ist offensichtlich, daß auch das infolge von Jagd oder Viehzucht gewonnene Fleisch aus pflanzlicher Biomasse entstanden ist („alles Fleisch war einmal Gras"). Ohne die grünen Pflanzen würde der Mensch somit rasch verhungern.

Einer der wichtigsten *Baustoffe* des Menschen ist das Holz. Dieses sekundäre Xylem dient der Pflanze zum Ferntransport von Wasser (Tracheen, Tracheiden), zur mechanischen Festigung des Kormus (Tracheiden, Holzfasern) und zur Speicherung organi-

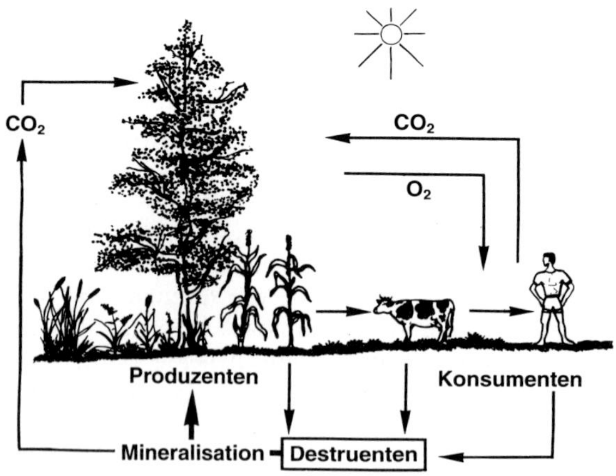

Abb. 1.4: Stoffkreislauf in der Natur unter besonderer Berücksichtigung des Menschen als End-Konsument. Grüne Pflanzen sind die Produzenten auf der Erde, Tiere (einschließlich des Menschen) die wichtigsten Konsumenten. Im Erdreich lebende Destruenten (Bakterien, Pilze) bewirken eine Mineralisation der anfallenden organischen Substanzen. Hierbei entstehen verschiedene Ionen sowie CO_2. Diese Produkte werden von den Pflanzen wieder aufgenommen.

scher Substanzen (Holz- und Markstrahlenparenchym). Der Mensch nutzt dieses tote Photosyntheseprodukt zum Bau von Möbeln und Gebäuden. Weiterhin wird das Papier, ohne welches die kulturelle Entwicklung der Menschheit schwer vorstellbar ist, aus Holz bzw. Zellstoff gewonnen. In früheren Jahren war auch in Deutschland das Holz zur Energiegewinnung von großer Bedeutung. Da bei der Verbrennung von Holz dieselbe Menge an CO_2 freigesetzt wird wie bei der Biosynthese desselben von der Pflanze assimiliert wurde, ist es wahrscheinlich, daß Holz als nachwachsender Rohstoff schon bald zur CO_2-neutralen Energiegewinnung dienen wird (Holzheizkraftwerke). Die fossilen Energieträger Kohle, Erdöl und Erdgas sind aus Photosyntheseprodukten ausgestorbener Pflanzen früherer Erdepochen hervorgegangen (Abb. 1.4). Bei der Nutzung dieser energiereichen Zersetzungsprodukte organischer Substanzen (Kohle-, Öl- oder Gasheizung; Benzinmotor) wird somit photosynthetisch reduzierter Kohlenstoff durch Vereinigung mit Sauerstoff zu CO_2 und Wasser verbrannt. Allerdings erhöht sich durch diese menschlichen Aktivitäten der CO_2-Gehalt der Luft ständig, wodurch der *künstliche Gewächshauseffekt* (Erwärmung der Atmosphäre) zustande kommt.

Schon früh hat der Mensch die heilende bzw. schmerzlindernde Wirkung verschiedener, aus Kräutern gewonnener Präparate erkannt. Auch heute noch wird ein Großteil (etwa 30 %) unserer *Arzneimittel* aus Pflanzen gewonnen. Insbesondere die als Sekundärstoffe bekannten Biosyntheseprodukte, die der Pflanze vermutlich als Abwehrstoffe gegen Schad- und Krankheitserreger dienen, nutzt der Mensch gezielt aus, um bestimmte Krankheiten zu lindern oder zu beseitigen. Wir haben hier nur die drei wichtigsten Beziehungen der Pflanzen zum Menschen genannt und wollen noch weitere Beispiele anfügen. Aus verschiedenen Pflanzenarten gewonnene *Fasern* dienen als Ausgangsmaterial für zahlreiche Produkte, die der Mensch täglich benutzt (z.B. Baumwolle für Kleider, Cellulose für Watte und Verbandmaterial, Naturfasern für Körbe, Schnüre und Taschen, Dämmstoffe und Trennwände für den Bau usw.). Die Tatsache, daß grüne Pflanzen im Licht eine Verbesserung der Luft bewirken, wurde bereits im 18. Jahrhundert erkannt (O_2-Abgabe, CO_2-Aufnahme). In der heutigen Zeit sind die „grünen Lungen am Stadtrand" (Wälder) als Luftfilter und Naherholungsgebiete unentbehrlich. Auch für sein psychisches Wohlbefinden benötigt der Mensch somit die Vegetation.

Zusammengefaßt läßt sich folgende Regel ableiten: Die grünen Pflanzen sind die durch Sonnenenergie angetriebenen „lebenserhaltenden Motoren" auf der Erde. Ohne diese *lebenden Sonnenkraftwerke* würde der in Abb. 1.4 dargestellte Stoffkreislauf rasch zum Stillstand kommen. Die Pflanzenphysiologie befaßt sich mit der Kausalanalyse der Lebensprozesse (wie funktioniert die Pflanze?) und nimmt daher innerhalb der Biologie eine zentrale Stellung ein. Im folgenden wollen wir die wichtigsten physiologischen Prozesse der höheren Pflanzen kennenlernen und anhand ausgewählter Experimente studieren.

2 Übungen zur Quantifizierung von Licht und Anzucht von Versuchspflanzen

Das Licht ist für alle Organismen der Erde ein lebensnotwendiger Umweltfaktor. Es dient der Pflanze als Signal zur Steuerung von Wachstums- und Entwicklungsprozessen und als Energiequelle zur Produktion organischer Moleküle (Photosynthese). Wie aus Abb. 2.1 hervorgeht, gelangt nur ein Teil der von der Sonne emittierten Strahlung, die auf die Atmosphäre unseres Planeten auftrifft, bis zur Erdoberfläche. Durch die bis in die Biosphäre durchdringende solare Strahlungsenergie wird das Leben auf der Erde über die Photosynthese der Pflanzen aufrecht erhalten.

In der experimentellen Biologie werden nicht willkürlich irgendwelche Tiere oder Pflanzen der Natur entnommen und anschließend im Labor untersucht. In der Regel verwenden wir ausgewählte, geeignete *Modellorganismen*, mit denen die gewünschten Lebensvorgänge analysiert werden. Aus den so gewonnenen Daten werden dann allgemeine Schlußfolgerungen gezogen (induktive Methode der Forschung). Für pflanzenphysiologische Praktikumsversuche kommen wir mit nur etwa 10 – 20 verschiedenen Arten aus, die entweder im Freiland heranwuchsen oder in einem Gewächshaus bzw.

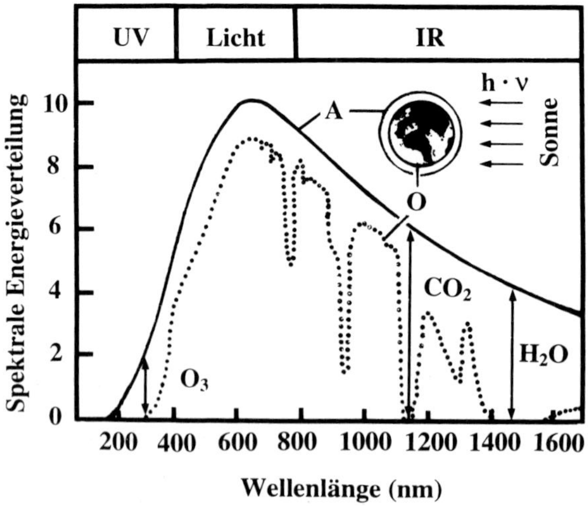

Abb. 2.1: Vergleich der spektralen Energieverteilung (rel. Einheiten) der auf die Atmosphäre auftreffenden (A –) und bei wolkenlosem Himmel bis zur Erdoberfläche durchdringenden Sonnenstrahlung (O ···). Die atmosphärischen Gase Ozon (O_3), Kohlendioxid (CO_2) und Wasserdampf (H_2O) absorbieren einen Teil der Strahlung. UV = Ultraviolett, IR = Infrarot. (Nach NOBEL, P.S.: Physicochemical and Environmental Plant Physiology. Academic Press, London, 1991.)

im Labor (Klimaschrank) angezogen wurden. Mit der Bereitstellung von geeignetem Pflanzenmaterial beginnt jedes Experiment: Im Idealfall sollten daher alle Teilnehmer eines Praktikums in diese Vorarbeiten mit einbezogen werden.

In diesem Kapitel wollen wir anhand praktischer Übungen den Umweltfaktor Licht näher kennenlernen und uns mit der Anzucht von Versuchspflanzen befassen.

2.1 Die Pflanze im Freiland: das Sonnenlicht

Für zahlreiche Experimente verwenden wir Pflanzen (oder isolierte Teile derselben), die unter natürlichen Umweltbedingungen herangewachsen sind. Im Freiland sind die Organismen dem Sonnenlicht ausgesetzt. Wir wollen uns zunächst mit den qualitativen Aspekten dieses wichtigen Umweltfaktors beschäftigen.

Als *Licht* bezeichen wir elektromagnetische Wellen, die sich in Luft mit konstanter Geschwindigkeit c (~ 300.000 km/s) fortbewegen und durch einen bestimmten Energiegehalt gekennzeichnet sind. Aufgrund des Welle-Partikel-Dualismus des Lichts wird die Energie in Form von „Paketchen", die als Photonen (syn. Quanten) bezeichnet werden, übertragen. Das Licht kann somit entweder durch die Frequenz ν (Einheit: Schwingungen/s, 1 Hertz = 1/s), die Wellenlänge λ (Einheit: Nanometer, 1 nm = 10^{-9} m) oder durch einen entsprechenden Energiebetrag E (Einheit: Joule, J) charakterisiert werden, wobei für einzelne Photonen folgende Beziehung gilt:

$$E = h \cdot \nu = \frac{h \cdot c}{\lambda} \qquad (2.1)$$

mit E = Energie des Photons (J), h = PLANCKsches Wirkungsquantum ($6{,}63 \cdot 10^{-34}$ Js), ν = Frequenz (1/s), c = Lichtgeschwindigkeit (~ 300.000 km/s ≈ $3 \cdot 10^{8}$ m/s) und λ = Wellenlänge (nm). Anstelle sich auf einzelne Photonen zu beziehen, ist es üblich, den Energiegehalt von einem Mol Lichtquanten anzugeben (AVOGADROsche Zahl N = $6{,}022 \cdot 10^{23}$ Photonen/1 mol):

$$E = N \cdot h \cdot \nu = \frac{N \cdot h \cdot c}{\lambda} \qquad (2.2)$$

Im nächsten Abschnitt werden wir auf Gleichung 2.2 zurückkommen und dann die molare Basis der Licht-Quantifizierung kennenlernen.

Wie Abb. 2.1 zeigt, emittiert die Sonne ein kontinuierliches Spektrum, das einen Wellenlängenbereich zwischen 200 nm und > 1600 nm umfaßt. Das für den Menschen sichtbare Licht liegt im Bereich zwischen etwa 400 – 800 nm. Kurzwellige Strahlung (λ < 400 nm) bezeichnen wir als Ultraviolett-Licht (UV). Die UV-Region wird in 3 Abschnitte unterteilt: UV-A (400 – 320 nm), UV-B (320 – 280 nm), und UV-C (280 – 200 nm). Wie aus Abb. 2.1. hervorgeht, wird kurzwellige UV-Strahlung (λ < 300 nm) durch die Ozonschicht von der Erdoberfläche abgehalten (s. Kapitel 1). Strahlung, deren Wellenlänge den Wert von etwa 800 nm überschreitet, wird als Infrarot (IR) bezeichnet. Ein Teil der

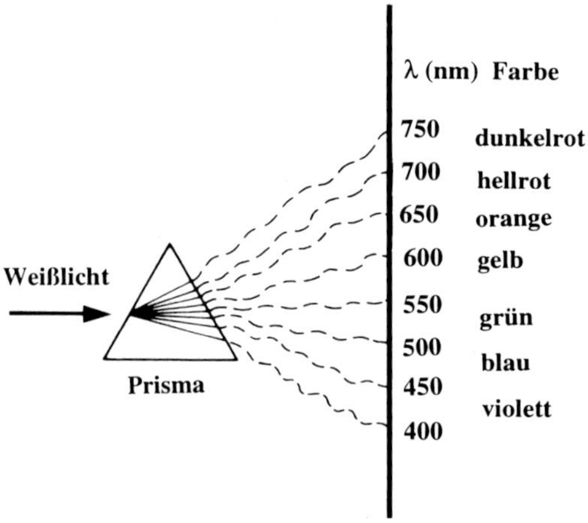

Abb. 2.2: Zerlegung eines polychromatischen Lichtstrahls (→) in einzelne Spektralfarben. Die Beziehung zwischen der Wellenlänge (λ) und der Farbe ist schematisch dargestellt.

solaren IR-Strahlung wird aufgrund der Absorption der atmosphärischen Gase CO_2 und Wasserdampf (H_2O) absorbiert. Daraus folgt, daß nur ein Bruchteil der auf die Luftschicht unserer Erde auftreffenden Sonnenstrahlung die Erdoberfläche erreicht.

Mit Hilfe eines Prismas läßt sich das polychromatische Sonnenlicht in einzelne Farben zerlegen. Abb. 2.2 zeigt schematisch die Beziehung zwischen den jeweiligen Wellenlängenbereichen und den einzelnen Spektralfarben. Ein *Spektroskop* ist eine Apparatur, die es erlaubt, ein Prismenspektrum durch ein Fernrohrobjektiv vor schwarzem Hintergrund zu beobachten. Eine eingeblendete Strichskala, die zuvor z.B. mit einer Quecksilber-Lampe bekannter Emissionslinien kalibriert wurde, ermöglicht die Zuordnung der Farben zu entsprechenden λ-Bereichen. Wir beobachten das in Abb. 2.2 dargestellte Prismenspektrum des Sonnenlichts (bei bewölktem Himmel Diaprojektor verwenden). Nach Gleichungen 2.1 und 2.2 können wir nun die auf 1 mol Photonen bezogene Energiemenge verschiedener Lichtqualitäten berechnen (E, Einheit: KJ/mol):

Beispiel 1: Violett (400 – 450 nm), repr. λ-Wert: 425 nm
$\nu = 7{,}06 \cdot 10^{14}$ Schwingungen/s ⇒ E = 282 KJ/mol

Beispiel 2: Dunkelrot (700 – 750 nm), repr. λ-Wert: 725 nm
$\nu = 4{,}1 \cdot 10^{14}$ Schwingungen/s ⇒ E = 164 KJ/mol

Unser Experiment und die daraus abgeleitete Berechnung zeigt, daß kurzwelliges Licht eine höhere Energie aufweist als langwellige Strahlung. Im ersten Kapitel haben wir gelernt, daß die energiereiche UV-C-Strahlung (λ = 280 – 200 nm) eine schädigende bzw. letale Wirkung auf die Zellen ausübt. Die Ursache können wir nun verstehen: Aus Gleichung 2.2 läßt sich berechnen, daß UV-C-Strahlen (λ ≈ 240 nm) eine Energie von etwa 500 KJ/mol tragen. Zur Spaltung einer kovalenten Kohlenstoff-Bindung (-C-C-) werden 348 KJ/mol benötigt. Lebensnotwendige Biomoleküle, wie z.B. die DNA, können unter der Wirkung dieser kurzwelligen Strahlung verändert bzw. zerstört werden.

2.2 Quantifizierung photosynthetisch aktiver Strahlung

Die für Versuchszwecke dem Freiland entnommenen Pflanzen sind je nach Standort, Tageszeit und Witterungsbedingungen (Sonne, Wolken) ganz unterschiedlichen Lichtverhältnissen ausgesetzt. Auch im Gewächshaus oder in einer Klimakammer liegen bestimmte, möglichst exakt definierte Lichtquantitäten vor. Grundkenntnisse zur Quantifizierung des Umweltfaktors Licht sind daher eine Voraussetzung für ein experimentelles Arbeiten mit Pflanzen. Drei verschiedene Methoden zur Lichtmessung sind heute etabliert, die im folgenden kurz beschrieben werden sollen.

A. Photometrische Lichtmessung (Luxmeter)
Das menschliche Auge ist für Grünlicht ($\lambda \sim 555$ nm) am empfindlichsten. Für Wellenlängenbereiche, die größer oder kleiner sind, ist die Lichtsensitivität geringer: um eine gleich intensive Wahrnehmung anderer Lichtqualitäten zu erhalten, benötigt man eine höhere Strahlungsintensität. In der auf die menschliche Strahlungsperzeption abgestimmten Lichtmeßtechnik werden sogenannte Luxmeter verwendet, die z.B. in der Fotografie im Einsatz sind (Abb. 2.3). Die Einheit dieser als Beleuchtungsstärke bezeichneten Meßgröße ist das Lux (lx). Definition: 1 lx = 1 Lumen/m^2 (Die Größe „Lumen" repräsentiert die Grundeinheit des Lichtstroms; sie ist wie folgt festgesetzt: eine monochromatische Strahlungsquelle mit $\lambda = 555$ nm und der Leistung von 1 Watt erzeugt einen Lichtstrom von 683 Lumen).

Mit einem Luxmeter können wir in der Natur etwa folgende Beleuchtungsstärken messen: klarer Himmel, Sonne, Sommer: bis 100.000 lx; Dämmerung: 100 – 300 lx; Nacht < 0,01 lx. In der pflanzenphysiologischen Laborpraxis wurde mangels Alternative über Jahrzehnte hinweg mit Luxmetern gemessen: diese Daten sind in manche

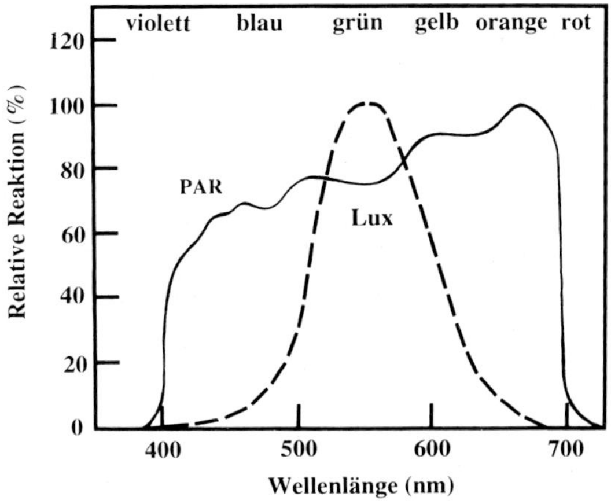

Abb. 2.3: Relative spektrale Empfindlichkeit eines Luxmeters (Lux---) und eines Quantenradiometers, mit Hilfe dessen photosynthetisch aktive Strahlung (PAR –) gemessen werden kann. (Nach einer Betriebsanleitung der Firma LI-COR Inc., Lincoln, Nebraska.)

Tab. 2.1: Mittlerer Photonenfluß (photosynthetisch aktive Strahlung, PAR) im Tagesverlauf, 1 m über der Erdoberfläche im Monat Mai gemessen. Die Daten wurden mit einem Quantum Sensor LI 190 SZ der Firma LI-COR Inc. (Lincoln, Nebraska) ermittelt.

Uhrzeit (h)	8	12	16	20	24
PAR (µmol · m^{-2} · s^{-1})					
klarer Himmel	1000	2000	1300	15	0
bewölkter Himmel	280	900	300	3	0
graue Regenwolken	120	160	120	1	0

Lehrbücher eingegangen. Heute wissen wir, daß die Sensor- und Photosynthesepigmente der Pflanzen (Phytochrom, Cryptochrom, Chlorophylle und Carotinoide) im Spektralbereich um 550 nm praktisch keine Lichtabsorption zeigen: die grün gefärbten Organismen sind „grünblind". Photometrische Angaben (d.h. lx-Werte) sind daher zur Beschreibung photobiologischer Prozesse bei Pflanzen völlig ungeeignet und sollten durch die folgende Meßtechnik ersetzt werden.

B. Quantensensor: Definition von Schwach-, Normal- und Starklicht
Aufgrund der oben genannten Absorptionseigenschaften der pflanzlichen Pigmente wurden spezielle Apparaturen entwickelt, mit Hilfe derer die Photosynthetisch Aktive Strahlung (= Radiation) (PAR, Wellenlängenbereich: 400 – 700 nm) in der Einheit „mol Photonen pro Fläche (m^2) und Zeit (s)" gemessen werden kann (= Photonenfluß, syn. Photonenflußdichte). Die Menge an Licht, die in Form von Photonen mit der Materie (d.h. den Elektronen der Pigmentmoleküle) interagiert, wird mit dieser Methode quantifiziert. Es sollte jedoch darauf hingewiesen werden, daß z.B. dunkelrotes Licht ($\lambda > 700$ nm) nicht erfaßt wird (Abb. 2.3).

Da es seit 1990 international verbindliche Konvention geworden ist, das für Pflanzen relevante Licht in Form des Photonenflusses anzugeben, wollen wir im folgenden einige Übungen durchführen und Merkregeln zusammenstellen. Unter Verwendung eines käuflichen Quantensensors (= Photonenfluß-Meßgerät) können wir im Freiland im Tagesverlauf etwa die in Tabelle 2.1 aufgelisteten Werte erhalten. Bei vollem Sonnenlicht (Mittagszeit, Sommer, wolkenloser Himmel) messen wir Werte zwischen 1900 und 2200 µmol Photonen · m^{-2} ·s^{-1} (im Mittel etwa 2000). Dies ist das natürliche Photonenfluß-Maximum. Wird die Sonne von einer Wolke verdunkelt, so sinkt der Wert auf 300 – 500 µmol · m^{-2} ·s^{-1} ab. Im Schatten von Bäumen oder in der Bodenregion von Wäldern messen wir Werte zwischen 1 und 100 µmol · m^{-2} ·s^{-1}. In der Nacht liegt der Photonenfluß zwischen Null und maximal 0,005 µmol · m^{-2} · s^{-1} (Vollmond, klarer Himmel).

Nach diesen quantitativen Untersuchungen zum Photonenfluß in der Natur wollen wir nun die Reaktion einer typischen Pflanze auf das Licht betrachten und allgemeine Regeln ableiten. Als biologische Meßgröße verwenden wir die Photosyntheserate. Wie wir in den Kapiteln 7 und 8 noch erfahren werden, kann die Photosyntheserate relativ einfach mit einer Sauerstoffelektrode quantifiziert werden. In Abb. 2.4 ist ein repräsentatives Experiment dargestellt. Ein ausgewachsenes, der Sonne ausgesetztes Laubblatt wird abgeschnitten und eine Scheibe ausgestanzt. Mit einer entsprechenden Apparatur kann nun die Photosyntheserate der Blattscheibe in Abhängigkeit des eingestrahlten Lichtes ermittelt werden (s. Kapitel 7.5 und 8.7). Nach Auftragen der Photosyntheserate (Einheit: µmol O_2-Abgabe · m^{-2} Blattfläche · s^{-1}) gegen den Photonenfluß erhalten wir eine *Sättigungskurve*. Anhand der in Abb. 2.4 dargestellten biologischen Eichkurve des Photonenflusses können nun 3 Lichtstärken, bezogen auf die Sonnenblätter der Pflanzen, unterschieden werden:

1. Schwachlicht: Photonenfluß < 100 µmol · m^{-2} · s^{-1}. Nach Überwindung des Licht-Kompensationspunktes (K ~ 20 – 40 µmol · m^{-2} · s^{-1}, d.h. O_2-Aufnahme [= Zellatmung] ~ O_2-Abgabe [= Photosynthese]) werden im linearen Bereich der Kurve etwa 90 % der absorbierten Photonen zum Antrieb der Photosynthese verbraucht (optimale Quantenausbeute von ~ 9 Photonen/1O_2-Molekül).

2. Licht mittlerer Intensität: Photonenfluß im Bereich zwischen etwa 100 – 600 µmol · m^{-2} · s^{-1}. Die Photosyntheserate steigt mit Zunahme der Photonenmenge pro Fläche und Zeit an („Normal-Licht").

3. Starklicht: Photonenfluß > 600 µmol · m^{-2} · s^{-1}, d.h. Lichtsättigung der Photosynthese. Bei 1000 µmol · m^{-2} · s^{-1} werden nur noch etwa 25 % der absorbierten Photonen zum Antrieb der Photosynthese verwendet. Die Pflanze steht unter einem „Lichtstreß": die

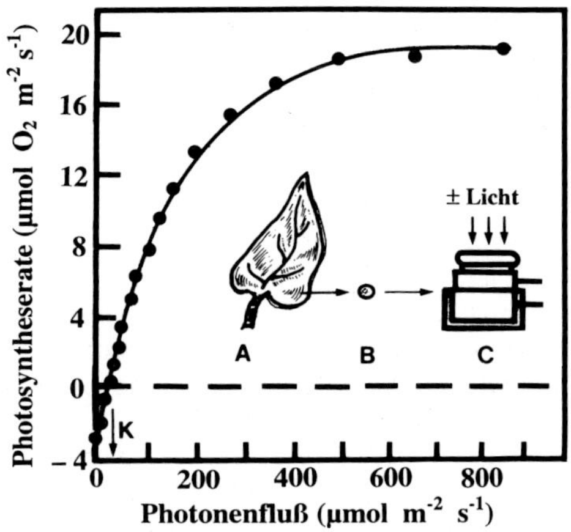

Abb. 2.4: Abhängigkeit der Photosyntheserate eines Sonnenblattes einer Spinatpflanze vom Photonenfluß (= Dosis-Effekt-Kurve der photosynthetischen O_2-Produktion). Isoliertes Blatt (A), Blattscheibe (B). In einer Sauerstoffelektrode (C) wurde in Anwesenheit von CO_2 die O_2-Aufnahme bzw. -Abgabe gemessen. K = Licht-Kompensationspunkt. (Nach Walker, D. A.: J. Exp. Bot. 46 [Special Issue] 1253-1259, 1995.)

im Überschuß eintreffenden Photonen (bzw. die angeregten Elektronen) müssen „entsorgt" werden. Bei ungünstigen Umweltbedingungen (zu tiefe oder zu hohe Temperatur; Stickstoff-Mangel) tritt eine lichtinduzierte Hemmung der Photosynthese ein (Photoinhibition).

C. Radiometrische Energiemessung
Mit Hilfe eines Radio- bzw. Solarimeters kann die Energiemenge pro Zeit (Energiestrom: 1 Watt = 1 J/s) ermittelt werden. Üblicherweise bezieht man sich auf die Einheitsfläche von 1 m^2 und erhält dann den Energiefluß der Lichtquelle ($1\ J \cdot s^{-1} \cdot m^{-2} = 1\ W/m^2$). Da diese Art der Messung jedoch die wellenlängenunabhängige Gesamt-Lichtenergie liefert, photobiologische Prozesse jedoch eine Interaktion zwischen Teilchen (Photonen) und Materie (Elektronen) darstellen, sollte, wenn immer möglich, die unter B besprochene Methode eingesetzt werden (Quantifizierung der PAR).

2.3 Anzucht von Versuchspflanzen

Wie bereits eingangs erwähnt, benötigen wir für die Mehrzahl unserer Experimente Versuchspflanzen, die entweder im Gewächshaus oder im Labor (Klimaschrank) angezogen wurden. Wir wollen im folgenden die beiden wichtigsten Methoden zur Pflanzenanzucht kennenlernen.

A. Photoautotrophe Pflanzen
Zur Anzucht größerer Pflanzen mit ausgewachsenen Laubblättern (Sproßhöhe > 20 cm, z.B. Saubohne, *Kalanchoe*-Arten) verwenden wir käufliche Blumenerde und entsprechende Töpfe. Die Blumentöpfe sollten möglichst in einem Gewächshaus aufgestellt werden (Tageslicht). Im Winter muß zusätzlich mit Kunstlicht bestrahlt werden, um am Tag einen Photonenfluß von > 60 $\mu mol \cdot m^{-2} \cdot s^{-1}$ zu gewährleisten. Ohne diese Zusatzbeleuchtung erhalten wir während der Monate November und Dezember (d.h. im Wintersemester) unter Umständen Pflanzen, die zwar normal aussehen, deren Stomata aber degenerierte Schließzellen aufweisen. Diese Pflanzen sind für viele Experimente völlig unbrauchbar.

B. Keimpflanzen
Die Vorteile von Keimlingen gegenüber größeren, autotrophen Pflanzen sind vielfältig (homogenes, definiertes, in wenigen Tagen heranziehbares Ausgangsmaterial; rasches Wachstum; hohe Sensitivität gegenüber dem Licht und verschiedenen Phytohormonen; große Individuenzahlen sind auf kleiner Anzuchtfläche verfügbar; die experimentelle Handhabung ist aufgrund der geringen Größe der Organe einfach). Da die unterirdisch keimenden Samen unserer Nutzpflanzen reich mit Speicherstoffen versorgt sind, die zur Aufrechterhaltung des Keimlingswachstums verbraucht werden, genügt es, reines Wasser hinzuzufügen. Werden Keimlinge benötigt, die älter als etwa 5 Tage (d) sind, muß anstelle von Wasser eine Nährlösung verwendet werden (s. Kapitel 11). Als Anzuchtgefäße verwenden wir durchsichtige, mit einem *locker* aufsitzenden Deckel ver-

schließbare Plastikdosen (Ermöglichung des Gasaustauschs). Als Anzuchtmedium für kleine Samen (z.B. Raps, Senf, Gartenkresse) kommen Filterpapier oder Watte in Frage. Große Samen (z.B. Erbse, Sonnenblume) oder Graskaryopsen (z.B. Mais, Gerste) müssen zur Ermöglichung einer mechanischen Verankerung ihres Wurzelsystems in ein körniges, luftdurchlässiges Substrat gepflanzt werden. Als geeignetes Wurzelsubstrat hat sich der in der Bauindustrie als Dämmstoff vielfältig eingesetzte expandierte Vermiculit bewährt. Es handelt sich hierbei um ein Mg-Al-Silikat (der Name ist abgeleitet von lat.: *vermiculus*, das Würmchen). Der erhitzte, aufgeblätterte (expandierte) Vermiculit hat eine Dichte von nur 75 – 200 g/l und bildet wurmförmige Körnchen von 2 – 3 bzw. 3 – 6 mm Länge. Wir haben hiermit ein lockeres, mineralisches Wurzelsubstrat zur Verfügung, das nur geringe Mengen an wasserlöslichen Komponenten abgibt. Zur Herstellung von Anzuchtmedium geben wir eine bestimmte Menge an trokkenem Vermiculit in eine große Plastikschale. Dann wird so viel destilliertes Wasser hinzugegeben, bis die Körnchen vollgesogen (d.h. H_2O-gesättigt) sind. Feuchter Vermiculit hat ein Wasserpotential von – 0,01 MPa. Dies entspricht etwa dem Wert, wie er für wassergesättigte Ackererde ermittel wurde. Wir füllen nun eine lockere, etwa 4 cm hohe Schicht an feuchtem Vermiculit in unsere Anzuchtdosen, geben die Samen hinzu (Dichte: maximal 16 Individuen/dm^2) und decken diese mit einer 1 cm hohen Schicht ab. Die (luftdurchlässig) verschlossenen Dosen sollten nun bei konstanter Temperatur (25 ± 0,5 °C) in einem Klimaschrank untergebracht werden. Die Anzucht erfolgt entweder in Dunkelheit oder in Kunstlicht, wobei der Photonenfluß in Höhe der Keimpflanzen gemessen wird. Im Idealfall sollte die spektrale Energieverteilung der polychromatischen Weißlichtquelle bekannt sein. In Abb. 2.5 ist ein

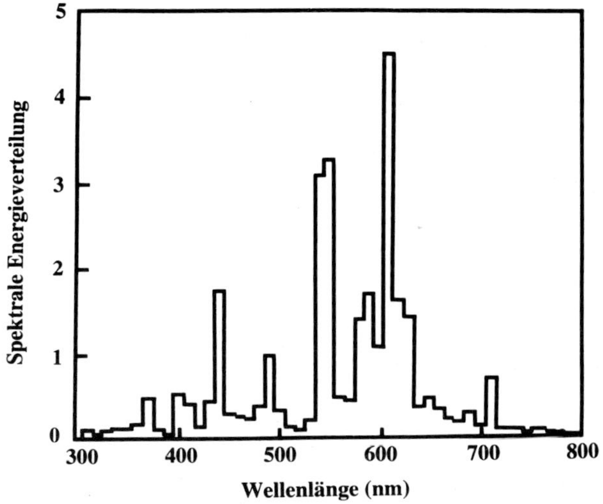

Abb. 2.5: Spektrale Energieverteilung (rel. Einheiten) einer Leuchtstoffröhre (Osram L 36 W/ 31 LUMILUX Warmton) nach 100 h Brenndauer. (Nach Angaben der Firma Osram GmbH, Frankfurt.)

repräsentatives Beispiel dargestellt. Ein Vergleich mit dem Emissionsspektrum der Sonne (Abb. 2.1) zeigt deutliche Unterschiede. Es ist offensichtlich, daß künstliche Lichtquellen (in der Regel Leuchtstoffröhren) die natürlichen Tageslicht-Verhältnisse nur in sehr grober Näherung wiedergeben.

3 Biologische Variabilität

Bei der Betrachtung eines Ackers fällt auf, daß die einzelnen Getreidepflanzen ganz unterschiedliche Sproßhöhen aufweisen. Man kann nicht selten nebeneinanderstehende Individuen finden, die sich bezüglich ihrer Größe um 100 % voneinander unterscheiden. Aus der Ferne betrachtet erscheint das Getreidefeld als ebene Fläche: wir nehmen die mittlere Sproßhöhe einer großen Population wahr, ohne die individuellen Unterschiede zu bemerken. Die Variabilität ist zum Teil genetisch bedingt. Weiterhin gibt es eine altersbedingte und eine modifikatorische Variabilität, die auf Unterschiede in den individuellen Entwicklungsstadien einzelner Pflanzen bzw. den Umweltbedingungen zurückführbar sind.

Innerhalb einer Population von Pflanzen können somit große phänotypische Unterschiede zwischen den Individuen festgestellt werden. Diese Variabilität der Einzelpflanzen läßt sich auf Größenunterschiede der Organe zurückführen. Auch die Zellen eines Gewebes und die Organellen innerhalb der Zelle zeigen eine hohe Variabilität bezüglich ihrer Größe. Bei der Beschreibung von Einzel-Organismen (bzw. -Zellen) wird die biologische Variabilität ignoriert, d.h. es handelt sich um idealisierte (abstrakte) Darstellungen der Realität (Abb. 3.1). In der Physiologie müssen wir immer ganze Populationen betrachten und diese durch Häufigkeitsverteilungen und Mittelwerte kenn-

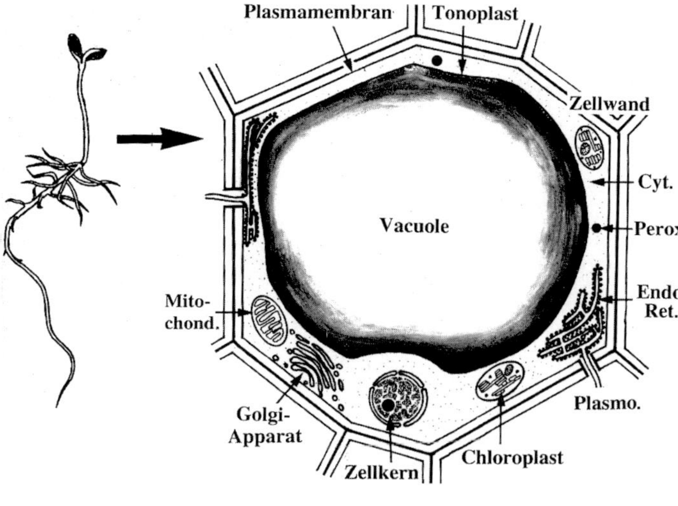

Abb. 3.1: Repräsentative Einzelpflanze und typische Zelle. Cyt = Cytoplasma, Endo. Ret. = Endoplasmatisches Reticulum, Mito-chond. = Mitochondrion, Perox. = Peroxisom, Plasmo. = Plasmodesmos.

zeichnen. Anders formuliert: das Individuum zählt aufgrund der biologischen Variabilität nicht; es wird durch den Mittelwert einer größeren Population repräsentiert. Im folgenden wollen wir uns auf die Größen-Variabilitäten von Organismen, Organen und Zellen beschränken.

3.1 Variabilität der Körpergröße

Um das Prinzip der Mittelwertbildung und Häufigkeitsverteilung kennen zu lernen, führen wir ein einfaches *Modellexperiment* durch. Eine Stichprobe von 50 Sonnenblumenkernen (Achänen) wird einer großen Population (d.h. einem Vorrat an Saatgut) entnommen. Die Achänen werden für 2 Stunden (h) vorgequollen und in einer Plastikdose in feuchtem Vermiculit ausgesät. Die Versuchsansätze werden für 5 – 6 Tage (d) bei 25 °C in Dunkelheit gehalten (Keimlinge, die im Licht heranwuchsen, sind aufgrund einer vermehrten Bildung von Seitenwurzeln für dieses Experiment nicht geeignet). Eine Betrachtung der Population zeigt große individuelle Unterschiede in den Hypocotyllängen (Abb. 3.2). Als Maß für die Gesamtgröße des Pflanzenkörpers ermitteln wir die Frischmasse der Individuen. Einzelne Pflanzen werden vorsichtig dem Vermiculit entnommen, unter fließendem Wasser abgespült, getrocknet und in Plastik-Petrischalen gelegt (Abb. 3.3 A). Mit einer Analysenwaage werden anschließend die Frischmassen ermittelt und protokolliert (n = 50 Keimlinge).

Die Auswertung der Daten erfolgt in 3 Schritten. Zunächst ermitteln wir die Maximal- und Minimalwerte (1000 bzw. 580 mg). Dann wird die Differenz gebildet (1000 – 580 = 420 mg). Je nach Umfang der Stichprobe (Individuenzahl n) sollten nun 6 – 10 Klassen mit gleicher Klassenbreite gebildet werden. In unserem Beispiel bilden wir 7 Klassen mit der Breite von jeweis 420/7 = 60 mg. Wir teilen nun die 50 Meßwerte in die 7 Klassen ein und bestimmen die Anzahl der Pflanzen bzw. deren Häufigkeit (Besetzungszahl in %, Tab. 3.1 A). Eine grafische Darstellung der Frischmassen-Ver-

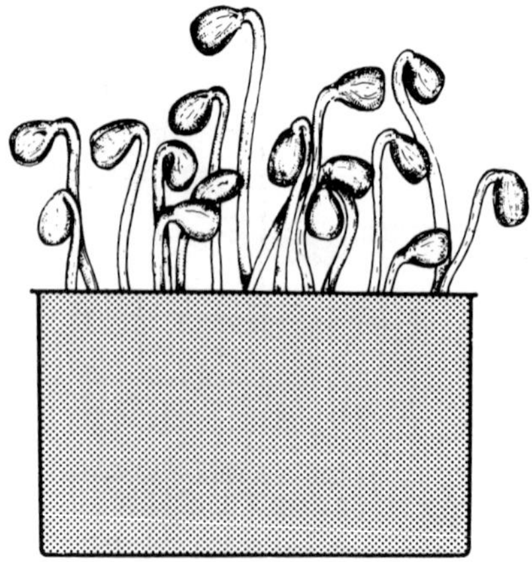

Abb. 3.2: Population von Sonnenblumenkeimlingen, die für 6 d in Dunkelheit angezogen wurden (25 °C).

Tab. 3.1: Häufigkeitsverteilungen der Frisch- und Trockenmassen 6 d alter etiolierter Sonnenblumenkeimlinge, die bei 25 ± 0,5 °C angezogen wurden (n = 50).

A. Frischmasse (mg)		
Klasse 1	580 – unter 640	Anzahl: 5 (10%)
Klasse 2	640 – unter 700	Anzahl: 10 (20%)
Klasse 3	700 – unter 760	Anzahl: 15 (30%)
Klasse 4	760 – unter 820	Anzahl: 8 (16%)
Klasse 5	820 – unter 880	Anzahl: 5 (10%)
Klasse 6	880 – unter 940	Anzahl: 4 (8 %)
Klasse 7	940 – unter 1000	Anzahl: 3 (6%)
B. Trockenmasse (mg)		
Klasse 1	30 – unter 35	Anzahl: 6 (12%)
Klasse 2	35 – unter 40	Anzahl: 10 (20%)
Klasse 3	40 – unter 45	Anzahl: 14 (28%)
Klasse 4	45 – unter 50	Anzahl: 8 (16%)
Klasse 5	50 – unter 55	Anzahl: 7 (14%)
Klasse 6	55 – unter 60	Anzahl: 3 (6 %)
Klasse 7	60 – unter 65	Anzahl: 2 (4%)

teilung (= Histogramm) zeigt, daß Individuen der Klasse 3 (700 bis unter 760 mg) mit 30% am häufigsten sind. Ein ganz ähnliches Histogramm erhalten wir nach entsprechender Analyse der Trockenmassen. Die Keimlinge werden für 2 h im Trockenschrank inkubiert (70 °C) und dann einzeln gewogen. Wir bilden aus den Maximal- und Minimalwerten die Differenz (65 – 30 = 35 mg) und teilen diese in 7 Klassen ein (Klassen-

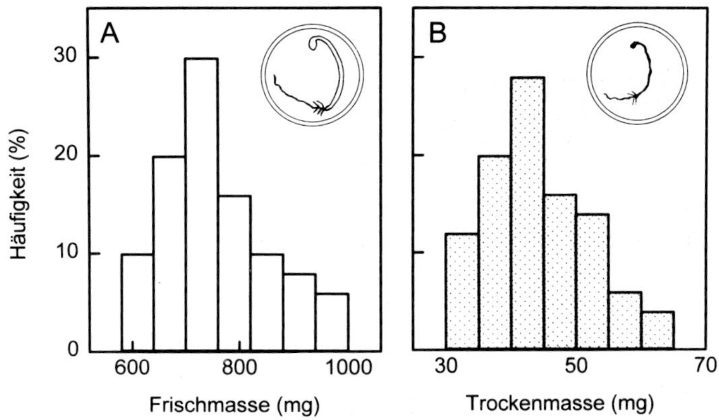

Abb. 3.3: Histogramme der Frisch- (A) und Trockenmassen (B) 6 d alter Sonnenblumenkeimlinge (Daten s. Tabelle 3.1; n = 50).

breite: 35/7 = 5 mg). Die Resultate (Tab. 3.1.B, Abb. 3.3. B) zeigen wieder ein Häufigkeitsmaximum (28%) in Klasse 3 (40 bis unter 45 mg).

In beiden Fällen erhalten wir ein eingipfeliges Histogramm, das in grober Näherung einer Normalverteilung (Glockenkurve) entspricht. Wir berechnen nun den Mittelwert (arithmetisches Mittel, $\bar{x}$) der Frisch- und Trockenmassen (A, B):

$$\bar{x} = \frac{\text{Summe aller Stichproben - Einzelwerte}}{\text{Zahl der Meßwerte}} = \frac{\Sigma\, x}{n}$$

In unserem Beispiel erhalten wir $\bar{x}$-Werte von 750 mg (A) bzw. 43 mg (B). Mit Hilfe eines Taschenrechners können wir nun die Standardabweichung (S) ermitteln:

$$S = \sqrt{\frac{\Sigma (x - \bar{x})^2}{n - 1}}$$

Die Verteilungsfunktionen (Abb. 3.3 A,B) können wie folgt charakterisiert werden ($\bar{x}$ ± S): 750 ± 107 mg (A) bzw. 43 ± 9 mg (B). Da sich die Standardabweichung (S) auf den mittleren Fehler des Einzelwertes (d.h. des Individuums) bezieht, in der Physiologie jedoch nur gemittelte Werte ganzer Populationen von Bedeutung sind, berechnen wir den Standardfehler des Mittelwertes ($S\bar{x}$):

$$S\bar{x} = \frac{S}{\sqrt{n}}$$

Die Größe $S\bar{x}$, die aus S (Standardabweichung) und n (Zahl der Meßwerte) ermittelt wird, ist die in der Physiologie am häufigsten verwendete Art der Fehlerangabe. Wir bezeichnen $S\bar{x}$ auch als den mittleren Fehler des Mittelwerts (= Standardfehler). Unser Experiment (Abb. 3.3 A,B) liefert folgende Resultate ($\bar{x} \pm S\bar{x}$): 750 ± 15 mg (A) bzw. 43 ± 1,3 mg (B).

Da unser Stichprobenumfang mit n = 50 relativ klein ist und die erhaltenen Histogramme (Abb. 3.3 A,B) nur in grober Näherung einer Normalverteilung entsprechen, sind die Größen S und $S\bar{x}$ nur als *Abschätzungen* zu betrachten.

3.2 Variabilität der Organgröße

Das in Abb. 3.3 dargestellte Experiment wurde mit ganzen, intakten Keimlingen durchgeführt, d.h. wir analysierten Populationen von Individuen. Da die Variabilität der Einzelpflanzen auf Größenunterschiede ihrer Organe beruht, können wir anstelle ganzer Keimlinge auch ein repräsentatives Organ betrachten. Sonnenblumenkeimlinge werden wie oben beschrieben angezogen und für 4 – 6 d in Dunkelheit gehalten. Die Versuchsansätze werden ins Tageslicht gebracht und analysiert (Abb. 3.2). Als einfache Meßgröße bietet sich die Hypocotyllänge an. Wir ziehen einzelne Keimlinge vorsichtig etwa 1 cm weit aus dem Wurzelsubstrat heraus und trennen mit einer halbierten Rasierklinge das Hypocotyl am Wurzelansatz ab. Die Cotyledonen werden unterhalb des

Hypocotylhakens abgeschnitten, so daß die stabförmigen Keimstengel übrigbleiben. Die Längen der isolierten Hypocotyle werden nun mit einem Lineal gemessen (Genauigkeit ± 0,5 mm) und tabelliert (n = 50). Die Auswertung der Daten erfolgt wie in Abschnitt 3.1 beschrieben. Wir erhalten ein eingipfeliges Histogramm und berechnen die Größen $\bar{x}$, S und $S\bar{x}$.

3.3 Variabilität der Zellgröße

Die Organe der Pflanze sind aus verschiedenen Geweben zusammengesetzt, die wiederum aus strukturell und funktionell mehr oder weniger gleichartigen Zellen aufgebaut sind (Abb. 3.1). Bei der mikroskopischen Betrachtung eines Gewebes wird deutlich, daß sich die einzelnen Zellen bezüglich ihrer Größe deutlich voneinander unterscheiden: wir beobachten auf dem Niveau der Zelle eine ähnlich hohe Variabilität wie bei der Analyse ganzer Populationen von Individuen.

Zum Studium der Zellgrößen-Variabilität sind Sonnenblumenkeimlinge geeignete Objekte. Die Pflanzen werden für 5 – 8 d im Licht/Dunkel-Wechsel (oder Dauerlicht) angezogen, um ergrünte (kontrastreiche) Hypocotyle zu erhalten. Mit einer halbierten Rasierklinge schneiden wir ein ca. 1 cm langes Hypocotylsegment heraus und ziehen mit einer Pinzette einen 1–2 mm breiten Epidermisstreifen ab (s. Abb. 5.11, S. 45). Das isolierte Gewebe wird mit der Cuticula nach oben orientiert auf einen Objektträger gelegt und im Lichtmikroskop betrachtet. Die Epidermis (primäres Abschlußgewebe) ist nicht aus morphologisch völlig gleichartigen Zellen zusammengesetzt. Wir erkennen neben den „normalen" (langgestreckten) Epidermiszellen zahlreiche Spaltöffnungen (Stomata), die aus zwei bohnenförmigen Schließzellen bestehen. Im Bereich der Stomata können wir außerdem kurze Epidermiszellen beobachten. Bei entsprechender Fokussierung sind unterhalb der Epidermis Chloroplasten zu erkennen. Wie ein Querschnitt durch einen abgezogenen Epidermisstreifen zeigt, besteht das isolierte periphere Gewebe aus 3 – 4 Zellschichten (Epidermis und Cortexzellen mit Chloroplasten). Wir wählen eine Region aus, in der nur „normale" (lange) Epidermiszellen zu sehen sind und bestimmen mit einem geeichten Okular-Mikrometer die Längen von 50 – 100 Epidermiszellen (s. Abb. 5.9 A, S. 43). Da die Breite der Zellen weitgehend konstant ist, kann deren Länge als Maß für die Zellgröße (= Volumen der Zellen) betrachtet werden. Die Daten werden tabelliert, wie in Abschnitt 3.1 dargestellt ausgewertet (Berechnung von $\bar{x}$, S, $S\bar{x}$) und in Form eines Histogramms grafisch dargestellt.

4 Keimung

Samen sind die wichtigsten Verbreitungs- und Fortpflanzungseinheiten unserer Nutzpflanzen. Sie bestehen aus drei Strukturen: einem Embryo (entwicklungsfähige Miniaturpflanze), dem Nährgewebe (Speicherstoffe, die den Embryo mit Baustoffen und Energie versorgen) und einer widerstandsfähigen Schutzhülle (Samenschale oder Testa). Bei Gräsern und Korbblütlern ist die Testa mit der Fruchtwand (Pericarp) verwachsen; es liegen hier einsamige Früchte vor (Karyopsen bzw. Achänen). Unter geeigneten Umweltbedingungen entsteht aus einem Samen, der nur eine geringe Stoffwechselaktivität zeigt, innerhalb weniger Tage eine rasch wachsende, sensitive junge Pflanze, die als Keimling bezeichnet wird. Die Gesamtheit dieser Entwicklungsprozesse wird unter dem Begriff *Keimung* zusammengefaßt.

Vergleichende Untersuchungen haben gezeigt, daß die Samenkeimung in drei ineinander übergehende Phasen unterteilt werden kann (Abb. 4.1). Die reversible Quellung (1) ist ein physikalischer Vorgang, der durch Hydratisierung der Makromoleküle (Speicherstoffe, Zellwände) hervorgebracht wird und dem Auseinanderschieben der Bodenpartikel dient. Nach Aktivierung des Stoffwechsels setzt das irreversible Wachstum des Embryos ein (2). Dieser biochemische Prozeß ist am Hervortreten der Keimwurzel (Radicula) erkennbar. Infolge des Abbaus der Speicherstoffe (3) stehen dem wachsenden Embryo organische Moleküle und Ionen zur Verfügung, so daß dieser sich zu einer im Erdreich verankerten jungen Pflanze entwickeln kann. Anhand der folgenden Experimente wollen wir die drei Teilprozesse der Keimung näher kennenlernen.

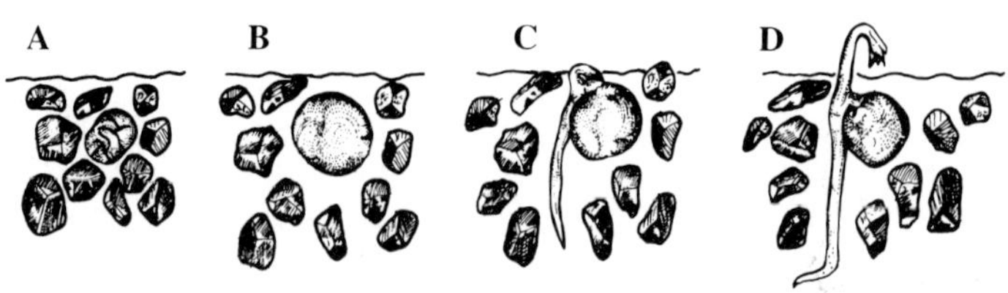

Abb. 4.1: Keimung der Gartenerbse. 1. Quellung (A, B), 2. Wachstum des Embryos (B, C, D), 3. Abbau der Speicherstoffe (C, D).

4.1 Reversibilität der Quellung

Reife, trockene Samen sind durch einen extrem geringen Wassergehalt gekennzeichnet (5 – 15%, bezogen auf die Frischmasse, s. Kapitel 5.1). Die weitgehend entwässerten Gewebe besitzen daher ein großes Potential zur Wasseraufnahme, d.h. sie sind in hohem Maße *hygroskopisch*. Werden trockene Samen mit Wasser in Kontakt gebracht, so setzen die als Quellung (Imbibition) bezeichneten Prozesse ein: die Zellen nehmen durch Hydratisierung rasch Wasser auf, woraus eine beträchtliche Volumenzunahme resultiert. Die Quellung ist ein reversibler Vorgang, d.h. die Samen können wieder entwässert werden, ohne ihre Keimfähigkeit zu verlieren. Zum Studium der Quellungsvorgänge sind die relativ großen Samen der Gartenerbse (*Pisum sativum*) geeignete Versuchsobjekte. Erbsensamen bestehen aus zwei Speichercotyledonen (Zusammensetzung: etwa 50 % Stärke, 20 % Protein, 5 % Fett sowie Phytin) und der Embryonalachse (Sproß- und Wurzelvegetationspunkt). Dieser Embryo ist von einer zarten Samenschale (Testa) umschlossen. Zur Analyse der Kinetik der Quellung werden trockene Samen in einen Meßzylinder gegeben. Das Volumen der Probe kann mit Hilfe eines Stempels abgeschätzt werden (16 Erbsen ~ 10 ml). Nach Zugabe von Wasser setzt die Quellung ein. Hierbei wird die Testa gesprengt. Bei Zimmertemperatur ist dieser Prozeß nach etwa 24 h abgeschlossen (Abb. 4.2 A, B). Wir bestimmen in Abständen von 30 min die Volumenzunahme der Erbsen und erstellen eine Kinetik der Quellung. Nach 4 – 6 h werden die gequollenen Samen entnommen und für einen Tag der trockenen Luft ausgesetzt. Die entwässerten Samen sind nach Zugabe von H_2O erneut in der Lage, zu quellen. Nach Einpflanzen in feuchtes Vermiculit entwikkeln sich Erbsenkeimlinge (Abb. 4.1). Werden die Samen nach einer längeren Quelldauer entwässert und nach wiederholter Quellung ausgesät, so erlischt deren Fähigkeit zur Weiterentwicklung in Abhängigkeit von der Dauer der H_2O-Vorbehandlung. Diese Experimente beweisen, daß nach > 6 h in den Samen irreversible Wachstumsprozesse eingesetzt haben, d.h. die metabolisch aktiven Zellen sterben nach H_2O-Entzug ab.

Getrocknete Erbsensamen, die durch Kochen in Wasser abgetötet wurden, quellen, ohne sich daraufhin weiterzuentwickeln. Daraus folgt, daß die erste Phase der Keimung ein reversibler, physikalischer Prozeß ist.

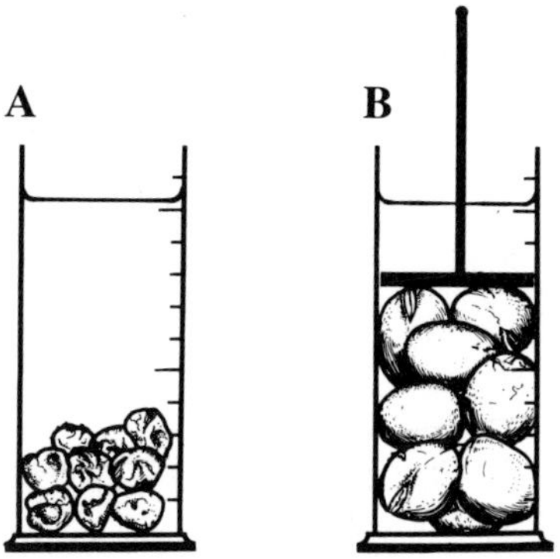

Abb. 4.2: Versuchsanordnung zur Analyse der Quellung. Trockene Erbsensamen unmittelbar nach Zugabe von Wasser (A), gequollene Samen (B).

4.2 Quellungsdruck von Erbsensamen

Die Quellung führt zu einer Volumenzunahme des Samens. Unter natürlichen Bedingungen erfüllt der resultierende *Quellungsdruck* die Funktion, die Bodenpartikel (insbesondere Steine) auseinanderzudrücken, um Raum für den wachsenden Embryo zu schaffen. Quellungsdrücke sind sehr hoch. Es gibt Berichte, denen zufolge Asphaltdecken von Landstraßen durch quellende Samen durchbrochen wurden. Werden quellende Getreidekörner in einen festen Behälter gefüllt, so kann dieser gesprengt werden. Auf diese Weise sind Schiffe, die zum Transport von Getreideladungen eingesetzt wurden, nach dem Leckwerden des Laderaums auseinandergerissen worden.

Die exakte Ermittlung des Quellungsdruckes ist nur mit größerem apparativem Aufwand möglich. Ein einfaches, anschauliches Experiment zur Abschätzung des Quellungsdruckes von Erbsensamen ist in Abb. 4.3 dargestellt. Vier trockene Samen werden in eine Plastikschale gelegt und von einer Steinplatte (z.B. Ziegelstein) bedeckt. Ein Tag nach Zugabe von Wasser kann auf einer Skala eine Erhebung von 3 – 4 mm ermittelt werden. Die Samen werden daraufhin in feuchtes Vermiculit gebracht (Keimprobe). Aus der Masse der Steinplatte (z.B. 8 kg) und der daraus resultierenden Gewichtskraft (F) (80 Newton, N) kann unter Annahme einer Auflagefläche (A) von 1 mm^2 pro trockenem Samen der Quellungsdruck (P) nach H_2O-Zugabe berechnet werden (Einheit: MPa; 1 Pascal [Pa] = 1 N/m^2; 1 Megapascal [MPa] = 10^6 Pa ~ 10 bar):

$$P = \frac{F}{A} = \frac{80\ \text{N}}{4 \cdot 10^{-6}\ \text{m}^2} = 20\ \text{MPa}$$

Dieses Experiment zeigt, daß der Quellungsdruck der Erbsensamen etwa 20 MPa beträgt (zum Vergleich: Luftdruck im Autoreifen eines PKWs: 0,15 – 0,3 MPa).

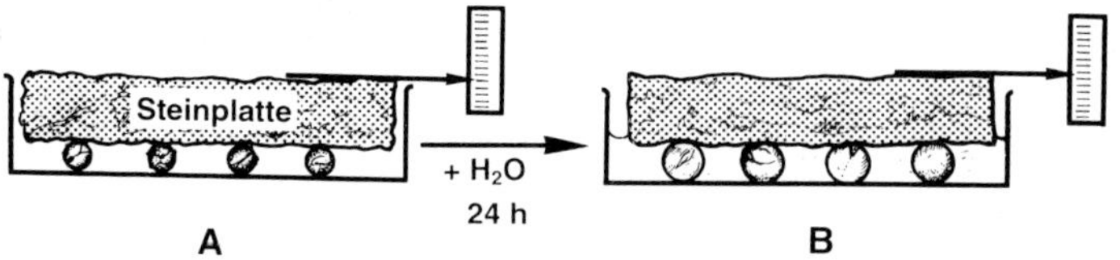

Abb. 4.3: Experiment zur Bestimmung des Quellungsdruckes von Erbsensamen. Vor (A) und 24h nach Zugabe von Wasser (B).

4.3 Quellungskinetik bei Kressesamen

Eindrucksvolle Beobachtungen zum Quellungsvorgang lassen sich mit Samen der Gartenkresse (*Lepidium sativum*) durchführen. Nach Benetzung mit Wasser entsteht rasch eine transparente, aus Pectinen bestehende Schleimhülle, die eine Haftung auf feuchten Substraten ermöglicht. Zur lichtmikroskopischen Beobachtung dieses Vorgangs verwenden wir einen Objektträger, auf den ein Plastikring geklebt wurde (Höhe 1–2 mm; Innendurchmesser: 1 cm). Wir legen einen trockenen *Lepidium*-Samen in den Ring, geben einen Tropfen Rutheniumrot-Lösung (1 mg/100 ml) hinzu, decken die Probe ab und betrachten im Lichtmikroskop den Rand des Samens (Abb. 4.4). Bereits wenige Sekunden nach H_2O-Zugabe kann eine rasche Volumenzunahme der Epidermiszellen beobachtet werden (Abb. 4.4 A). Die Außenwände platzen auf und der gallertartige Schleim wird freigesetzt. Gleichzeitig treten Gasblasen aus. Da Rutheniumrot spezifisch die Pectine anfärbt, kann das Anschwellen der wachsenden Schleimhülle verfolgt werden (Abb. 4.4 B,C). Etwa 20 min nach Beginn der Wasserzugabe hat die Gallertschicht ihre Endgröße erreicht. Im Verlauf der nächsten Stunden tritt durch Vernetzung der Oligosaccharide eine Verfestigung ein. Hierdurch wird eine Bindung zwischen Schleimhülle und Unterlage erreicht, d.h. der Same haftet am Substrat.

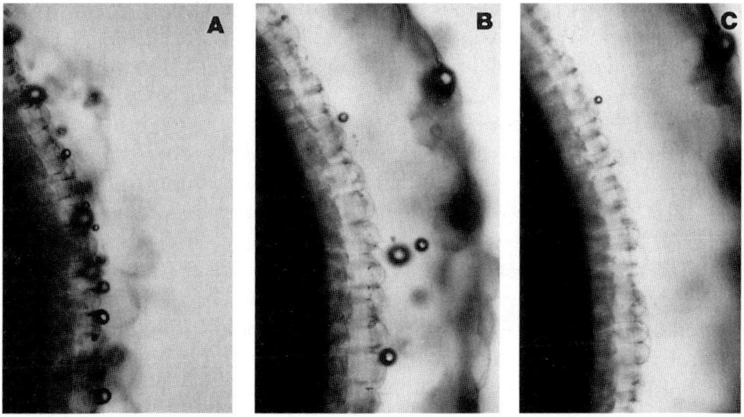

Abb. 4.4: Quellung und Schleimhüllenbildung bei der Gartenkresse (*Lepidium sativum*). Rand eines Samens 1 min (A), 3 min (B) und 5 min (C) nach Zugabe von Rutheniumrot-Lösung (x 40).

4.4 Abhängigkeit der Keimung von der Sauerstoffversorgung

Gequollene Samen gehen unter geeigneten Umweltbedingungen in die zweite Phase der Keimung über, d.h. das aktive (irreversible) Wachstum des Embryos setzt ein. Dieser Prozeß wird durch Aktivierung des Stoffwechsels infolge einer Hydratisierung des Cytoplasmas induziert; er ist von einer ausreichenden Sauerstoffversorgung des Embryos abhängig (Zellatmung). In Abwesenheit von atmosphärischem Sauerstoff (anaerobe Bedingungen) unterbleibt somit unter ansonsten günstigen Keimbedingungen (Wasserversorgung, Normaltemperatur) das Auswachsen des Embryos.

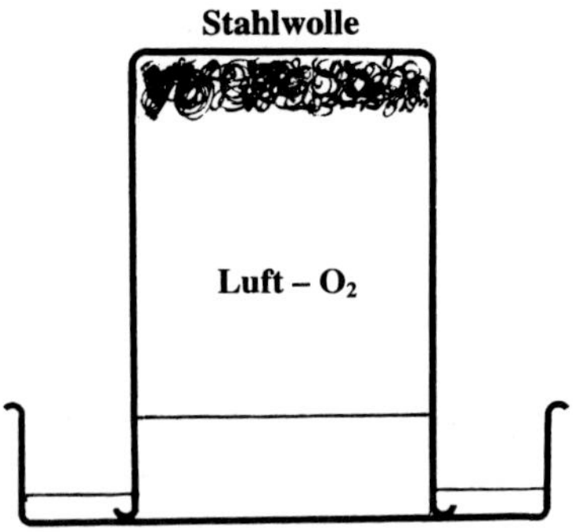

Abb. 4.5: Experiment zur Ermittlung des Sauerstoffgehalts der Luft (21 Vol. %). Endzustand nach 24 h.

Eine einfache Methode zur Schaffung einer anaeroben Atmosphäre ist in Abb. 4.5 dargestellt. Wir drücken eine kleine Menge Stahlwolle in ein Becherglas, feuchten diese mit etwas Wasser an und stellen das umgedrehte Gefäß in eine Schale mit Wasser (Sperrflüssigkeit). Als Kontrolle wird ein zweites Becherglas ohne Stahlwolle verwendet. Bereits nach etwa 30 min wird die feuchte Stahlwolle rot. Die Sperrflüssigkeit steigt an, bis etwa 1/5 (20 %) des Bechervolumens ausgefüllt ist. Mit einem Lineal können wir den prozentualen Sauerstoffgehalt der Luft ermitteln (21 Vol. % O_2). An trockener Luft verändert sich Stahlwolle (Eisen) nicht. In sauerstoffhaltigem Wasser wird das Eisen (Fe) unter O_2-Verbrauch rasch zu rotem Eisen-III-oxid-Hydrat („$Fe_2O_3 \cdot H_2O$", Rost) umgesetzt. Wir beobachten somit eine „Verbrennung ohne Flamme" und stellen fest, daß der Oxidationsvorgang nach Verbrauch des O_2-Vorrates im Becherglas zum Stillstand kommt (nur ein Teil der Stahlwolle rostet).

Zur Demonstration der O_2-Abhängigkeit des Embryowachstums verwenden wir kleine Samen (z.B. Gartenkresse, *Lepidium sativum* oder Raps, *Brassica napus*). Wir füllen 5 ml-Rollrandgläschen mit feuchtem Vermiculit und geben einige trockene Samen hinzu. Im Kontrollansatz (aerobe Bedingungen, Abb. 4.6 A) wachsen die Embryonen aus, d.h. es entwickeln sich innerhalb weniger Tage Keimlinge. In Anwesenheit von feuchter Stahlwolle (anaerobe Bedingungen, Abb. 4.6 B) beobachten wir gequollene Samen. Unser Experiment zeigt, daß die Quellung auch in Abwesenheit von O_2 abläuft, wäh-

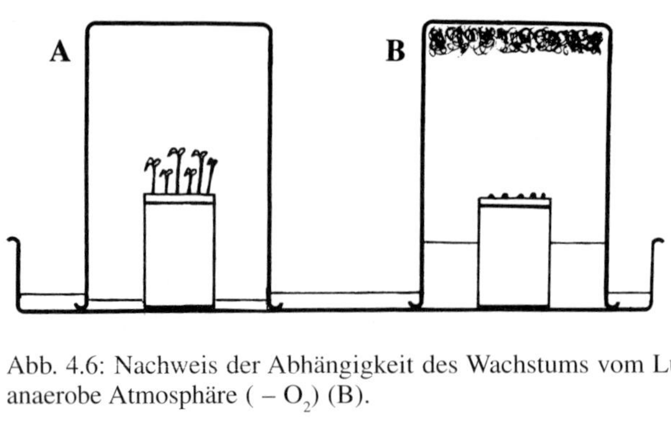

Abb. 4.6: Nachweis der Abhängigkeit des Wachstums vom Luftsauerstoff. Kontrollansatz (A), anaerobe Atmosphäre (– O_2) (B).

rend das Wachstum ein sauerstoffverbrauchender (d.h. nur unter aeroben Bedingungen stattfindender) Prozeß ist.

4.5 Akkumulative Keimkinetik

Bei den bisher beschriebenen Experimenten wurden einzelne (bzw. kleine Gruppen) von Samen betrachtet. In der experimentellen Biologie werden jedoch in der Regel Populationen von Individuen analysiert (s. Kapitel 3). Auch die Keimung kann als statistisches Phänomen interpretiert werden. Eine Population von Samen keimt unter gleichen (günstigen) Umweltbedingungen. Wir können nun nach Definition eines Keimkriteriums (z.B. Länge der Radicula > 2 mm) den Prozentsatz der gekeimten Samen (Keimhäufigkeit oder Keimrate) in Abhängigkeit von der Zeit bestimmen. In der Regel erhalten wir eine sigmoide (S-förmige) Kurve, die als *akkumulative Keimkinetik* bezeichnet wird.

In Abb. 4.7 ist ein repräsentatives Experiment dargestellt. Rapssamen (*Brassica napus*) wurden auf 3 Lagen Filterpapier äquidistant in Petrischalen gelegt (n = 50). Zum Zeitpunkt Null erfolgte die Zugabe von H_2O oder einer Lösung des Phytohormons Abscisinsäure (ABA, s. Kapitel 10.5). Die Petrischalen werden verschlossen und bei konstanter Temperatur aufbewahrt (25 °C). In Abständen von jeweils 6 h wurden nun die Keimraten bestimmt und gegen die Zeit nach H_2O (bzw. ABA)-Zugabe aufgetragen. In Wasser erreicht die Keimrate nach 36 h einen Sättigungswert von 94 %, während in ABA-Lösung die Keimung praktisch vollständig gehemmt ist. Mit Hilfe dieses Versuchsansatzes kann somit die Qualität von Saatgut bestimmt werden (maximale

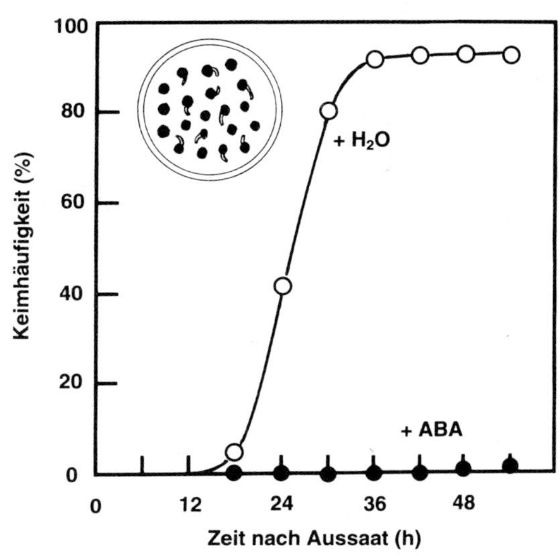

Abb. 4.7: Akkumulative Keimkinetik einer Population von Rapssamen (n = 50). Wasserkontrolle (+ H_2O), Wirkung des Phytohormons Abscisinsäure (+ ABA; Konz.: 0,1 mmol/l). Die Petrischale enthält 20 Samen, von denen 10 gekeimt sind (Keimrate = 50 %).

Keimhäufigkeit einer Samenprobe). Weiterhin können wir die Wirkung verschiedener Hemmstoffe analysieren (z.B. ABA, s. Kapitel 10.5).

Tab. 4.1: Beziehung zwischen der Menge an Polyethylenglycol (PEG 8000), die zu 100 g Wasser gegeben werden muß, und dem osmotischen Druck (π) der Lösungen bei 25 °C. (Nach MICHEL, B.E.: Plant Physiol. 72, 66 – 70, 1983.)

PEG (g) + 100g H_2O	0	8,1	12,0	15,0	17,5	19,8	21,8	23,7	25,6	27,1	28,7	31,6
π (MPa)	0,0	0,1	0,2	0,3	0,4	0,5	0,6	0,7	0,8	0,9	1,0	1,2

4.6 Abschätzung des Keimungspotentials von Rapssamen

In Abschnitt 4.2 wurde der Quellungsdruck als Kraft pro Fläche definiert, die der trockene Same direkt nach Wasserzugabe (+ H_2O) gegen die ihn umschließenden Strukturen (z.B. Bodenpartikel) ausübt. Dieser physikalische Prozeß, bei dem in der Regel die Testa gesprengt wird, ist vor der Vacuolisierung der Zellen bereits abgeschlossen. Das danach einsetzende Wachstum des Embryos wird vom Turgordruck der partiell vacuolisierten Zellen angetrieben. Der Druck, den der wachsende Embryo gegen die ihn umhüllenden Strukturen ausübt, wird als Keimungspotential bezeichnet (~ Turgordruck der expandierenden Zellen). Diese Größe kann leicht mit Hilfe einer osmotischen Gleichgewichtsmethode abgeschätzt werden. Samenproben werden auf Wasser bzw. einem geeigneten Osmoticum, das nicht in den Zellwandraum eindringt, ausgesät. Nach einigen Tagen bestimmen wir die Keimrate (Abb. 4.7). Der osmotische Druck des Mediums (π), bei dem 50 % der Probe ausgekeimt ist (~ Keimungshemmung = 50 %) entspricht dem mittleren Keimungspotential der Samenpopulation (H_2O-Aufnahme des Embryos ~ osmotische H_2O-Abgabe). Als hochmolekulares Osmoticum verwenden wir eine Lösung aus Polyethylenglycol (PEG). Die unter der Abkürzung PEG erhältlichen Substanzen [$H–(O\text{-}CH_2\text{-}CH_2)_n–OH$, mit n = 3 – 800] sind hochmolekulare Verbindungen. Die rel. Molekülmassen liegen zwischen 200 und 35.000. Verschiedene PEGs finden in der pharmazeutischen und kosmetischen Industrie eine weite Verwendung (Bestandteil von Haarwaschmitteln, Salben usw.). Für das in der Pflanzenphysiologie häufig eingesetzte PEG 8000 (durchschnittliche rel. Molekülmasse ~ 8000) können Lösungen von definierten osmotischen Drucken (π) hergestellt werden (Tab. 4.1). Die Berechnung erfolgt nach einer von B.E. MICHEL (1983) erstellten empirischen Gleichung:

$$\pi\,(\text{MPa}) = 1{,}29\,[\text{PEG}]^2 \cdot T - 140\,[\text{PEG}]^2 - 4{,}0\,[\text{PEG}]$$

mit [PEG] = Konz. an Osmoticum in g/g H_2O und T = Temperatur in °C. Experimente mit Rapssamen (*Brassica napus*) führten zu folgendem Resultat: Keimrate (%, n = 50,

Auswertung nach 3 Tagen, Kriterium: Radicula > 2 mm, 25 °C): $\pi = 0$ MPa (H_2O): 94 %; $\pi = 0{,}6$ MPa : 90 %; $\pi = 0{,}8$ MPa: 78 %; $\pi = 1{,}0$ MPa: 45 %; $\pi = 1{,}2$ MPa: 8 %. Das Keimungspotential (Keimrate ~ 50 %, s. Abb. 4.7) liegt somit im Bereich von etwa 0,8 - 1,2 MPa (Mittelwert ~ 1,0 MPa).

4.7 Abbau der Speicherstoffe bei der Gartenerbse

Zur Keimung der Samen von *Pisum sativum* liegen zahlreiche Untersuchungen vor. Bei Normaltemperatur (20 – 25 °C) ist Phase 1 (Quellung) nach 24 h abgeschlossen. Danach setzt das Wachstum des Embryos ein. Diese Phase 2 dauert etwa 2 – 3 d. Der Abbau der Speicherstoffe (Phase 3) beginnt und erreicht während der Tage 4 – 10 eine maximale, nahezu lineare Rate (Abb. 4.1). Aufgrund der Größe der Erbsensamen kann die Kinetik des Speicherstoffabbaus leicht gravimetrisch bestimmt werden. Etwa 80 gequollene Samen werden in feuchtem Vermiculit angezogen (25 °C; die rel. Luftfeuchtigkeit sollte nicht > 70% betragen). Am 4. Tag nach Aussaat haben die Keimlinge das in Abb. 4.1 D dargestellte Stadium erreicht. Während der darauffolgenden Tage schneiden wir die Cotyledonen von jeweils 6 Keimpflanzen ab und bestimmen deren Frisch- und Trockenmasse (Proben für 2 h bei 70 °C trocknen). Für *Pisum sativum* var. Senator, die im Tag/Nacht-Rhythmus wuchsen, wurden folgende Werte ermittelt (n = 6):
Frischmasse: 4. – 8. Tag: etwa 500 mg/Same (konstant)
Trockenmasse: 160 mg (4. Tag)/ 151 mg (5. Tag)/125 mg (6. Tag)/ 101 mg (7. Tag) und 75 mg (8. Tag).

Diese Daten zeigen, daß während der Tage 5 – 8 nach Aussaat ein Trockenmasseverlust von etwa 25 mg/d zu verzeichnen ist (~ Rate des Speicherstoffabbaus). Etwa 3 Wochen nach Beginn des Experiments sind die Speicherstoffe (Stärke, Proteine, Fette, Phytin) fast vollständig abgebaut. Die Cotyledonen bestehen nur noch aus leeren, welken Cellulose-Hülsen, die mit der Testa verbunden sind.

4.8 Abbau der Speicherstoffe bei der Graskaryopse (Amylasenachweis)

Die bisher beschriebenenen Experimente zur Keimung wurden mit einfach aufgebauten Samen zweikeimblättriger Pflanzen durchgeführt. Bei den einsamigen Früchten (= Achänen) der Gräser liegen etwas kompliziertere anatomische Verhältnisse vor: Testa und Fruchtwand (Pericarp) sind zu einer Einheit verwachsen; der Embryo liegt neben einem großen, im wesentlichen aus Stärke (Amylose + Amylopectin) bestehenden Endosperm und ist von diesem durch das Scutellum (Saugorgan) getrennt; unterhalb der Testa liegt ein aus lebenden Zellen bestehendes, das Endosperm umhüllendes Gewebe (Aleuronschicht). Ein Längsschnitt durch ein Getreidekorn ist in Abb. 7.5, S. 64 dargestellt.

Nach erfolgter Quellung des Getreidekornes sendet der Embryo ein „Keimsignal" aus (vermutlich Gibberellinsäure), das in der Aleuronschicht („Drüsengewebe") die Neubildung des Enzyms α-Amylase induziert. Die α-Amylase katalysiert die Hydrolyse der Stärke. Die gebildeten Zuckermoleküle (verschiedene Oligosaccharide) werden über das Scutellum aufgesaugt und dem wachsenden Embryo zugeführt. Ein einfaches Experiment zur Demonstration der hydrolytischen Aktivität der Aleuronschicht im Getreidekorn ist in Abb. 4.8 dargestellt. Karyopsen der Gerste (*Hordeum vulgare*) oder des Mais (*Zea mays*) werden entweder in trockenem Zustand oder nach ausreichendem Vorquellen (2 Tage in Wasser) halbiert (Spalthälften ± Embryo). Gleichzeitig werden Plastik-Petrischalen mit einem geeigneten Substrat versehen (Mischung aus 2 % Agar/ 0,2 % Stärke aufkochen, als 5 mm-Schicht eingießen). Pro Petrischale werden nun 4 halbierte Körner mit der Schnittfläche nach unten auf den Agar gelegt und verschlossen (± gequollen, ± Embryo). Die Position der Körner sollte markiert werden. Nach einer Inkubationszeit von 1 d (25 °C) erfolgt die Auswertung. Der stärkehaltige Agar wird mit LUGOLscher Lösung übergossen (KJ/J_2-Lsg.: 1 g Kaliumjodid in 5 ml H_2O lösen; dann 1 g Jod zugeben; mit H_2O auf 300 ml auffüllen). Die im Agar gelöste Stärke färbt sich blau. (J_2-Moleküle bilden mit der schraubenförmigen Amylose einen Farbkomplex.) Nach Entfernung der Halbkörner wird deutlich, daß im Umfeld der gequollenen Karyopsen weiße (d.h. nicht blau gefärbte) Ringe sichtbar sind (Stärkeabbau: + Embryo > – Embryo). Daraus folgt, daß die Aleuronzellen unter dem Einfluß des Embryos verschiedene hydrolytische Enzyme (im wesentlichen α-Amylase) absondern, die *außerhalb der Zellen* eine Hydrolyse der Stärke auslösen.

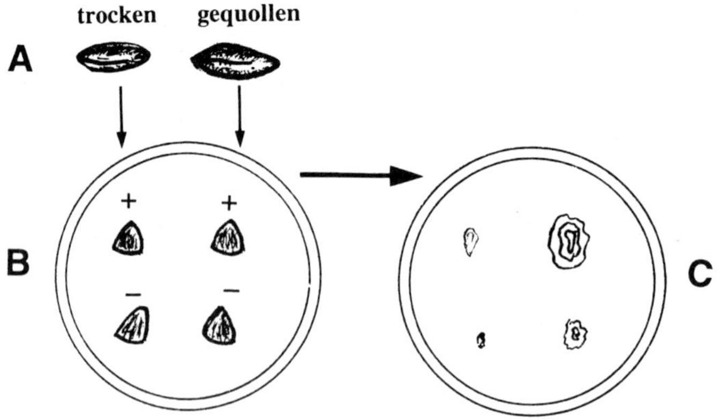

Abb. 4.8: Extrazellulärer Stärkeabbau durch Sekretion hydrolytischer Enzyme (Amylasen) bei der Keimung der Gerstenkaryopse. Die Körner (A) werden halbiert und auf Agar/Stärke gelegt (B). Ein Tag später erfolgt die Auswertung (Stärkenachweis durch Übergießen mit KJ/J_2-Lsg.; Ringe: Stärkeabbau) (C). +/– : Hälften mit/ohne Embryo.

5 Wasserhaushalt der Zelle

Die Bedeutung des Wassers für das Leben der Pflanzen ist uns aus dem Alltag bekannt (Kultivierung von Zimmer- und Gartenpflanzen). Eine ausreichende Wasserversorgung ist jedoch nicht nur zur Ermöglichung des Pflanzenwachstums eine notwendige Voraussetzung: die Frage, ob eine bestimmte Region der Erde von Pflanzen besiedelt werden kann, wird in erster Linie durch das Vorhandensein einer ausreichenden Wassermenge bestimmt.

Die Funktionen des lebensnotwendigen H_2O-Moleküls in der Pflanzenzelle können wie folgt zusammengefaßt werden: 1. Wasser ist mengenmäßig der wichtigste Bestandteil des Pflanzenkörpers. Heranwachsende Keimlinge, junge Blätter und Früchte bestehen zu 85 – 95 % aus Wasser. 2. Der Protoplast der Pflanzenzelle ist von einer Zentralvacuole ausgefüllt, die eine wässrige Lösung (Zellsaft) enthält (s. Abb. 3.1, S. 19). Da die Biomembranen der Zelle für H_2O-Moleküle weitgehend durchlässig sind, die in der Vacuole abgelagerten, relativ großen Moleküle jedoch vom Tonoplasten zurückgehalten werden, verhält sich das System wie ein Osmometer (Abb. 5.1). Der durch osmotische Wasseraufnahme hervorgerufene Turgordruck liefert die treibende Kraft für das Wachstum und bestimmt die Festigkeit der nicht verholzten Organe der Pflanze.

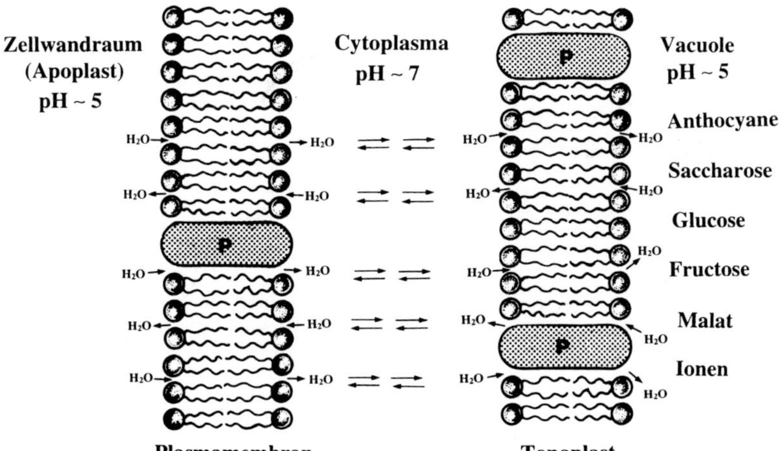

Abb. 5.1: Die vacuolisierte Pflanzenzelle als osmotisches System. Plasmamembran, Cytoplasma und Tonoplast sind für H_2O-Moleküle durchlässig. Die in der Vacuole gespeicherten Teilchen (Anthocyane, Zucker, Ionen) können den Tonoplasten nicht frei durchwandern (= Semipermeabilität des Cytoplasmasaumes). Über membranintegrierte Carrier-Proteine bzw. Ionenkanäle (P) erfolgt ein gesteuerter Stofftransport.

3. Wasser dient als Lösungsmittel für den Ferntransport von Ionen (Xylem) und organischer Moleküle (Phloem) in den Leitbündeln des Pflanzenkörpers. 4. Wasser ist ein essentieller Reaktionspartner bei zahlreichen biochemischen Reaktionen innerhalb der Pflanzenzelle (z.B. Photosynthese, Hydrolyse von Makromolekülen). Die hier beschriebenen praktischen Übungen sind zum Teil physikalische Modellversuche. Bei der Auswahl der biologischen Experimente wurden Keimpflanzen verwendet.

5.1 Wassergehalt der Pflanze

Durch Bestimmung der Frisch- und Trockenmasse ganzer Pflanzen oder Teile derselben kann man den mittleren Wassergehalt des Organismus (bzw. des Organs) berechnen (% H_2O). Als Bezugsgröße verwenden wir die Frischmasse, d.h. den Zustand bei Vollturgeszenz (ausreichende Wasserversorgung). Bei Samen, Früchten oder Knollen (Kartoffel) beziehen wir uns auf die Frischmasse unter Lagerbedingungen (Luft normaler Feuchtigkeit). Das Prinzip einer einfachen Methode zur Wassergehalt-Bestimmung ist in Abb. 5.2 dargestellt. Unsere Probe wird bei Zimmertemperatur gewogen (Frischmasse, Fm), in einer offenen Petrischale getrocknet (2 – 3 h bei 70 – 80 °C; H_2O entweicht) und nach kurzer Temperaturadaptation nochmals gewogen (Trockenmasse, Tm). Aus den Meßwerten (Fm, Tm) kann dann der Wassergehalt, bezogen auf die Frischmasse, ermittelt werden.
Beispiel 1: frische Blätter (Zimmerpflanze, *Tradescantia alba*): Fm = 318 mg/Tm = 18 mg pro 6 Blätter ⇒ 94 % H_2O.
Beispiel 2: trockene Samen (Gartenerbse, *Pisum sativum*): Fm = 270 mg/ Tm = 251 mg pro Erbse ⇒ 7 % H_2O.

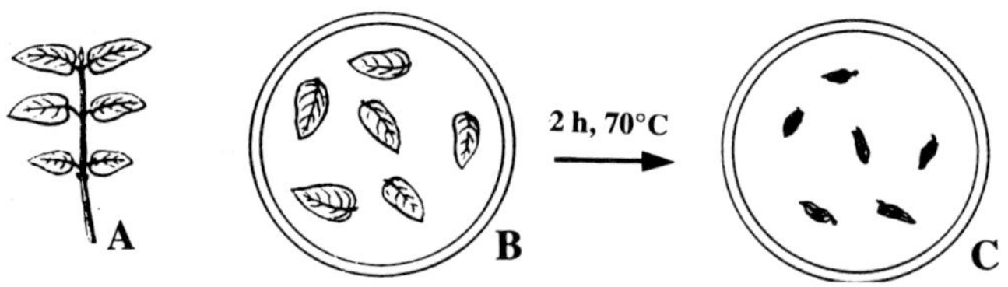

Abb. 5.2: Bestimmung des Wassergehalts von Laubblättern, bezogen auf die Frischmasse. Die Proben (A) werden gewogen (B) und deren durchschnittliche Frischmasse ermittelt. Nach Inkubation bei 70 °C wird die Trockenmasse bestimmt (C). Aus den Meßwerten kann der H_2O-Gehalt (%) berechnet werden.

5.2 Temperaturabhängigkeit der Diffusion

In den folgenden Kapiteln wollen wir zwei physikalische Prozesse anhand einfacher Modellversuche kennenlernen, die als „treibende Kräfte" für den zellulären Wasser-

transport eine wichtige Rolle spielen: Diffusion und Osmose. Eine spontan ablaufende Durchmischung zweier Gase, Flüssigkeiten oder der Kombination Gas/Flüssigkeit wird als *Diffusion* bezeichnet. Wir wollen uns hier auf Diffusionsvorgänge, die in der flüssigen Phase ablaufen, beschränken. Wird eine konzentrierte Lösung (z.B. Kaliumpermanganat, $KMnO_4$) mit reinem Wasser überschichtet, so findet bekanntlich eine Durchmischung statt, bis überall dieselbe Stoffmengenkonzentration herrscht ($KMnO_4 \Leftrightarrow H_2O$). Dieses Streben nach einem Konzentrationsausgleich wird durch ungerichtete thermische Bewegungen der Ionen (K^+, MnO_4^-) und H_2O-Moleküle hervorgebracht. Die Temperaturabhängigkeit der Diffusion kann durch das in Abb. 5.3 dargestellte Experiment demonstriert werden. Eine $KMnO_4$-Lösung und ein Gefäß mit reinem Wasser werden auf dieselbe Temperatur gebracht (Ansatz 1: 5 °C, d.h. auf Eis gestellt; Ansatz 2: 20 °C, d.h. Zimmertemperatur; Ansatz 3: 40 °C, d.h. in ein Wasserbad gestellt). Mit einer Pasteur-Pipette wird nun vorsichtig das Wasser mit $KMnO_4$-Lsg. unterschichtet. Wir inkubieren die Ansätze für 1 – 2 h bei 5, 20 und 40 °C und vergleichen sie daraufhin miteinander.
Resultat: 5 °C $\Rightarrow$ Wasser ± ungefärbt; 20 °C $\Rightarrow$ Wasser hellrot; 40 °C $\Rightarrow$ Wasser dunkelrot. Daraus folgt, daß die Diffusion (d. h. das Wandern der violett gefärbten MnO_4^--Ionen in Wasser) ein Prozeß ist, der durch Temperaturerhöhung stimuliert wird. Er beruht somit auf der Wärmebewegung der Ionen. Diffusionsprozesse sind für den Kurzstreckentransport von Ionen und Molekülen in kleinen, meristematischen Zellen bzw. innerhalb von Organellen (Chloroplasten, Mitochondrien) von Bedeutung (Diffusionsstrecke < 100 µm). Für den Langstreckentransport (z.B. Ionen im Xylem der Leitbündel) sind andere Triebkräfte verantwortlich (s. Kapitel 6).

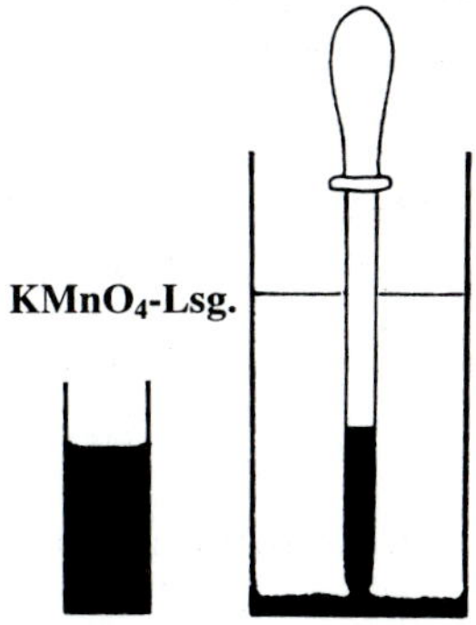

Abb. 5.3: Experiment zur Diffusion. Kaliumpermanganat-Lsg. ($KMnO_4$) und Wasser müssen dieselbe Temperatur aufweisen, um eine Konvektion (Massenströmung) zu verhindern.

5.3 Modellversuche zur Osmose

A. Klassische Osmometer
Im Gegensatz zur Diffusion, die als gegenseitige, ungehinderte Durchmischung zweier Stoffe bezeichnet werden kann, verstehen wir unter der *Osmose* einen einseitigen, über

eine semipermeable Membran verlaufenden Stofftransport (H_2O-Einstrom in konz. Lösung).

Zum Studium dieses Prozesses benötigen wir ein *Osmometer.* Dies ist eine Apparatur, die im Prinzip aus einer semipermeablen Membran, die ein Gefäß mit Zuckerlösung umschließt, und einem Steigrohr besteht. Üblicherweise wird eine Glasglocke verwendet, die mit einer für Wasser durchlässigen, für Zuckermoleküle jedoch weitgehend impermeablen „Bio-Membran" verschlossen ist (z.B. entfettete Schweinsblase). Als Alternative kann man sich eine PFEFFERsche Zelle herstellen. Ein unglasierter, in Wasser vorinkubierter Tonzylinder dient als Trägermaterial für eine Niederschlagsmembran. Wir füllen den Zylinder mit einer Kaliumhexacyanoferrat(II)-Lösung (5 % $K_4[Fe(CN)_6]$) und stellen ihn für mehrere Stunden in Kupfersulfatlösung (6 % $CuSO_4$). Es bildet sich innerhalb der Tonwand eine semipermeable „Ferrocyankupfer"-Schicht ($Cu_2[Fe(CN)_6]$). Die Osmometerglocke (bzw. der präparierte Tonzylinder) wird nun mit Zuckerlösung gefüllt, mit einem Steigrohr versehen und in reines Wasser gestellt. Aufgrund der einseitigen Diffusion der H_2O-Moleküle in die Zuckerlösung kann ein Anstieg der Wassersäule beobachtet werden.

B. Schlauch- und Dosen-Osmometer

Die beiden oben beschriebenen Osmometer sind aus einer Reihe von Gründen für Anfängerpraktika wenig geeignet. Zwei einfache Demonstrationsversuche zur Veranschaulichung des Grundphänomens sind in Abb. 5.4 dargestellt. Wir verwenden einen käuflichen Dialysierschlauch (Osmometer Abb. 5.4 A). Die im Fachhandel erhältlichen Schläuche weisen eine Trenngrenze von etwa 12.000 auf (Porenweite: 2 – 3 nm). Teilchen einer rel. Molekülmasse von >12.000 können die Membran nicht passieren (d.h. sie bleiben im Schlauch), während die kleinen H_2O-Moleküle aus- und einwandern können. Als Osmoticum verwenden wir eine Lösung des aus relativ großen Molekülen aufgebauten Polyethylenglycol

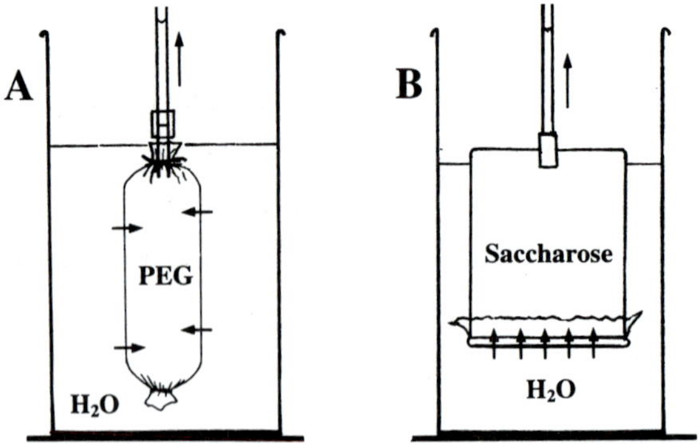

Abb. 5.4: Modellversuche zur Osmose. Das Schlauch-Osmometer (A) besteht aus einem Stück Dialysierschlauch und einem Steigrohr, als hochmolekulares Osmoticum wird Polyethylenglycol (PEG) 8000-Lsg. verwendet. Das Dosen-Osmometer (B) ist aus einem Plastik-Filmdöschen, einer Cellophan-Folie und einem Steigrohr zusammengesetzt. Osmoticum: Saccharose-Lsg.

(PEG 8000)(s. Kapitel 4.6). Wir stellen eine PEG 8000-Lösung mit $\pi = 0{,}1$ MPa her (8,1 g + 100 g H_2O) (s. Tab. 4.1) und füllen diese in einen unten verknoteten Dialysierschlauch. Der gefüllte Schlauch wird nun mit weichem Draht an einem Steigrohr befestigt (durchsichtiges, englumiges Plastikröhrchen). Das Osmometer (Dialysierschlauch/Steigrohr) wird über einen Metallständer (+ Klemme) in ein mit dest. Wasser gefülltes Becherglas gebracht. Durch Variation der Eintauchtiefe kann die Grenzschicht PEG-Lsg./Luft eingestellt und dann markiert werden (= Start). Da der Dialysierschlauch für die relativ großen PEG 8000-Moleküle kaum permeabel ist, Wassermoleküle jedoch freien Zutritt haben, kommt es zu einer osmotischen H_2O-Aufnahme. Die PEG-Lösung steigt unter Verdünnung an, bis ein Gleichgewicht erreicht ist.

In Abb. 5.4 B ist ein einfaches Dosen-Osmometer dargestellt. Als Ausgangsmaterial verwenden wir ein aus flexiblem Plastik bestehendes, durchsichtiges (weißes) Filmdöschen (in Fotogeschäften kostenlos in großer Zahl erhältlich). Der Deckel wird mit einem Skalpell ausgeschnitten, so daß ein fest sitzender O-Ring übrigbleibt. Als (näherungsweise) semipermeable Membran dient ein Stück feuchte Cellophan-Folie (Warenzeichen für transparente Folien aus Cellulosehydrat; im Fachhandel unter der Bezeichnung „Einmach-Haut" erhältlich). Die Membran wird über den Dosenrand gelegt und dann mit dem ausgeschnittenen Deckel (O-Ring) fest eingespannt. In der Mitte des Bodens des Döschens wird eine Bohrung angebracht, in die ein Stück Silikonschlauch fest eingesteckt werden kann. Das Gefäß wird über das Loch mit einem Osmoticum gefüllt (PEG- oder Saccharoselösung). Dann wird das Silikonschlauchstück eingesetzt und ein Steigrohr (z.B. Plastik-Trinkhalm) festsitzend eingeschoben. Das Osmometer wird nun in ein Becherglas gestellt, das anschließend mit dest. Wasser gefüllt wird (Luftblasen, die zwischen dem Dosenrand und der Cellophan-Folie übrigbleiben, müssen entfernt werden). Nach Befestigung des Steigrohres und Markierung des Pegels zum Zeitpunkt Null kann ein Anstieg der Wassersäule beobachtet werden, bis ein Gleichgewichtszustand erreicht ist (H_2O-Aufnahme ~ H_2O-Abgabe).

Der osmotische Druck der Lösung (π) induziert einen Wassereinstrom, der hydrostatische Druck [~ Gewichtskraft] der Wassersäule (P) preßt Wassermoleküle aus. Die „Saugkraft" des Osmometers (S) ist somit wie folgt definiert:

$$S = \pi \text{ (Wasseraufnahme)} - P \text{ (Wasserabgabe)}$$

In moderne Terminologie übertragen gilt: S (Saugkraft) = $-\Psi$ (Wasserpotential, griech. *psi*).

Die Wasserpotentialgleichung des Osmometers lautet somit:

$$\Psi = P - \pi$$

Einheit: Megapascal, MPa; 0,1 MPa ~ 1 bar.

Die Größe π ist definiert als der Gegendruck, den man von außen auf die PEG-Lösung ausüben muß, um den Anstieg der Wassersäule *vor* Verdünnung zu verhindern.

5.4 Modellversuch zum Wasserpotential der Zelle

Unter Verwendung der in Abb. 5.4 A dargestellten Bauteile des Schlauch-Osmometers kann ein einfaches Zell-Modell zur Veranschaulichung des Wasserhaushaltes der Pflanzenzelle zusammengestellt werden. Wie Abb. 3.1 (S. 19) zeigt, besteht die ausgewachsene Pflanzenzelle aus einer großen, mit Zellsaft gefüllten Zentralvacuole, die von einer semipermeablen, elastisch dehnbaren „Haut" umgeben ist (Tonoplast, Cytoplasmasaum, Plasmamembran, Zellwand). Wir füllen einen unten verschlossenen Dialysierschlauch mit PEG-Lösung (z.B. π = 1 MPa, s. Tab.4.1) und binden ihn zu, so daß ein schlaffer, mit Flüssigkeit gefüllter Sack entsteht. Dieses Gebilde kann als Zell-Modell betrachtet werden (PEG-Lsg. ~ Zellsaft; Dialysierschlauch ~ Zellhaut). Unsere Zelle wird in reines Wasser gelegt (Abb. 5.5). Direkt nach H_2O-Zugabe ist der hydrostatische Druck des Zellinhaltes (P, Turgor) gleich Null: die Wand ist unter keiner Spannung, d.h. schlaff (~ plasmolysierte Zelle). Die Wasserpotentialgleichung lautet somit: $\Psi = P - \pi \Rightarrow -1 = 0 - 1$, d.h. $\Psi = -\pi$. Bereits 1 h später ist die Zelle turgeszent, d.h. die durch osmotische H_2O-Aufnahme angeschwollene PEG-Lsg. übt einen positiven hydrostatischen Druck (P) auf die Haut aus. Osmotische Wasseraufnahme und das Auspressen von H_2O infolge der gespannten Haut (P ~ Turgordruck, Gegenkraft: Wandspannung) sind im Gleichgewicht. Die Wasserpotentialgleichung lautet somit: $\Psi = P - \pi \Rightarrow 0 = +1 - 1$, d.h. $\Psi = 0$ (~ vollturgeszente Zelle bei Wassersättigung). Die Wasseraufnahme kann durch Wiegen des Dialysierschlauches quantifiziert werden. Der in Abb. 5.5 dargestellte Vorgang ist reversibel, d.h. die turgeszente Zelle kann an trockener Luft zum „Welken" gebracht werden und anschließend wieder Wasser aufnehmen. Reines H_2O hat ein Ψ von 0 MPa

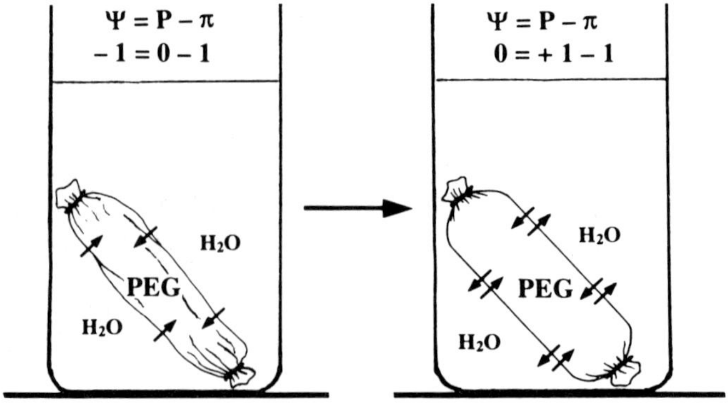

Abb. 5.5: Zell-Modell zur Erläuterung der Wasserpotentialgleichung. Schlaffer Dialysierschlauch mit PEG-Lsg. nach Eintauchen in Wasser (*links*) und turgeszenter Schlauch im osmotischen Gleichgewicht (*rechts*). PEG = Polyethylenglycol , Ψ = Wasserpotential der Zelle, P = hydrostatischer Druck (Turgor ~ Wandspannung), π = osmotischer Druck der Lösung (Einheit: MPa).

(P = 0, d.h. Luftdruck; $\pi = 0$, da keine osmotisch wirksamen Teilchen vorhanden sind). Die Wasserpotentialgleichung der Außenlösung lautet daher: 0 – 0 = 0.

5.5 Experimentelle Bestimmung des Zellturgors und des osmotischen Druckes

A. Druckmeß-Sonde

Wie der in Abb. 5.5 dargestellte Modellversuch zeigt, übt in der turgeszenten, mit Wasser gesättigten Pflanzenzelle der Protoplast (Vacuole) einen allseitig wirkenden hydrostatischen Druck gegen die Zellwand aus. Aufgrund der geringen Größe der Pflanzenzelle ist eine direkte Messung dieses Turgordruckes (P_v) nur mit relativ großem apparativen Aufwand möglich. Abb. 5.6 zeigt eine miniaturisierte Druckmeß-Sonde. Im Prinzip handelt es sich hierbei um eine Miniaturspritze mit eingebautem Drucksensor. Eine Mikro-Glaskapillare mit einem Spitzendurchmesser von 2 – 5 µm wird mit Hilfe einer entsprechenden Apparatur hergestellt, mit Silikonöl gefüllt und mit einer selbstgebauten Plexiglaskammer verbunden. Die Kammer enthält einen elektronischen Druckaufnehmer sowie einen Metallstab, der exakt in die Glaskapillare paßt und mit Hilfe einer Mikrometerschraube ein- und ausgeschoben werden kann. Diese Druckmeßvorrichtung wird auf einen Mikromanipulator montiert (Abb. 5.6 A). Mit einem Lichtmikroskop betrachten wir die Kapillarspitze. Nach Anstechen einer turgeszenten Zelle (z.B. Epidermis, Hypocotyl) wird der Zellsaft (Vacuoleninhalt) in die Mikrokapillare gedrückt. Das Silikonöl wird hierdurch in Richtung Drucksensor geschoben. Durch mikroskopische Beobachtung des Meniskus (Grenzschicht Öl/Zellsaft) kann nach Anlegen eines externen Gegendruckes (P_e) der Zellsaft wieder in seine ursprüngliche Position geschoben werden: P_e entspricht P_v der turgeszenten Zelle vor Einstechen (Abb. 5.6 B). Die Messung von P_v ($\sim P_e$) gelingt nur dann, wenn die Plasmamembran einen stabilen Wundverschluß bildet. Nicht selten fällt P_e rasch ab:

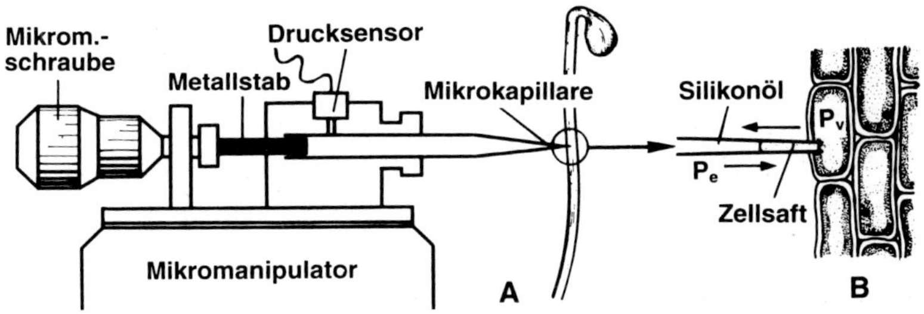

Abb. 5.6: Apparatur zur Bestimmung des Turgordruckes (Druckmeß-Sonde). Versuchsaufbau (A). Prinzip der Messung durch Anstechen einzelner Zellen (B). P_v = Turgordruck, P_e = Gegendruck. Durch Drehung der Mikrometerschraube (→ P_e-Anstieg) kann die Öl/Zellsaft-Grenzschicht (Meniskus) in die Position vor Einstechen gebracht werden ($P_v \sim P_e$).

die Zelle läuft an den Wundrändern aus, d.h. diese Messung ist unbrauchbar. Turgordrucke liegen je nach Spezies, Gewebe und Anzuchtbedingungen im Bereich zwischen 0,3 und 0,9 MPa (Mittelwert ~ 0,5 MPa). Sie sind somit rund doppelt so hoch wie der Luftdruck im Reifen eines PKWs (~ 0,15 – 0,3 MPa).

B.Gefrierpunkt-Osmometer

Die in Abb. 5.4 dargestellten Osmometer können im Prinzip zur Bestimmung des osmotischen Druckes einer Lösung (π) verwendet werden. Mit Hilfe eines Stempels applizieren wir einen Gegendruck, der den Anstieg der Wassersäule nach Eintauchen auf Null reduziert. Dieser externe Druck entspricht dem π-Wert der Lösung. Diese Methode ist zur Bestimmung des osmotischen Druckes des Zellsaftes (~ Vacuoleninhalt) ungeeignet. In der Praxis wird folgendes Verfahren eingesetzt. Man gewinnt zunächst den *Gewebepreßsaft* isolierter Organstücke (z.B. 1 cm-Segmente aus der Streckungszone von Keimpflanzen, s. Abb. 5.10). Hypocotylsegmente werden geschnitten, in 1 ml-Plastik-Reaktionsgefäßen gesammelt und bei –20 °C eingefroren (Gefrierschrank). Die aufgetauten Proben werden in demselben Gefäß mit einem Metallstab homogenisiert und abzentrifugiert. Der Überstand besteht aus dem Gewebesaft der Zellen (d.h. Mischung der Vacuoleninhalte + Apoplastenflüssigkeit). Mit Hilfe eines Gefrierpunkt-Osmometers kann nun die osmotische Konzentration OC (= Osmolalität) des Gewebesaftes gemessen und daraus der osmotische Druck π berechnet werden.

Das Prinzip der kryoskopischen Methode (Gefrierpunktbestimmung) ist in Abb. 5.7 dargestellt. Ein Aliquot unserer Probe (30 – 50 µl) wird in ein Osmometer-Hütchen

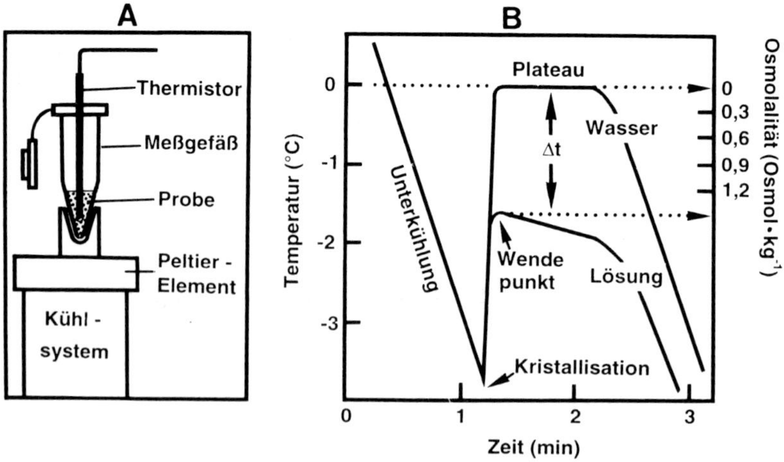

Abb. 5.7: Bestimmung der osmotischen Konzentration (= Osmolalität) einer wässrigen Probe (z.B. Gewebesaft) mit Hilfe eines Gefrierpunkt-Osmometers (Kryoskopie) (A). Typische Abkühlkurven von reinem Wasser (Kontrolle) und einer Lösung. Die Gefrierpunktserniedrigung (Δ t) ist ein direktes Maß für die Osmolalität (Osmol/kg H_2O). (Nach einer Betriebsanleitung der Firma Vogel GmbH & Co. KG, Gießen.)

pipettiert. Als Kontrolle verwenden wir reines Wasser. Die Gefrierpunkterniedrigung (Δt) einer Lösung (H_2O + gelöste Teilchen) im Vergleich zu reinem H_2O ist proportional zur osmotischen Konzentration (OC): reines Wasser gefriert bei 0 °C, eine Lösung mit der OC (Osmolalität) von 1 Osmol/kg H_2O bei – 1,858 °C. Diese Beziehung gilt jedoch nur für ideale Lösungen. Das mit NaCl-Lsg. (0,300 Osmol/kg) geeichte Gefrierpunkt-Osmometer wird mit der Kontroll-Flüssigkeit bestückt (reines H_2O) (Abb. 5.7 A). Unsere Probe wird mit einem Peltier-Kühlsystem auf eine definierte Temperatur unterhalb des Gefrierpunktes abgekühlt (Abb. 5.7 B). Die Kristallisation wird nun automatisch mit einer Edelstahlnadel, die winzige Eiskristalle trägt, ausgelöst. Die Temperatur steigt daraufhin sehr rasch auf den Gefrierpunkt an ($H_2O \Rightarrow 0$ °C). Anzeige: OC = 0 Osmol/kg. Wir messen nun unseren Gewebesaft. Da OC proportional zu Δt ist, zeigt das Gefrierpunkt-Osmometer nicht Δt, sondern die entsprechenden OC-Werte an (Einheit: Osmol/kg). Für nicht zu konzentrierte Lösungen bzw. Gewebesäfte (OC < 0,3 Osmol/kg) gilt das Gesetz von VAN'T HOFF:

$$\pi = C \cdot R \cdot T$$

Der osmotische Druck π (MPa) kann somit aus C (Stoffmengenkonzentration, mol/l ~ OC), der Gaskonstanten R (0,0083 $MPa \cdot l \cdot mol^{-1} \cdot K^{-1}$) und der absoluten Temperatur T (Kelvin; 273 K ~ 0 °C) berechnet werden. Für 25 °C (298 K) gilt die Beziehung: 0,1 Osmol/kg ~ 0,247 MPa.

Beispiel: Sonnenblumenkeimlinge, 5 d in Dunkelheit angezogen, Auswahl mittelgroßer Pflanzen mit Hypocotyllängen von 8 – 9 cm (s. Abb. 5.6 B): (I) Turgordruck in der basalen ausgewachsenen Region (1 cm oberhalb des Wurzelansatzes): P_v = 0,38 MPa; OC des Gewebesaftes: 0,170 Osmol/kg $\Rightarrow \pi$ = 0,42 MPa. $\Psi = P_v - \pi$ = 0,38 – 0,42 = – 0,04 MPa.

(II) Turgordruck in der sub-apicalen, wachsenden Region (1 cm unterhalb des Hypocotylhakens): P_v = 0,49 MPa; OC des Gewebesaftes: 0,227 Osmol/kg $\Rightarrow \pi$ = 0,56 MPa. $\Psi = P_v - \pi$ = 0,49 – 0,56 = – 0,07 MPa . Schlußfolgerung: Für ausgewachsene, optimal mit Wasser versorgte Zellen gilt: $P_v \sim \pi \Rightarrow \Psi \sim 0$; in wachsenden Zellen werden in der Regel negative Ψ-Werte ermittelt, d.h. es gilt: $\pi > P_v$.

5.6 Bestimmung der osmotischen Grundkonzentration mittels Grenzplasmolyse

A. Herstellung von Testlösungen (Plasmolytica)

Neben der Kryoskopie (Abb. 5.7) gibt es eine zweite, anschauliche Methode zur exakten Ermittlung der osmotischen Konzentration OC bzw. des osmotischen Druckes π des Zellinhalts. Das Prinzip dieses Verfahrens, das als OC-Bestimmung mittels Grenzplasmolyse bezeichnet wird, ist in Abb. 5.8 A – C dargestellt. Eine ausgewachsene, vacuolisierte Zelle wird in Wasser inkubiert. Da der Zellsaft (~ Vacuoleninhalt) eine höhere Konzentration an Osmotica (OC) aufweist als die Außenlösung (Konz. C von reinem H_2O = 0 mol/l), ist die Zelle voll turgeszent: der Turgordruck (P_v) erzeugt eine entgegengerichtete Wandspannung (P_w), d.h. Wasseraufnahme und -abgabe sind im Gleichgewicht (s. Modellversuch Abb. 5.5). Die Außenlösung ist *hypotonisch* (OC > C). Wir inkubieren nun die Zelle in Lösungen definierter Stoffmengenkonzentrationen (= Molaritäten C). In Anwesenheit einer *isotonischen* (= *isoosmotischen*) Lösung ist eine schwache, gerade noch sichtbare Abhebung des Protoplasten („Zell-Leib") von der Zellwand zu beobachten. Resultat: P_v (bzw. P_w) sinken auf den Wert Null ab, d.h. die Turgordehnung ist eliminiert (entspannte Zelle). Es gilt: OC (Vacuole) ~ C (Außenlösung). In Anwesenheit von Lösungen mit noch höheren Außenkonzentrationen schrumpft der Protoplast, d.h. bei *hypertonischen* Lösungen (OC < C) ist die Zelle vollständig plasmolysiert (Vollplasmolyse). Durch Bestimmung der Konzentration C, bei der der Protoplast gerade von der Zellwand abhebt, kann somit OC (Vacuole) ermittelt und daraus π berechnet werden. Die hierzu verwendete wasserentziehende Außenlösung wird als *Plasmolyticum* bezeichnet. Für höhere Pflanzen haben sich als Plasmolytica insbesondere das Disaccharid Saccharose (S) und der Zuckeralkohol Mannitol (M) bewährt. Diese Moleküle sind so klein, daß sie die Poren der Zellwand durchdringen und bis zur Plasmamembran diffundieren können. Wir führen zunächst einen einfachen Vorversuch durch. Stammlösungen (S u. M.: 1 mol/l) werden so verdünnt, daß jeweils 9 Konzentrationen vorliegen (C = 0,00 – 0,40 mol/l) (Tab. 5.1). Mit Hilfe eines Gefrierpunkt-Osmometers messen wir dann die osmotischen Konzentrationen (OC, Osmol/kg) der Lösungen. Im Konzentrationsbereich < 0,30 mol/l ist die Differenz zwischen C (einwogen) und OC (gemessen) $\leq$ 10 %, bei höheren Konzentrationen ist OC deutlich größer als C (Begründung: Unterschied zwischen der Molarität [mol Stoff/l Lösung, d.h. H_2O + gelöster Stoff = 1 l] und der Molalität [mol Stoff + 1 kg H_2O]).

B. Experimente mit Keimpflanzen
Wir verwenden 7 Tage alte Keimlinge der Sonnenblume *(Helianthus annuus)*, die im natürlichen Tag/Nacht-Rhythmus (oder starkem Dauer-Weißlicht) angezogen wurden.

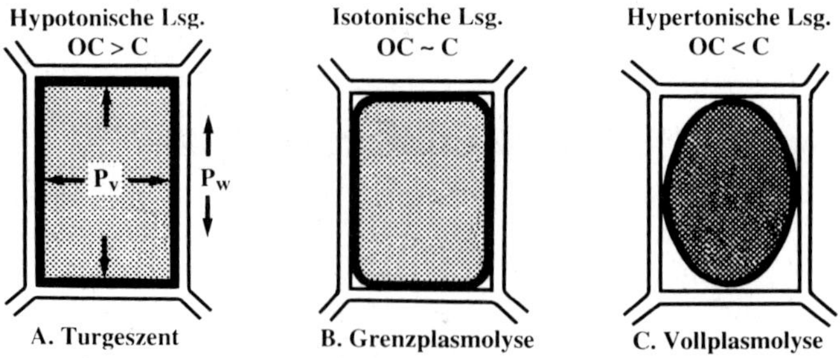

Abb. 5.8: Vacuolisierte Pflanzenzelle in einer hypotonischen Lösung (reines Wasser) (A), bei Inkubation in einer isotonischen Lsg. (B) bzw. in einer hypertonischen Lsg. (C). C = Konzentration der Außenlösung (Medium), OC = osmotische Konzentration des Zellsaftes (~ Vacuolenflüssigkeit), P_v = Turgordruck, P_w = Wandspannung. Mit der Grenzplasmolyse-Methode (B) kann der OC-Wert der entspannten Zelle ermittelt werden.

Tab 5.1: Herstellung von Lösungen mit definierten Stoffmengenkonzentrationen (C), die sich als Plasmolytica eignen. Stammlösungen: Mannitol (M, 1 mol/l); Saccharose (S, 1 mol/l). Die osmotischen Konzentrationen (OC) wurden mit einem Gefrierpunkt-Osmometer gemessen.

C (mol/l)	0,00	0,05	0,10	0,15	0,20	0,25	0,30	0,35	0,40
Stammlsg.	0	5	10	15	20	25	30	35	40
$+H_2O$ (ml)	100	95	90	85	80	75	70	65	60
OC (M)	0	0,05	0,10	0,15	0,20	0,26	0,31	0,37	0,42
(Osmol/kg) (S)	0	0,05	0,10	0,15	0,21	0,27	0,33	0,38	0,47

Aus einer Population von Keimlingen wählen wir einige rötlich gefärbte (anthocyanhaltige) Individuen aus. Ein etwa 1 cm langes Hypocotylsegment wird isoliert (s. Abb.5.10). Mit einer halbierten Rasierklinge schneiden wir längs 4 etwa 1 mm breite Streifen ab (Flächenschnitte, d.h. Cortex- u. Epidermis-Gewebe) und legen diese in entsprechende S- bzw. M-Lösungen ein (Plasmolytica, s. Tab. 5.1). Nach 15 min betrachten wir die Epidermisschnitte im Lichtmikroskop (Abb. 5.9 A – C). Es wird deutlich, daß die durch Anthocyan rot gefärbten Protoplasten bei einer Konzentration von 0,25 mol/l Grenzplasmolyse zeigen und bei 0,4 mol/l vollständig plasmolysiert sind. Daraus folgt: OC (Vacuole) ~ C (Außenlösung) = isotonisch ~ 0,25 mol/l.

Ein genaueres Resultat erhalten wir, indem eine Population von Zellen (n > 50) betrachtet wird. Der Prozentsatz an plasmolysierten Zellen wird bestimmt und gegen C aufgetragen. Wie Abb. 5.10 zeigt, erhalten wir für beide Plasmolytica S-förmige Kurven. Durch grafische Ermittlung der Konzentration, bei der nach 15 min 50 % der Epidermiszellen plasmolysiert sind, kommen wir zum Wert C ~ 0,26 mol/l. Als *Kontrollexperiment*

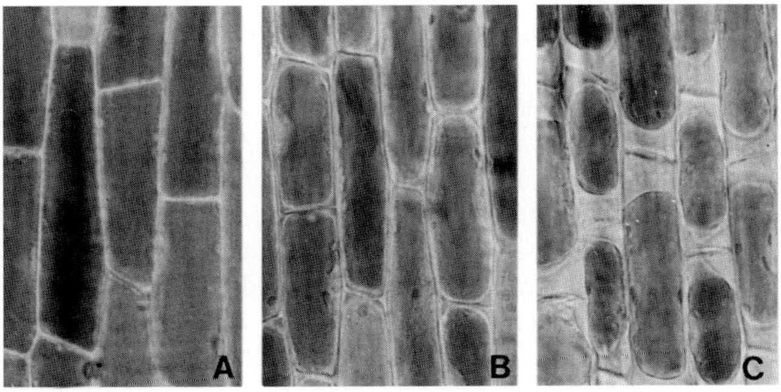

Abb. 5.9: Epidermiszellen (anthocyanhaltig) von Flächenschnitten des Hypocotyls der Sonnenblume. Inkubation in reinem Wasser (A) (turgeszente Zellen), in 0,25 mol/l Saccarose-Lsg. (B) (Grenzplasmolyse) und in 0,4 mol/l Saccharose-Lsg. (C) (Vollplasmolyse). Inkubationszeit der Flächenschnitte: 15 min (x 80).

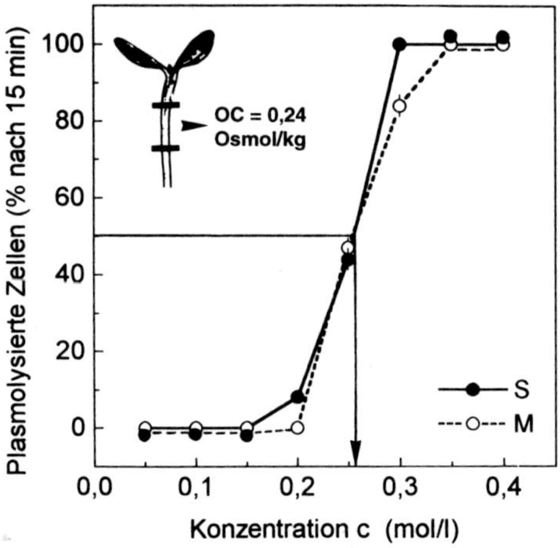

Abb. 5.10: Bestimmung der mittleren osmotischen Grundkonzentration (Pfeil) mittels Abschätzung der Plasmolysehäufigkeit (%) (n = 100 Zellen). C = Konzentration der Plasmolytica, OC = mittlere osmotische Konzentration des Gewebesaftes (ermittelt mit dem Gefrierpunkt-Osmometer), S = Saccharose, M = Mannitol. Versuchsobjekt: Hypocotyl der Sonnenblume (% plasmolysierte Epidermiszellen = Summe der Zellen, die Grenz- und Vollplasmolyse zeigen). (Daten: R. KAHLMEYER.)

schneiden wir aus 10 Keimlingen derselben Population von Versuchspflanzen 1 cm-Segmente aus der Streckungszone, gewinnen wie in Abschnitt 5.5 dargestellt Gewebesaft und bestimmen im Gefrierpunkt-Osmometer OC. Der durchschnittliche Wert (0,24 Osmol/kg) ist etwa 10 % niedriger als die mittels Grenzplasmolyse ermittelte osmotische Grundkonzentration der entspannten Zelle (~ 0,26 mol/l). Da während der Plasmolyse der Zelle etwas Wasser entzogen wird (→ Kontraktion des Protoplasten um etwa 10 %, s. Abb. 5.8) und somit eine Konzentrierung des Vacuoleninhalts eintritt, folgt: OC (turgeszente Zelle) < OC (Zelle bei Grenzplasmolyse). Aus den OC-Werten (Osmol/kg ~ mol/l, s. Tab. 5.1), kann nun der mittlere osmotische Druck der entspannten Zellen (π) berechnet werden: 0,26 Osmol/kg ~ 0,64 MPa (25 °C).

5.7 Gewebespannung

Bei der bisherigen Betrachtung des Wasserhaushalts der Pflanze hatten wir uns auf Einzelzellen (Epidermis) konzentriert. In diesem Abschnitt soll eine Eigenschaft des wachsenden Organs (Hypocotyl) untersucht werden, die als *Gewebespannung* bekannt ist. Wir verwenden 5 Tage alte Keimlinge der Sonnenblume, die entweder im Licht oder in Dunkelheit angezogen wurden. Mit Hilfe einer Schneidevorrichtung werden aus der Streckungszone des Hypocotyls 1 cm-Segmente isoliert und auf Wasser inkubiert. Unter Verwendung einer flachen Pinzette kann leicht ein etwa 1 – 2 mm breiter Epidermisstreifen im spitzen Winkel abgezogen werden (Abb. 5.11 A – C). Über 90 % der Zellen des isolierten Epidermisgewebes, das aus der äußersten Zellschicht und 2 – 3 subepidermalen Zell-Lagen besteht, sind tot (Beweis: keine Plasmolyse nach Einlegen in 0,4 mol/l Saccharose-Lsg). Ein Vergleich der Länge des Segments (1,0 cm) und des isolierten Streifens (~ 0,9 cm) zeigt, daß die peripheren Zellwände nach Isolation um etwa 10 % kontrahieren. Die dicken, wenig dehnbaren äußeren Zellwände stehen im intakten Organ unter Spannung und üben auf die inneren Gewebe eine kontrahierende Kraft aus. Zur Demonstration der Kompression der inneren Gewebe schneiden wir ein 2 cm langes Hypocotylsegment. Die äußere Epidermis wird nun sorgfältig in 3 – 5 Streifen abgezogen. Dieses zu > 90 % geschälte Segment wird auf eine Länge von 15,0 mm reduziert und in reinem Wasser inkubiert. Bereits 2 – 3 h später hat sich das isolierte innere Gewebe (Cortex, Leitbündel und Mark) auf etwa 17,0 mm verlängert (+ 10 %), während das nicht geschälte Kontrollsegment eine Länge von 15,5 cm aufweist. Unser Experiment zeigt, daß der durch dünne, dehnbare Zellwände gekennzeichnete turgeszente innere Gewebezylinder ein Ausdehnungsbestreben aufweist, das durch die dicken, weniger dehnbaren peripheren Zellwände der Epidermis in seiner Entspannung gehindert wird. Im intakten, wachsenden Organ übt der innere Gewebezylinder somit einen dem Zellturgor entsprechenden Gewebedruck aus, der die peripheren Zellwände unter Spannung hält. Die mechanische Stabilität des nicht verholzten Organs wird hierdurch deutlich erhöht.

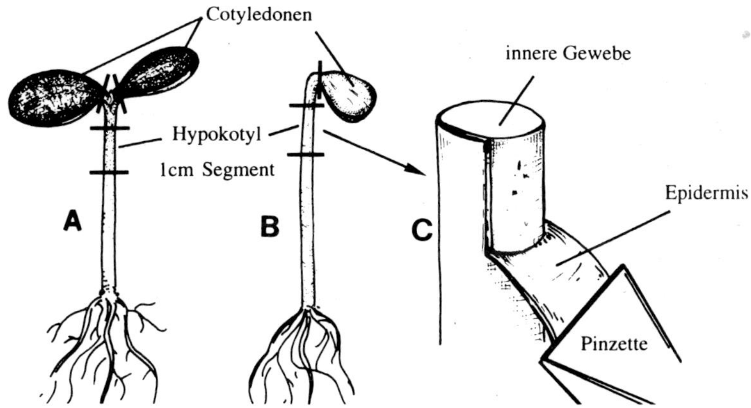

Abb. 5.11: Nachweis der Gewebespannung im Hypocotyl der Sonnenblume (A, B: Anzucht ± Licht). 1 cm-Segmente werden geschnitten. Nach Isolation eines Epidermisstreifens (C) und Längenvergleich wird deutlich, daß sich die äußeren Gewebe verkürzen (– 10 %). Geschälte innere Gewebezylinder verlängern sich in Wasser um bis zu + 10 %.

5.8 Beobachtungen zum Welkevorgang (Plasmolyse/Cytorrhyse)

Das Welken der Organe krautiger Pflanzen infolge Wassermangels ist eine bekannte Erscheinung. Als Ursache wurde ein Turgorverlust der Zellen erkannt. Bei fehlendem hydrostatischem Druck der Protoplasten gegen die Zellwände ist das oben besprochene mechanische System Gewebedruck (innen)/Wandspannung (außen) unwirksam: die

Organe sind weich und schlaff, d.h. welk. Dieser Vorgang ist reversibel: nach Wasserzugabe erlangen die Organe wieder ihre ursprüngliche Festigkeit.

Der Welkevorgang (Turgorverlust) kann wie folgt verlaufen: 1. Der partiell entwässerte Protoplast hebt sich von der Zellwand ab, die als „Gehäuse" ihre Form beibehält (= *Plasmolyse*) oder 2. Der Protoplast hebt sich nicht von der Wand ab, sondern faltet sich gemeinsam mit der Zellwand ein (= *Cytorrhyse*). Zur Untersuchung dieser Prozesse führen wir ein einfaches *Welkeexperiment* durch. Sonnenblumenkeimlinge, die für 7 d im Tag/Nacht-Rhythmus angezogen wurden, werden dem feuchten Vermiculit entnommen. Die Hypocotyle werden intakt gelassen oder geschält und dann für 2 h in einer offenen Petrischale der Zimmerluft ausgesetzt. Die schlaffen (welken) Hypocotyle werden nun wie folgt analysiert. Mit einer halbierten Rasierklinge werden Flächenschnitte hergestellt (Epidermisgewebe nicht abknicken). Vom äußeren Cortexgewebe der geschälten Stengel werden ebenfalls flache Scheiben heruntergeschnitten. Die Präparate werden in absolutem Ethanol (p.A.) fixiert und dann in Wasser mikroskopiert. Resultat: Epidermiszellen intakter, welker Hypocotyle: Plasmolyse (Protoplasten z.T. von Zellwand abgehoben, Abb. 5.12 A). Cortexzellen geschälter, welker Hypocotyle: Cytorrhyse (Protoplast und Zellwand sind gemeinsam eingefaltet, Abb. 5.12 B).

Dieses Resultat läßt sich mit den oben dargestellten Unterschieden in den Zellwandeigenschaften erklären. Die epidermalen Wände sind dick und wenig dehnbar (→ Protoplast löst sich ab), während die Wände der inneren Gewebe dünn und in hohem Maße extensibel sind (→ Protoplast und Zellwand falten sich zusammenhängend ein). Da die inneren Gewebe 80 – 90 % der Frischmasse des krautigen Organs ausmachen, scheint die Cytorrhyse der entscheidende Vorgang beim Welkprozeß zu sein.

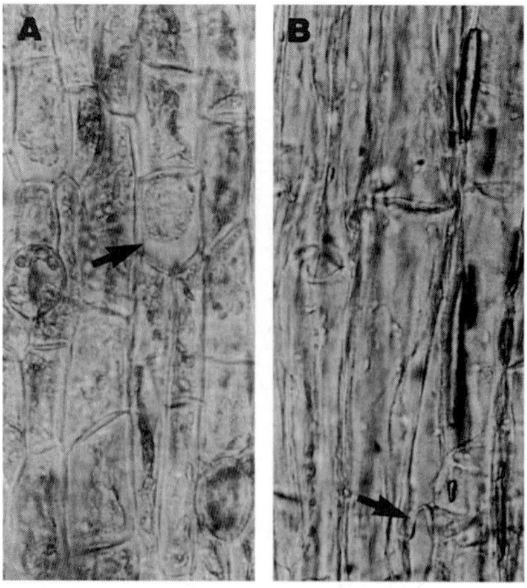

Abb. 5.12: Plasmolyse (A) und Cytorrhyse (B) in der Epidermis bzw. im äußeren Cortexgewebe von welken Sonnenblumenhypocotylen. Intakte bzw. geschälte Hypocotylsegmente wurden für 2 h in Zimmerluft gehalten, anschließend in Ethanol fixiert und in Wasser mikroskopiert. Pfeile: kontrahierter Protoplast bzw. eingefaltete Zellwand. (x 300). (Aufnahme: S. Storz.)

6 Stofftransport

Die mehrzelligen, an Land lebenden höheren Pflanzen (Kormophyten) bestehen aus den drei Grundorganen Wurzel, Sproßachse und Blatt. Mit dieser Differenzierung des Pflanzenkörpers ist eine Arbeitsteilung einhergegangen. Die Wurzel verankert den Organismus in der Erde und ist für die Aufnahme von Wasser und Nährsalzen verantwortlich, während die grünen Blätter der photoautotrophen Ernährung dienen (Photosyntheseorgane). Die dazwischenliegende Sproßachse erfüllt eine mechanische Stützfunktion und gewährleistet den Ferntransport der in den Blättern gebildeten Assimilate bzw. des von der Wurzel aufgenommenen Wassers (Abb. 6.1). Die zu Leitbündeln zusammengefaßten Transportbahnen bestehen aus dem Xylem (Gefäß- oder Holzteil) und dem Phloem (Sieb- oder Bastteil). Der Ferntransport von Wasser (+ Ionen) erfolgt innerhalb der Tracheen (Gefäße) und Tracheiden des Xylems, d.h. im Hydrosystem des Kormus. Je nach Entwicklungsstadium der Pflanze werden drei Triebkräfte für den Wasserferntransport verantwortlich gemacht (1. Keimlinge: Wurzeldruck; 2. ausgewachsene Pflanze: Transpirationssog der Laubblätter; 3. Knospenaustrieb im Frühjahr: osmotische Wasseraufnahme durch im Xylemwasser angereicherte Zuckermoleküle). In Abb. 6.1 ist Mechanismus 2 (Wassertransport in der transpirierenden Pflanze) dargestellt. Die in den Laubblättern gebildeten, für den Export bestimmten

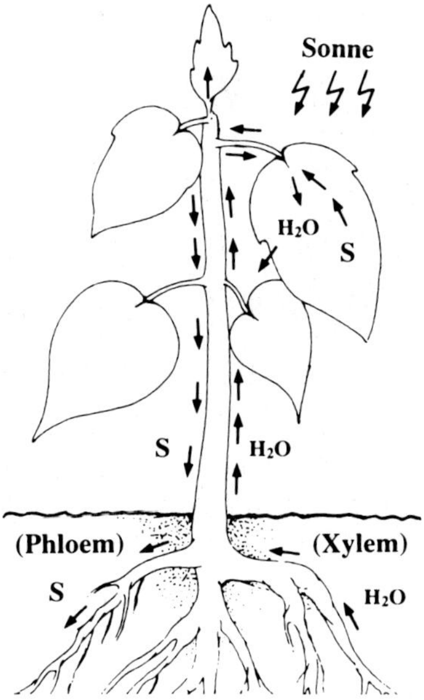

Abb. 6.1: Stofftransport in der photosynthetisch aktiven transpirierenden Pflanze. In den Laubblättern wird über die Photosynthese (CO_2-Assimilation) Saccharose (S) gebildet, die im Phloem abwärts transportiert wird (↓). Gleichzeitig erfolgt ein aufwärtsgerichteter Wasserstrom (H_2O) im Xylem der Leitbündel (↑). Junge Blätter nehmen sowohl H_2O als auch S-Moleküle auf.

Photosyntheseprodukte (Assimilate) werden in Form des Disaccharids *Saccharose* von den Siebröhren des Phloems aufgenommen und zu den heterotrophen Verbrauchsorten der Pflanze transportiert (z.B. Wurzel, junge Blätter). Dort wird die Saccharose zur Aufrechterhaltung des Stoffwechsels sowie als Substrat für Biosyntheseprozesse metabolisiert. In diesem Kapitel werden wir die Triebkräfte für den H_2O- und Saccharosetransport in der Pflanze anhand ausgewählter Experimente kennenlernen.

6.1 Auslösung der Guttation bei Getreidekeimlingen

Am frühen Morgen feuchtkühler Nächte kann man an den Spitzen der Grasblätter häufig Wassertröpfchen beobachten, die an den Blattspreiten hinunterrollen. Diese *Guttation* (Abgabe von flüssigem Wasser in Form einzelner Tropfen) tritt nur bei Wassersättigung des Bodens und hoher Luftfeuchtigkeit in Erscheinung und wird durch den Wurzeldruck hervorgebracht. Die Abhängigkeit der Guttation vom Wasserdampfgehalt der Luft kann leicht experimentell demonstriert werden. Getreidekeimling (z.B. Weizen, *Triticum aestivum*) werden in Bechergläsern, die mit feuchtem Vermiculit gefüllt wurden, angezogen (Tag/Nacht-Rhythmus, 25 °C). Nach 6 – 10 d haben die Versuchspflanzen eine optimale Größe erreicht. Das Anzuchtmedium sollte bei Versuchsbeginn mit Leitungswasser gesättigt sein (regelmäßig nachgießen). Unter Normalbedingungen beträgt die relative Luftfeuchtigkeit 40 – 60 %. Wir beobachten keine Guttation (Abb. 6.2 A). Der Becher mit den Keimlingen wird nun in ein großes, mit Wasser (2 cm) versehenes Glasgefäß gestellt. Wir verschließen den Behälter (Anstieg der Luftfeuchtigkeit) und beobachten nach etwa 10 – 20 min die Bildung einzelner Wassertropfen an

Abb. 6.2: Induktion der Guttation bei Weizenkeimlingen. Kontrolle (normale Zimmerluft) (A); dieselben Pflanzen nach Inkubation in feuchter Luft (B).

den Blattspitzen (Abb. 6.2 B). Die Wasser-Austrittsorte werden als Hydathoden bezeichnet (Poren in der Epidermis, die nach oben hin offene Xylemelemente enthalten). Der Vorgang ist reversibel: in normaler Zimmerluft kommt die Guttation zum Stillstand; sie kann durch Erhöhung der Luftfeuchtigkeit (> 80 %) wieder rasch induziert werden.

6.2 Xylemexudation und Wurzeldruck bei Keimpflanzen

Aufgrund eines in der Wurzel erzeugten hydrostatischen Druckes kann unter bestimmten Umweltbedingungen flüssiges Wasser aus präformierten Öffnungen der Blätter (Hydathoden) aus dem unverletzten Pflanzenkörper abgegeben werden. Neben dieser *Guttation* (Abb. 6.2) ist eine zweite Art der Wassersekretion bekannt, die als *Exudation* bezeichnet wird. Eine Exudation tritt nur nach mechanischer Verletzung der Pflanze ein. Das aus der Wunde austretende Xylemwasser wird daher auch als „Blutungssaft" bezeichnet. Geeignete Objekte zum Nachweis dieser Erscheinung sind Keimpflanzen der Sonnenblume (*Helianthus annuus*).

Wir ziehen 5 Keimlinge in einem 250 ml-Becherglas an (Medium: feuchtes Vermiculit; 25 °C; Tag/Nacht-Rhythmus; Weißlicht mit ausreichendem Photonenfluß von > 100 µmol · m^{-2} · s^{-1}, rel. Luftfeuchtigkeit > 70 %). Nach 7 d haben die Pflanzen ein optimales Entwicklungsstadium erreicht (Abb. 6.3 A). Wir schneiden die Hypocotyle etwa 1,5 cm oberhalb der Wurzelansatzstelle ab und setzen Plastik-Trinkhalme, die unten mit einem fest sitzenden Stück Silikonschlauch ver-

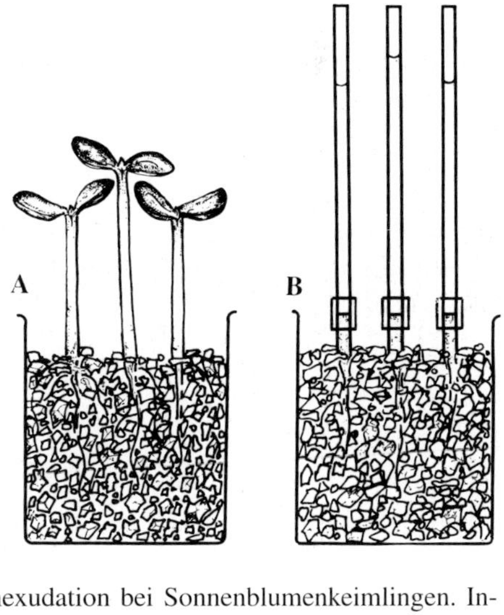

Abb. 6.3: Experiment zum Nachweis der Xylemexudation bei Sonnenblumenkeimlingen. Intakte Kontrolle (A); Dekapitierte Pflanzen, nach Aufsetzen von Steigrohren (B).

bunden sind, auf die Hypocotylstümpfe (Abb. 6.3 B). Im Verlauf der folgenden 24 h kann ein Anstieg der sich rasch bildenden Xylemflüssigkeits-Säule um bis zu 6 cm beobachtet werden. Die Exudation kommt nach 4 – 5 d zum Stillstand (Höhe der Säule: bis 12 cm). Unser Experiment zeigt 1., daß nach Verletzung der Keimlinge Xylemwasser aus der Schnittfläche austritt und 2., daß die Wurzel eine Wassersäule entgegen der Schwerkraft nach oben pumpen kann. Wir haben somit das Phänomen der Exudation nachgewiesen und den Wurzeldruck als „treibende Kraft" erkannt. Experimente mit speziellen Druckmeß-Sonden ergaben, daß bei krautigen Pflanzen die durchschnittlichen Wurzeldrucke im Bereich zwischen 0,1 und 0,3 MPa liegen. Der hydrostatische Druck kommt durch aktive Aufnahme von Ionen (Außenmedium → Wurzelrinde → Xylem) und daraus resultierender osmotischer Wasseraufnahme zustande. Verwenden wir als Anzuchtmedium anstelle von feuchtem Vermiculit (H_2O) Granulat, welches mit einer HOAGLAND-Nährlösung versetzt wurde (H_2O + Ionen), so kann ein nahezu doppelt so hoher Anstieg wie in der Wasserkontrolle beobachtet werden. Wir werden in Kapitel 11 (Pflanzenernährung) auf diese Prozesse zurückkommen.

6.3 Experimente zum Wasserpotential der Luft

Unter mitteleuropäischen Klimabedingungen ist nur nach längeren Regenfällen eine nahezu vollständige Wasserdampfsättigung der Luft zu beobachten. Die relative Luftfeuchtigkeit (RH, d.h. absolute Wassermenge/theoretisch erreichbare Sättigungsmenge pro m^3 Luft x 100 in Prozent) ist praktisch immer deutlich niedriger als 100 %; für normale Zimmerluft gilt: RH ~ 40 – 60 %. Zur Quantifizierung der rel. Luftfeuchtigkeit werden Hygrometer verwendet, die in verschiedenen Ausführungen im Fachhandel erhältlich sind. Zur Illustration führen wir folgendes Experiment durch (Abb. 6.4). Ein Hygrometer wird auf eine Petrischale gestellt, die sich in einem Plexiglaskasten befindet. Wir gießen etwas Wasser in den Behälter und verschließen ihn mit einem fest sitzenden Deckel. Im Verlauf der nächsten 24 Stunden erreicht bei Zimmertemperatur die RH den Wert von 99,9 – 100 %. An den Innenwänden des Plastikglaskastens bildet sich Kondenswasser, d.h. es treten gleichviele H_2O-Moleküle in die Gasphase über wie gleichzeitig wieder von der Flüssigkeitsschicht aufgenommen werden (Wasserdampfsättigung der Luft). Nach Öffnen des Deckels sinkt die RH rasch ab und erreicht nach etwa 3 – 4 h einen Wert von 50 – 70 % (Luftfeuchtigkeit über stehendem Wasser).

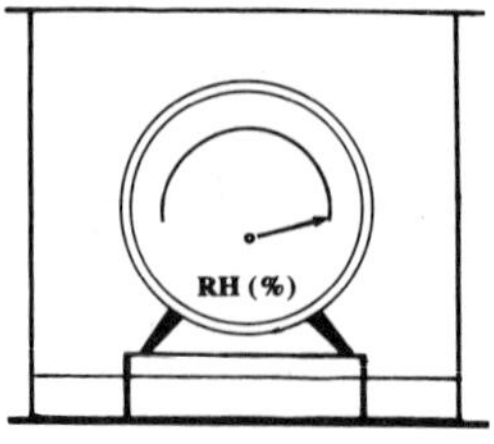

Abb. 6.4: Versuchsanordnung zur Ermittlung der relativen Luftfeuchtigkeit (RH). Ein Hygrometer ist in einer verschließbaren Plexiglaskammer untergebracht. Bodensatz: Wasser → 100 % RH (abgebildet); Trockenperlen → 5 % RH (nicht abgebildet).

Entnehmen wir das Hygrometer dem Plexiglaskasten und stellen es in der Zimmerluft auf, so können wir Werte von etwa 50 % messen. Zur Schaffung einer trockenen Atmosphäre ersetzen wir das Wasser im Plexiglaskasten durch erhitzte/abgekühlte Trockenperlen. Je nach RH der Außenluft stellt sich ein Wert von 5 – 3 % ein: auch diese künstlich „entwässerte" Zimmerluft enthält noch signifikante Mengen an H_2O-Molekülen. Die RH ist eine Größe, die von der Temperatur abhängt: warme Luft kann mehr H_2O-Moleküle „speichern" als kältere. Für die Beziehung zwischen der RH und dem Wasserpotential der Luft (Ψ) gilt folgende Gleichung:

$$\Psi \text{ (Einheit: MPa)} = -\,1{,}06\ T \cdot \log\left(\frac{100}{RH}\right)$$

T = absolute Temperatur in Kelvin (K). Aus den gemessenen RH-Werten können wir nun die entsprechenden Ψ-Werte der jeweiligen Luft errechnen. Wir erhalten bei 25 °C (298 K) Wasserpotentiale von 0 MPa (100 % RH), – 95 MPa (50 % RH) und – 411 MPa (5 % RH). Wir haben mit diesem einfachen Experiment eine grobe Ψ-Skala der Luft aufgenommen.

6.4 Abhängigkeit der Transpiration von der relativen Luftfeuchtigkeit

Im letzten Experiment (Abb. 6.4) haben wir gesehen, daß das Wasserpotential der Luft unter Normalbedingungen zwischen den Werten – 95 MPa (50 % RH) und

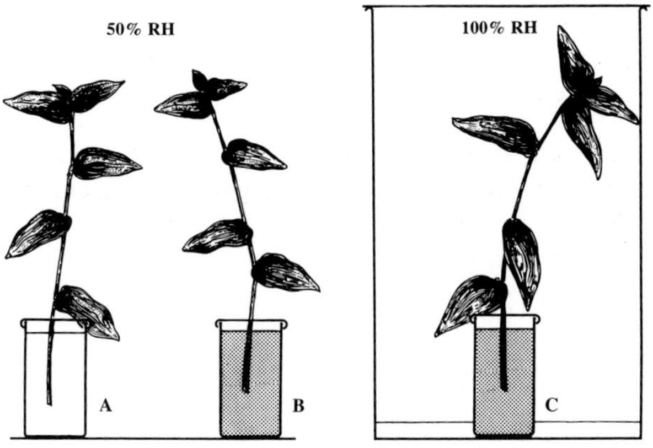

Abb. 6.5: Nachweis der Abhängigkeit der Transpiration von der relativen Luftfeuchtigkeit (RH). Sproß einer *Tradescantia geniculata* in Wasser (A) bzw. blauer Tinte (B) (Zimmerluft); Versuchsansatz in geschlossenem Plexiglaskasten (C) (feuchte Luft).

(theoretisch) 0 MPa (100 % RH) variieren kann: im ersten Fall ist die Fähigkeit der Luft, weitere H_2O-Moleküle aufzunehmen, hoch (große „Saugkraft"); im zweiten Beispiel ist sie gleich Null. Auf der Basis dieser einfachen physikalischen Experimente können wir nun nachweisen, daß die positive „Saugkraft" (= neg. Ψ-Wert) der relativ trockenen Zimmerluft die Triebkraft für den Wasserferntransport in der transpirierenden Pflanze liefert. Wir wählen eine kleine Zimmerpflanze aus. Als günstige Versuchsobjekte eignen sich verschiedene Tradescantien (z.B. *Tradescantia geniculata*). Ein Plexiglaskasten wird mit etwas Wasser versehen und für 24 h mit geschlossenem Deckel bei Zimmertemperatur aufbewahrt (→ 100 % RH). Dann werden frisch geschnittene gleichlange *Tradescantia*-Sprosse in Wasser (Kontrolle) bzw. verdünnte blaue Tinte (1/4) gestellt. Vorversuche zeigen, daß dieser Xylem-Marker keine schädigende Wirkung auf die Zellen ausübt. Ein Ansatz (Tinte) wird in den Plexiglaskasten gestellt (Deckel sofort verschließen → 100 % RH), ein zweiter Sproß bleibt außerhalb stehen (Zimmerluft ~ 50 % RH) (Abb. 6.5). Nach 1 – 3 d erfolgt die mikroskopische Auswertung (Untersuchung des zweitobersten, voll entwickelten Blattes): Ansatz A (Zimmerluft, H_2O): Leitbündel weiß; Ansatz B (Zimmerluft, Tinte): Leitbündel dunkelblau (→ Transpirationsstrom); Ansatz C (feuchte Luft, Tinte): Leitbündel weiß-schwach hellbau (→ Transpirationsstrom weitgehend unterdrückt).

6.5 Abhängigkeit der Transpirationsrate von der Luftbewegung

Im letzten Abschnitt hatten wir gesehen, daß die Transpiration vom Wasserdampfgehalt der Luft abhängt: die „Saugkraft" (neg. Ψ) der relativ trockenen Luft „zieht" das Wasser über die Xylemelemente entgegen der Schwerkraft nach oben. In geschlossenen Räumen ist keine Luftbewegung zu bemerken. Unter natürlichen Umweltbedingungen weht jedoch fast immer ein mehr oder weniger starker Wind: die Luft strömt über die Blätter der Pflanzen hinweg, wodurch deren Wasserdampfabgabe beeinflußt wird. Experimente mit Zimmerpflanzen (*Zebrina pendula*) zeigten, daß bei geöffneten Stomata (Licht) die Transpirationsrate der Blätter durch einen künstlich erzeugten Wind um den Faktor 2 – 3 erhöht werden kann: der Wasserfluß durch das Hydrosystem der Pflanze wird somit durch diesen Umweltfaktor entscheidend determiniert und reguliert. Zur quantitativen Bestimmung der Transpirationsrate (H_2O-Abgabe pro Blattfläche und Zeiteinheit) eignen sich die schildförmigen Blätter der Kapuzinerkresse (*Tropaeolum majus*) besonders gut. Wie ziehen im Freiland oder Gewächshaus einige dieser aus Südamerika stammenden Gartenzierpflanzen heran. Am Morgen (8 – 9 Uhr) werden 5 – 10 ausgewachsene, mittelgroße Laubblätter an der Basis des Blattstiels (Länge: 30 – 50 cm) abgeschnitten. Die Blätter können für etwa 10 min aufbewahrt bzw. abtransportiert werden. Vier Meßkolben (10 ml) werden mit entgastem (abgekochtem) Leitungswasser gefüllt (etwa 3 ml). (Alternative: am Vortag Wasser in die Gefäße füllen.) Ein Blattstiel wird in eine mit H_2O gefüllte Petrischale gelegt. Wir schneiden unter Wasser mit einer halbierten Rasierklinge etwa 15 cm unterhalb des Ansatzes der Blattspreite den Blattstiel schräg ab und stellen das Blattfragment sofort in einen vorbereiteten Meßkolben (Abb. 6.6 A, B). Als Kontrolle wird ein zweites Blatt vorbereitet, bei dem anschließend die Blattspreite abgeschnitten wird. Die so präparierten Objekte werden für etwa 30 min stehengelassen.

Unser Experiment beginnt mit dem exakten Auffüllen der Meßkolben auf 5,0 ml (Pasteurpipette). Ein Versuchsansatz wird in normaler (stehender) Zimmerluft aufgestellt, der zweite mit einem Ventilator einem konstanten Luftstrom (Wind) ausgesetzt. Innerhalb der nächsten 6 Stunden wird in Zeitabständen von jeweils 1 h der Wasserstand abgelesen und aus der Differenz 5,0 ml minus x ml die H_2O-Abgabe über die Blattspreite ermittelt. Am Ende des Versuchs wird der Kontrollwert abgezogen (Blattstiel ohne Spreite, in der Regel < 0,1 ml/6 h), das durch den eingetauchten Stielabschnitt verdrängte Wasservolumen ermittelt und ebenfalls substrahiert. Die Fläche der Blattspreite wird gravimetrisch bestimmt. Die schildförmigen Organe werden fotokopiert oder abgepaust. Wir schneiden das Papier-Abbild aus und bestimmen dessen Masse (g). Vom gleichen Papier wird ein Standard (1 x 1 cm) ausgeschnitten und gewogen (normales Schreibpapier: 8 mg/cm^2). Aus diesen Daten läßt sich relativ genau die Fläche der Blattspreite ermitteln (60 – 120 cm^2). Im Sommer kann man etwa folgende Werte erhalten (20 °C, 50 % RH, Kunstlicht): Ansatz A: Volumenabnahme: 1,0 ml/6 h; Ansatz B: Volumenabnahme: 2,0 ml/6 h; Blattfläche ~ 100 cm^2 = 1 dm^2. Daraus folgt: Transpirationsrate A = 1 ml $H_2O \cdot 6\ h^{-1} \cdot 1\ dm^{-2}$ und Transpirationsrate B = 2 ml $H_2O \cdot 6\ h^{-1} \cdot 1\ dm^{-2}$. Durch künstlich erzeugte Luftbewegung (Wind) kann somit eine Verdoppelung der H_2O-Abgabe über die Blattfläche (im wesentlichen durch die geöffnete Stomata) hervorgerufen werden.

Kontrollexperiment: Nach Umrechnung in SI-Einheiten liefert unser Versuch (Abb. 6.6 A, B) mittlere Transpirationsraten von etwa 0,26 bzw. 0,52 mmol $H_2O \cdot m^{-2} \cdot s^{-1}$. Zur Kontrolle bestimmen wir die Transpirationsraten einzelner *Tropaeolum*-Blätter mit einem Infrarot-Gasanalysator (+ Blattkammer) (s. Kapitel 8.1). Unter ähnlichen Versuchsbedingungen messen wir mit dieser Apparatur Raten zwischen 0,3 und 0,7 mmol $H_2O \cdot m^{-2} \cdot s^{-1}$.

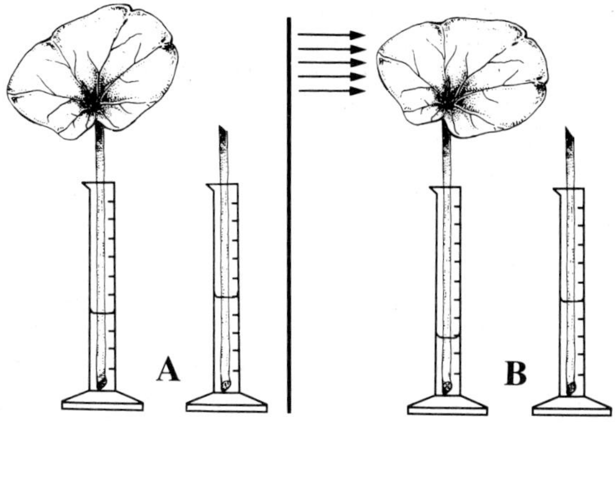

Abb. 6.6: Versuchsanordnung zur Ermittlung der Transpirationsraten abgeschnittener Laubblätter der Kapuzinerkresse. Ansätze in stehender Luft (A) und bei künstlich erzeugtem Wind (Ventilator, Pfeile) (B). Zustand 6 h nach Beginn des Experiments.

6.6 Potometer-Experiment

Anstelle der oben beschriebenen einfachen Versuchsanordnungen können wir auch eine selbstgebaute Apparatur, die als *Potometer* bezeichnet wird, verwenden (Abb. 6.7). Ein Glasbehälter (300 ml) wird mit einem zweifach durchbohrten, fest sitzenden Gummistopfen ausgestattet. In eine Bohrung wird eine Meßpipette gesteckt, die andere wird mit einem verholzten Sproß, der etwa 20 Blätter tragen sollte, versehen (z.B. Rotbuche, *Fagus sylvatica*). Der abgeschnittene Zweig sollte vor Versuchsbeginn über Nacht in Wasser stehen. Die Apparatur wird so zusammengesetzt, daß keine Luftblasen im Behälter bleiben und das Wasser in der Meßpipette emporsteigt. Der Wasserstand sollte sofort markiert werden (Klebeband). Das Potometer wird nun auf eine elektronische Waage gestellt (= Start des Experiments). Im Verlauf der nächsten 6 Stunden werden die Parameter Wasserverlust (= Abnahme der Gesamtmasse der Apparatur) und Wasseraufnahme (= Position des Wasserpegels in der Meßpipette: entspricht der Transpiration der Blätter) gemessen und tabelliert. Die Werte (= Wasserbilanz) sollten in etwa übereinstimmen. Mit einem Ventilator kann der Effekt einer künstlichen Luftbewegung (Wind) auf die Transpirationsrate ermittelt werden. Der Vorteil des Potometers gegenüber der in Abb. 6.6 dargestellten Versuchsanordnung besteht in einer größeren Meßgenauigkeit. Als Nachteile sollten jedoch die praktisch fehlende Reproduzierbarkeit (große Variabilität einzelner verholzter Sprosse) sowie die Schwierigkeiten bei der Ermittlung der Gesamt-Blattfläche angeführt werden. Für einzelne Sprosse kann wie in Abschnitt 6.5 beschrieben die Transpirationsrate ermittelt werden (Einheit: ml $H_2O \cdot h^{-1} \cdot dm^{-2}$ Blattfläche).

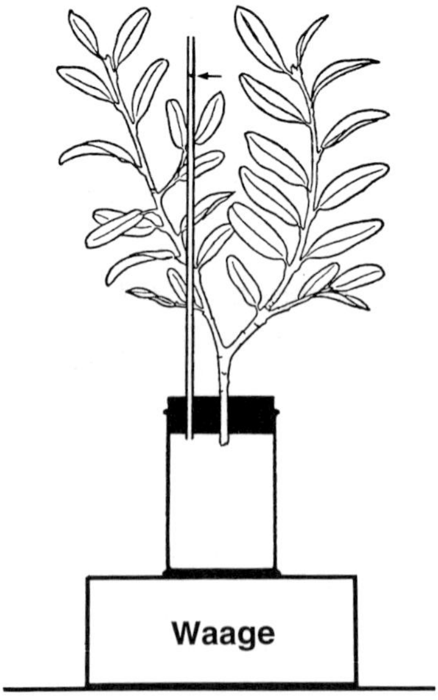

Abb. 6.7: Apparatur zur Messung der Transpiration (= Wasseraufnahme) bzw. des Wasserverlustes (= Massenabnahme) eines verholzten Sprosses (Potometer nach W.O.James).

6.7 Wasseraufnahme vor Laubausbruch

Werden im zeitigen Frühjahr abgeschnittene Zweige in Wasser gestellt und bei Zimmertemperatur gehalten, so kann ein Austreiben der Knospen beobachtet werden, während in der Natur noch alles kahl bleibt. Diese einfache Beobachtung zeigt, daß neben dem Wurzeldruck (Keimlinge) und dem Transpirationssog (mit Laubblättern versehene ausgewachsene Pflanzen) noch ein weiterer Mechanismus des Wasserferntransports existiert, der für den Knospenaustrieb verantwortlich ist. Als geeignete Versuchsobjekte zum Studium dieses Prozesses („frühjahrszeitliches Saftsteigen") verwenden wir abgeschnittene Zweige der Rotbuche (*Fagus sylvatica*). Anfang April werden einige Astspitzen, die 4 – 10 Knospen tragen sollten, in den Praktikumsraum gebracht. Direkt nach Schneiden der Zweige isolieren wir von einigen Ästen die Knospen. Die braunen Knospenschuppen können leicht mit einer Pinzette abgezupft und die hellgrünen, mit Haaren besetzten Blattanlagen herauspräpariert werden. Wir bestimmen die Frisch- und Trockenmassen von 10 Blattanlagen (s. Kapitel 5.1) und berechnen aus der Differenz die Wassermenge pro Knospe (mg H_2O). Dann werden einige Zweige in Wasser gestellt und 1 – 2 Wochen später, d.h. nach Auswachsen der Knospen, in gleicher Weise analysiert. In Abb. 6.8 ist ein repräsentatives Beispiel dargestellt. Es wird deutlich, daß die H_2O-Menge pro Knospe (– Schuppen) von 18 mg (Blattanlage) auf 138 mg (ausgewachsene Blätter) ansteigt. Da weder Wurzeln noch transpirierende Blätter vorhanden sind, folgt, daß eine dritte Triebkraft für den H_2O-Transport verantwortlich war. Untersuchungen an verschiedenen Holzpflanzen haben gezeigt, daß während der

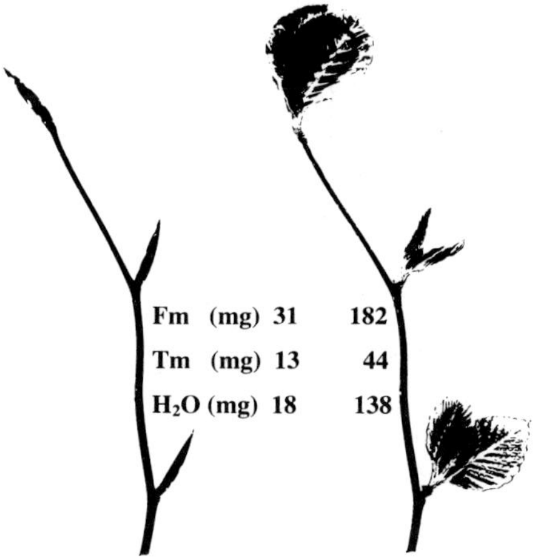

Abb. 6.8: Nachweis der Wasseraufnahme vor Laubausbruch. Ein Zweigende der Rotbuche wurde Anfang April in Wasser gestellt (*links*, Knospen geschlossen); derselbe Zweig, 8 d später (*rechts*, Blattanlagen ausgewachsen). Die Zahlen repräsentieren Durchschnittswerte von jeweils 10 von Knospenschuppen umschlossenen Blattanlagen (*links*) bzw. junger Blätter (*rechts*). Fm = Frischmasse, Tm = Trockenmasse.

winterlichen Ruheperiode in den Nebengeweben der Gefäße (Tracheen) Stärkekörner gespeichert sind. Wenn die Temperatur den Wert von 12 °C überschritten hat, wird die Stärke in lösliche Zucker (insbesondere Saccharose) umgewandelt; diese gelangen in die Xylemgefäße. Es folgt eine osmotische Wasseraufnahme, wodurch ein positiver Xylemdruck entsteht. Dadurch wird das Auswachsen der Knospen ermöglicht.

6.8 Modellversuch zum Phloemtransport

In den Laubblättern der typischen höheren Pflanze werden im Licht Assimilate (im wesentlichen Saccharose) gebildet, die in den Siebröhren des Phloems abtransportiert und den heterotrophen Organen (z.B. Wurzel) zugeführt werden (Abb. 6.1). Ein einfacher Modellversuch zur Veranschaulichung dieses Prozesses ist in Abb. 6.9 dargestellt. Wir verwenden das im letzten Kapitel beschriebene Osmometer (Dialysierschlauch mit PEG-Lsg., s. Abb. 5.4 A, S. 36). Anstelle des Steigrohres befestigen wir ein U-förmiges Röhrensystem am Osmometer, das über einem Auffanggefäß endet. Nach Zugabe von H_2O findet eine osmotische Wasseraufnahme statt. („Beladung der Siebröhre im *source*-Gewebe", z.B. Blatt.) Das im Dialysierschlauch befindliche Osmoticum (PEG 8000) wird in das Rohrsystem („Siebröhre") gepreßt, gemeinsam mit dem aufgenommenen Wasser zum Auffanggefäß transportiert und dort in Tropfenform abgegeben („Entladung der Siebröhre im *sink*-Gewebe", z.B. Wurzel). Die PEG-Moleküle („Saccharose") werden somit entlang eines Gradienten im hydrostatischen Druck (Δ P: Osmometer/Auffanggefäß) transportiert. Eine durch zahlreiche Beobachtungen und Daten unterstützte Modellvorstellung zum Phloemtransport , die als „Druckstrom-

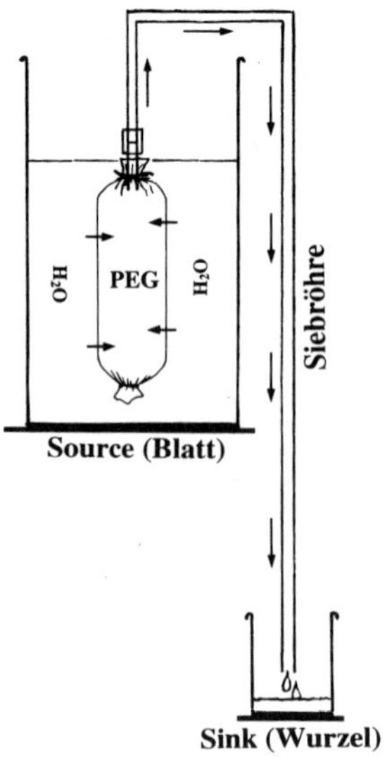

Abb. 6.9: Modellversuch zur Veranschaulichung der Druckstromhypothese des Phloemtransports. Ein mit Polyethylenglycol (PEG) 8000-Lsg. gefüllter Dialysierschlauch wird mit einem entsprechenden Rohrsystem versehen und in reines Wasser getaucht. Das Osmoticum PEG („Saccharose") wandert vom „Blatt" über die „Siebröhre" zur „Wurzel".

hypothese" (E. MÜNCH 1930) in die Literatur eingegangen ist, wird durch unser Experiment veranschaulicht. Es sollte jedoch hervorgehoben werden, daß ein zweites Modell zum Mechanismus der Zucker-Translokation existiert, auf das hier nicht näher eingegangen werden soll („Volumenstromhypothese" des Phloemtransports).

6.9 Saccharose-Ferntransport im Blattstiel der Kapuzinerkresse

Zum direkten experimentellen Nachweis des in Abb. 6.1 dargestellten Saccharose-Ferntransports in der photosynthetisch aktiven Pflanze werden die Blätter im Licht radioaktivem Kohlendioxid ($^{14}CO_2$) ausgesetzt. Die daraus gebildete, entsprechend markierte ^{14}C-Saccharose kann dann z.B. im Phloemexudat des Sprosses nachgewiesen werden (s.u.). Derartige Experimente sind aus offensichtlichen Gründen im Rahmen eines Anfängerpraktikums nicht durchführbar. In Abb. 6.10 ist eine einfache Versuchsanordnung zur indirekten Demonstration des Phloemtransports dargestellt. Junge Blätter der Kapuzinerkresse (*Tropaeolum majus*) werden im unteren Bereich des Stiels abgeschnitten. Zwei Rollrandgläschen, deren Deckel eine entsprechende Bohrung aufweisen, werden mit Saccharose-Lsg. (0,1 mol/l) bzw. Wasser gefüllt. Mit einer halbierten Rasierklinge schneiden wir nun die Blattstiele 5 cm unterhalb der Spreite ab und setzen die Blattfragmente in die Bohrungen. Die Ansätze (+/– Saccharose) werden in einen verschließbaren, dunklen Kasten gestellt, der zur Gewährleistung einer ausreichenden Sauerstoffversorgung der Blätter Lüftungslöcher aufweisen sollte. Nach 3 – 4 d erfolgt die Auswertung. Die schildförmigen Blattspreiten werden abgeschnitten, in Wasser gekocht, und in warmen Ethanol gebracht bis sie weiß sind (→ Chlorophyll-Extraktion). Nach Zugabe von etwas Wasser erfolgt in einer Petrischale die Entwicklung mit LUGOLscher Lösung (KJ/J_2, Stärkenachweis, s. S. 32). Resultat: Stärkebildung im Bereich des Blattstielansatzes (+ Saccharose) bzw. völlige Stärkefreiheit im Kontrollansatz (H_2O). Mit einem Licht-

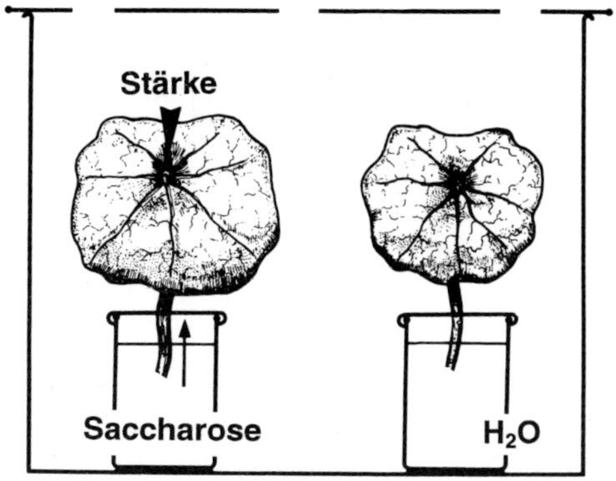

Abb. 6.10: Experiment zum Nachweis des Saccharose-Ferntransports im Blatt der Kapuzinerkresse. In Anwesenheit von Saccharose-Lsg. kann nach einigen Tagen in der Blattspreite eine Stärkebildung nachgewiesen werden (Dunkelheit).

mikroskop können einzelne stärkehaltige Plastiden erkannt werden. Unser Experiment zeigt, daß in Dunkelheit ein Saccharoseferntransport über den Blattstiel stattgefunden hat. Das Disaccharid wurde in der Blattspreite in Stärke umgewandelt und in dieser Speicherform in den Plastiden abgelagert.

6.10 Phloemexudation bei Rizinuspflanzen

A. Keimlinge

Obwohl bei der Mehrzahl der bisher untersuchten Pflanzen die Saccharose als wichtigster Transportmetabolit erkannt wurde, zeigen nur wenige Species nach Verletzung das Phänomen der *Phloemexudation* (Austritt von Siebröhrensaft nach Anschneiden der Sproßachse). Neben der weißen Lupine (*Lupinus albus*) ist insbesondere die Rizinuspflanze (*Ricinus communis*) ein bevorzugtes Versuchsobjekt. Wir wollen uns auf diese Pflanze beschränken; Rizinus-Samen sind im Fachhandel unter der Bezeichnung „Wunderbaum" erhältlich. Einige Samen (Vorsicht: giftig!) werden über Nacht gequollen und dann in feuchtem Vermiculit ausgesät (25 °C). Keimlinge, die 6 – 7 d lang in Dunkelheit heranwuchsen, werden dem Substrat entnommen und wie in Abb. 6.11 A dargestellt in Wasser inkubiert. Mit einer scharfen Rasierklinge durchtrennen wir den Hypocotylhaken. Im Verlauf der nächsten 1 – 2 h tritt aus dem Hypocotylstumpf ein Tropfen von reinem Phloemsaft aus, der mit einer Pipette aufgesaugt und analysiert werden kann (Abb. 6.11 B). Trockene *Ricinus*-Samen bestehen zu 70 % aus Fett. Dieser im Endosperm (Nährgewebe) abgelagerte Speicherstoff wird während der Keimung in Kohlenhydrat (im wesentlichen Saccharose) umgewandelt; im Phloem erfolgt der Abtransport des Disaccharids. Chemische Analysen des Phloem-Exudats von Keim-

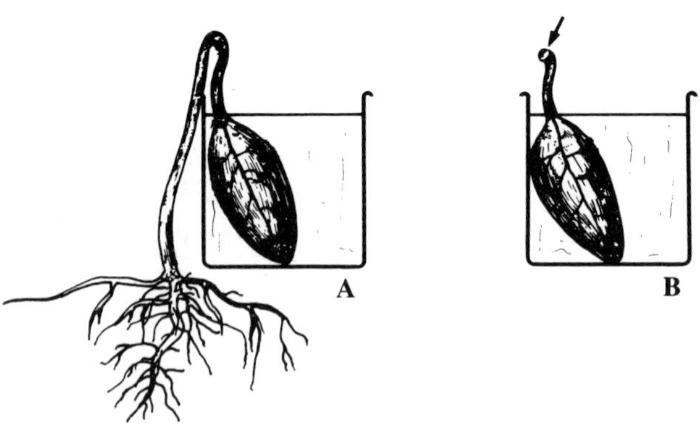

Abb. 6.11: Phloemexudation bei Rizinuskeimlingen. Etiolierter, 7 d alter Keimling mit Endosperm in Wasser inkubiert (Testa entfernt) (A). Nach Durchtrennung des Hypocotylhakens tritt Siebröhrensaft aus (Pfeil). Die in Wasser stehenden Cotyledonen (B) müssen in einer feuchten Kammer bei 100 % RH untergebracht werden. (Nach E. Komor.)

pflanzen ergaben folgende Zusammensetzung: Saccharose: 0,40 mol/l; Glucose/Fructose: 0,005 mol/l; ATP: 1,5 mmol/l. Diese Daten belegen, daß bei *Ricinus* praktisch reiner Siebröhrensaft (d.h. eine konzentrierte Saccharose-Lsg.) ausgeschieden wird.

B. Ausgewachsene Pflanzen
Ein besonders eindrucksvolles Demonstrationsexperiment zur Veranschaulichung der in Abb. 6.1 dargestellten lichtabhängigen Phloembeladung im ausgewachsenen Laubblatt der Pflanze zeigt Abb. 6.12. Eine kräftige, 6 – 10 Wochen alte Rizinuspflanze, die im Gewächshaus oder Freiland kultiviert wurde (Sproßhöhe: 50 – 70 cm), wird für 1 – 2 h dem Sonnenlicht ausgesetzt. Durch Anritzen der inneren Region der Rinde des Stammes können die im Licht mit Saccharose beladenen Siebröhren so verletzt werden, daß einzelne Tropfen austreten (Phloemexudation). Als besonders geeignet hat sich der verholzte 3. Sproßabschnitt (von unten) erwiesen (Durchmesser des Internodiums: etwa 1 cm). Wir führen mit einer halbierten Rasierklinge unterhalb eines ausgewachsenen Laubblattes 2 – 3 Anschnitte aus (Tiefe: 1 – 2 mm; Länge: 4 – 5 mm). Bei gelungenem Anritzen tritt *sofort* ein kleiner Tropfen Phloemsaft aus dem Schnitt aus. Im Verlauf der nächsten Minuten entsteht ein dicker Tropfen, der mit einer Pipette aufgesaugt werden kann. Bei optimalen Schnitten können bis zu 4 Tropfen beobachtet werden (Abb. 6.12). Etwa 1 – 2 h nach Verletzung kommt die Phloemexudation zum Stillstand: die Wunde verklebt und ist bereits einige Tage später verheilt. Die Rizinuspflanze erleidet keinen dauerhaften Schaden, d.h. ein Individuum kann mehrmals angeritzt werden (Anmerkung: tiefe, langsam durchgeführte *Schnitte* lösen keine Exudation aus, d.h. man muß das rasche oberflächliche Anritzen durch Übung erlernen).

Begasungsexperimente mit Rizinuspflanzen haben gezeigt, daß im belichteten Laubblatt aus angebotenem $^{14}CO_2$ rasch ^{14}C-Saccharose gebildet wird, die bereits 15 min später an der Schnittstelle austritt. Durch Bestimmung der Entfernung zwischen dem Ansatz des Blattstiels und der Wunde (28 cm) konnte eine durchschnittliche Phloem-Transportrate von 112 cm/h berechnet werden.

Abb. 6.12: Phloemexudation bei einer ausgewachsenen Rizinuspflanze, die für 2 h dem Sonnenlicht ausgesetzt wurde. Aus der angeritzten Rinde tritt Phloemsaft aus (Pfeil). (Nach W. HARTUNG.)

7 Zellatmung

Die ersten einzelligen Lebewesen entstanden in den Urozeanen der jungen Erde unter anaeroben Umweltbedingungen. Vor 2 – 3 Milliarden Jahren kam es aufgrund der Photosyntheseaktivität aquatischer Urorganismen zu einem langsamen Anstieg des Sauerstoffgehalts der Erdatmosphäre (s. Kapitel 1). Die zu einem späteren Zeitpunkt während der Evolution entstandenen mehrzelligen Tiere und Pflanzen nutzten den photosynthetisch gebildeten Sauerstoff zur biologischen Oxidation energiereicher organischer Moleküle (Kohlenhydrate, Fette). Wir wissen heute, daß diese als *Zellatmung* (syn. aerobe Respiration, Dissimilation) bezeichneten biochemischen Reaktionsfolgen in tierischen und pflanzlichen Zellen weitgehend identisch sind. Der Gesamtvorgang ist in 4 Teilprozesse unterteilbar (Mobilisierung der Atmungssubstrate, Bereitstellung von Acetyl-Coenzym A, Citrat-Zyklus, Atmungskette) und mit einem typischen Gaswechsel verbunden. Atmende (lebende) Zellen nehmen ständig Sauerstoff (O_2) auf und geben Kohlendioxid (CO_2) ab. Die bei der Zellatmung freigesetzte Energie wird zu etwa 50 % in Form von Adenosintriphosphat (ATP) gespeichert und somit dem Organismus zur Aufrechterhaltung energiebedürftiger Stoffwechselwege zur Verfügung gestellt. Der Rest geht als Atmungswärme verloren. Bei höheren Pflanzen , die auf eine stetige Sauerstoffzufuhr angewiesen sind, können bezüglich des Gaswechsels 3 Fälle unterschieden werden. Die Organe etiolierter und ergrünter Pflanzen zeigen in Dunkelheit eine deutliche Atmungsaktivität (Abb. 7.1 A, B). Nach Belichtung der Pflanze

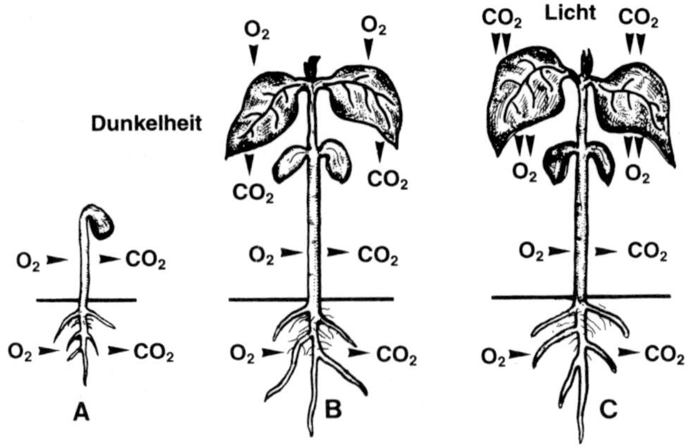

Abb. 7.1: Gasaustausch bei höheren Pflanzen. Die Organe etiolierter Keimlinge und grüner Pflanzen nehmen in Dunkelheit Sauerstoff (O_2) auf und geben Kohlendioxid (CO_2) ab (Zellatmung: A, B). Wird eine grüne Pflanze belichtet (C), so ist in den Blättern eine Umkehr des Gaswechsels zu beobachten: CO_2-Aufnahme / O_2-Abgabe (Photosynthese).

ist in den grünen Blättern eine Umkehr des Gasaustauschs zu beobachten (Abb. 7.1 C): die Blatt-Zellen nehmen CO_2 auf und geben O_2 ab (Photosynthese). Die hier dargestellten Experimente zeigen, daß die höheren Pflanzen – genau wie die Tiere – auf den Sauerstoff der Luft angewiesen und somit *aerobe Organismen* sind.

7.1 Atmung und Gärung bei Erbsenkeimlingen

In Kapitel 4 (Keimung) hatten wir experimentell nachgewiesen, daß in Abwesenheit von Luftsauerstoff das Wachstum von Keimlingen unterbleibt. Allerdings sind manche Pflanzen bei O_2-Mangel in der Lage, einige Stunden bzw. Tage lang über anaerobe Stoffwechselwege (= Gärungsprozesse) eine gewisse Energiemenge (ATP) zur Aufrechterhaltung der Lebensprozesse zu gewinnen. Bei der aeroben Respiration wird das energiereiche Atmungssubstrat (z.B. Glucose, $C_6H_{12}O_6$) unter O_2-Verbrauch vollständig zerlegt, wobei energiearme Produkte und ATP entstehen:

$$C_6H_{12}O_6 + 6\ O_2 \rightarrow 6\ CO_2 + 6\ H_2O \qquad \text{(36 ATP/1 Glucose)} \qquad (7.1)$$

Unter Sauerstoffmangel werden vor Absterben der Pflanze Gärungsprozesse aktiviert, die als Endprodukte CO_2 und ein relativ energiereiches organisches Molekül liefern (z.B. Ethanol, C_2H_5OH):

$$C_6H_{12}O_6 \rightarrow 2\ C_2H_5OH + 2\ CO_2 \qquad \text{(2 ATP/1 Glucose)} \qquad (7.2)$$

Ein Vergleich der ATP-Ausbeuten bei der vollständigen bzw. partiellen Oxidation der Glucose zeigt, daß unter anaeroben Bedingungen (Alkohol-Gärung) nur 2, bei der aeroben Zellatmung jedoch 36 ATP-Moleküle pro Glucose gebildet werden. Erbsenkeimlinge (*Pisum sativum*) sterben bei O_2-Mangel bald ab. Die Zellen schalten unter anaeroben Bedingungen vor dem Absterben ihren Stoffwechsel auf Alkohol-Gärung um (in geringerem Umfang wird auch Milchsäure gebildet). Wir verwenden 3 d alte Erbsenkeimlinge (Wurzellänge > 1 cm), die auf feuchtem Vermiculit angezogen wurden. Die intensiv atmenden Keimpflanzen werden in die in Abb. 7.2 A dargestellte Apparatur gebracht; als

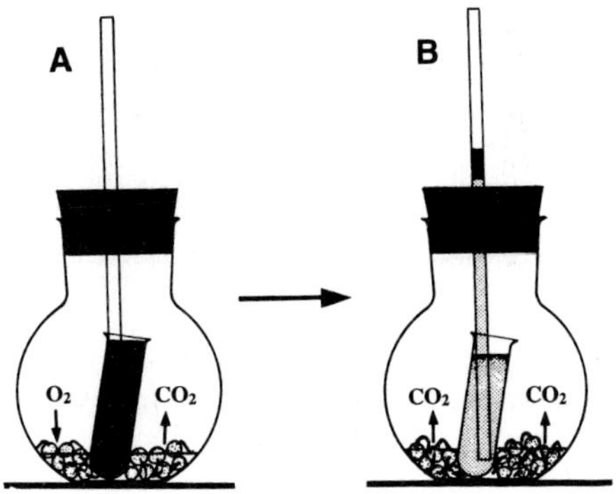

Abb. 7.2: Nachweis des bei der Zellatmung gebildeten Kohlendioxids (CO_2) mittels Indikatorfarbstoff und Demonstration der nachfolgenden anaeroben Gärung. Das Reagenzglas enthält den pH-Indikator Resorcinblau (pH 6: violett/pH 4:orangerot). Zustand zu Beginn des Experiments (A) und 2 d später (B).

pH-Indikator verwenden wir ein Röhrchen mit Resorcinblau-Lsg. (Farbe an Luft, d.h. pH 6: violett/ in Säure, d.h. pH 4: orangerot). Bereits wenige h nach Versuchsbeginn nimmt die violette Lösung eine rötliche Farbe an: das bei der aeroben Respiration gebildete CO_2 führt zu einer Ansäuerung der Flüssigkeit (die im Steigrohr mit der Außenluft in Kontakt stehende Lsg. bleibt violett). Kontrollexperiment: CO_2-reiche Ausatmungsluft in das Röhrchen einblasen: Farbumschlag violett → orangerot.

Etwa 24 h nach Verschluß der Apparatur ist die Indikatorlösung vollständig entfärbt (Gaswechsel: $O_2\downarrow/CO_2\uparrow$, s. Gl. 7.1). Daraufhin entsteht im verschlossenen Glasbehälter ein Überdruck: am 2. d ist ein Anstieg der Wassersäule um bis zu 20 cm zu beobachten. Das bei der Gärung gebildete Kohlendioxid ($CO_2\uparrow$, s. Gl. 7.2) sammelt sich an und drückt die Flüssigkeit nach oben. Nach Öffnen des Gefäßes führen wir einen CO_2-Nachweis durch: brennende Kerze eintauchen → Flamme erlischt wie in reinem CO_2-Gas.

7.2 Atmungswärme und Respirationsquotient (RQ)

A. Nachweis der Wärmeabgabe

Theoretische Betrachtungen zur Energetik des Stoffwechsels führten zur Schlußfolgerung, daß bei der biologischen Oxidation (Zellatmung) rund 50 % der Energie, die das Glucose-Molekül enthält, in Form von ATP gespeichert wird; der Rest wird als *Atmungswärme* an die Umgebung abgegeben. Ein klassisches Experiment zum Nachweis der Wärmeemission bei Pflanzen ist in Abb. 7.3 dargestellt. Drei d alte Erbsenkeimlinge werden in eine mit Thermometer versehene Thermosflasche gegeben (+ H_2O). Wir notieren die Temperatur zu Beginn des Experiments (z.B. 20 °C). Innerhalb von 2 – 3 h kann ein signifikanter Anstieg gemessen werden (bis zu 21 °C). Gleichzeitig wird ein Kontrollansatz aufgestellt (trockene Erbsen ohne Wasser). Die hierbei auftretenden geringen Temperaturschwankungen werden notiert; sie liegen in der Regel im Bereich von < 0,1 °C.

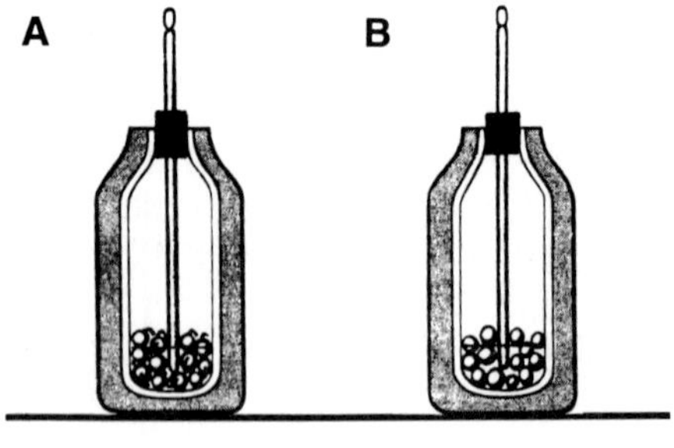

Abb. 7.3: Nachweis der Atmungswärme bei keimenden Erbsen. Wachsende, 3 d alte Keimlinge (A) und Kontrollansatz (trockene Samen) (B).

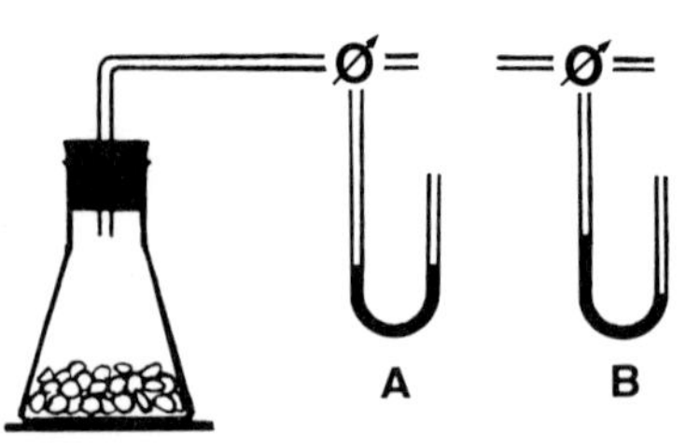

Abb. 7.4: Apparatur zur Abschätzung des Respirationsquotienten (RQ) keimender Samen. Getreidekeimlinge (RQ ~ 1) (A), Sonnenblumenkeimlinge (RQ < 1) (B).

B. Ermittlung des RQ-Werts
Es wurde eingangs bereits erwähnt, daß die beiden wichtigsten Atmungssubstrate der Pflanzenzelle Kohlenhydrate und Fette sind. Nur in Ausnahmefällen werden Proteine abgebaut und „veratmet" (z.B. in alternden Blättern). Eine einfache Methode zur Bestimmung des dominierenden „Brennstoffes" der lebenden Zelle besteht in der Messung des *Respirationsquotienten* (RQ). Die Größe RQ ist definiert als das Volumenverhältnis zwischen dem abgegebenen CO_2 und dem gleichzeitig aufgenommenen O_2:

$$RQ = CO_2 \uparrow / O_2 \downarrow$$

Wie Gleichung 7.1 und Abb. 7.2 A zeigen, ist der RQ bei der Veratmung von Kohlenhydraten theoretisch gleich 1 (6 CO_2/6 O_2; in der Praxis werden Werte zwischen 0,9 und 1,1 gemessen). Bei der Veratmung von Fetten wird aufgrund der Struktur dieser Moleküle mehr O_2 aufgenommen als gleichzeitig CO_2 abgegeben wird. Für eine typische doppelt ungesättigte Fettsäure, wie sie in ölspeichernden Samen anzutreffen ist (Linolsäure, $C_{17}H_{31}COOH$), gilt folgende Gleichung:

$$C_{17}H_{31}COOH + 25\ O_2 \rightarrow 18\ CO_2 + 16\ H_2O \qquad (7.3)$$

Der RQ beträgt somit 18 CO_2/25 O_2 = 0,72 (typische Meßwerte liegen im Bereich zwischen 0,6 und 0,8). In einem geschlossenen Gasraum bleibt somit bei der Veratmung von Kohlenhydraten der Druck konstant, während bei der biologischen Oxidation von Fetten ein Unterdruck entsteht. Zum Nachweis dieser Druckänderungen verwenden wir die in Abb. 7.4 dargestellte Apparatur. Unsere Probe (keimende Samen) wird in das Glasgefäß gegeben. Nach Verschluß sollte mit Hilfe des Dreiwegehahns ein Druckausgleich geschaffen werden. Danach wird das Manometer angeschlossen. Nach 2 – 3 h wird die Höhe der Wassersäule abgelesen (auf Temperaturkonstanz ist zu achten). Beispiel 1: Getreidekeimlinge (z.B. Weizen, Roggen, Gerste), 3 d in Dunkelheit angezogen: Druck ± konstant ⇒ RQ ~ 1: Kohlenhydrate (Stärke) des extraembryonalen Endosperms werden veratmet. Beispiel 2: Sonnenblumenkeimlinge, 3 d in Dunkelheit angezogen: Unterdruck ⇒ RQ < 1: Fette (Öle) des intraembryonalen Endosperms dienen als Atmungssubstrate (Sonnenblumenkerne enthalten bis zu 60 % Öl, das zu etwa 75 % aus Linolsäure besteht). Die Verhältnisse in keimenden fetthaltigen Samen sind allerdings komplizierter als sie durch die Bruttogleichung (7.3) zum Ausdruck kommen. Fette (Lipide) werden über komplexe biochemische Reaktionsfolgen in Kohlenhydrate umgewandelt und in Form des Disaccharids Saccharose in die wachsende Sproßachse transportiert. Wir ermitteln mit unserem Experiment den mittleren RQ-Wert der Fett-Kohlenhydrat-Transformation.

7.3 Histochemischer Nachweis atmender Zellen

Die bisher beschriebenen Experimente wurden mit ganzen (intakten) Keimlingen durchgeführt, wobei keine Unterscheidung zwischen lebenden (atmenden) und toten (nicht atmenden) Zellen bzw. Geweben möglich war. Ein einfaches Verfahren zur

Klärung der Frage, welche Gewebe der jungen Pflanze Atmungsaktivität zeigen, besteht in der Verwendung von *Farbindikatoren* zum Nachweis von Enzymen, die mit der Zellatmung in Verbindung stehen. Tetrazoliumsalze sind weiß bis schwach gelblich gefärbte Verbindungen, die nach Reduktion (Anlagerung von Wasserstoff-Atomen) in intensiv gefärbte, meist wasserunlösliche Formazane überführt werden. Wir verwenden eine Lösung von 2,3,5-Triphenyltetrazoliumchlorid (TTC, 1 g/100 ml). Maiskaryopsen (*Zea mays*) werden vorselektioniert (nur intakte Körner mit ganzem Embryo verwenden) und vorgequollen (Aktivierung des Stoffwechsels). Die Karyopsen werden dann längs so halbiert, daß der Embryo in zwei Hälften gespalten ist, und in Petrischalen gelegt. Nach Zugabe von TTC-Lösung nimmt der Embryo sowie die Aleuronschicht eine tiefrote Färbung an, während das Nährgewebe (Endosperm) farblos bleibt (Abb. 7.5). Im Kontrollexperiment (abgekochte Maiskörner, halbiert + TTC-Lsg.) bleiben alle Gewebe ohne Farbe. Dieses Resultat zeigt, daß die Zellen des Embryos und der Aleuronschicht ständig Reduktionsäquivalente (red. Cosubstrate, d.h. „Brennstoff für die Atmungskette") produzieren. Nach Abko-

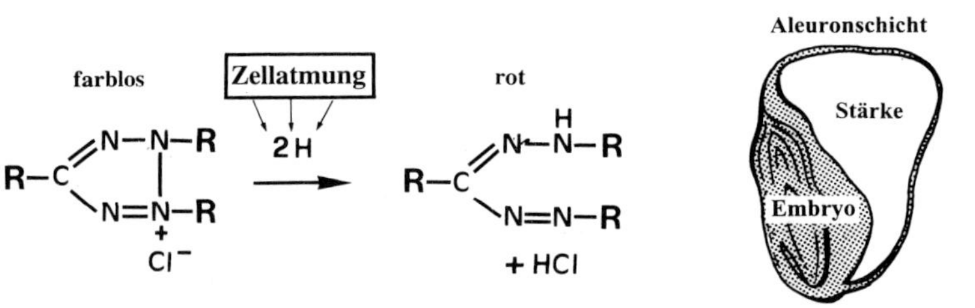

Abb. 7.5: Histochemischer Nachweis lebender (atmender) Zellen in der Maiskaryopse mittels des Tetrazoliumsalzes TTC (2,3,5-Triphenyltetrazoliumchlorid). *Links*: TTC (farblos); nach Reduktion: 2,3,5-Triphenylformazan (rot). R = Phenolring, 2 H = Reduktionsäquivalente. *Rechts*: halbiertes, vorgequollenes Maiskorn nach Inkubation in TTC.

chen ist in den toten Zellen die indirekt nachweisbare Zellatmungsaktivität erloschen. Auf die hier beschriebene Art und Weise können auch andere pflanzliche Organe untersucht werden.

7.4 Nachweis der Sauerstoffaufnahme und der Kohlendioxidabgabe

A. Sauerstoffverbrauch

Die Zellatmung ist mit einem charakteristischen Gaswechsel verbunden (s. Abb. 7.1). In diesem Abschnitt sind zwei klassische Demonstrationsversuche zum Nachweis der O_2-Aufnahme und der CO_2-Abgabe dargestellt. Der Sauerstoffverbrauch atmender Pflanzen kann in einem geschlossenen Gasraum volumetrisch durch Entfernung („Bindung") des abgegebenen CO_2 ermittelt werden. Wir verwenden die in Abb. 7.6 dargestellte Apparatur; auf möglichst konstante Temperatur ist zu achten. Als CO_2-Absorptionsmittel wird eine konzentrierte KOH-Lösung (Kalilauge) verwendet. Es findet eine „Carbonisierung der Kalilauge" statt, wobei Kaliumcarbonat entsteht:

$$2\ KOH + CO_2\ (Zellatmung) \rightarrow K_2CO_3 + H_2O$$

Durch CO_2-Entzug entsteht im Reagenzglas ein Unterdruck; die Sperrflüssigkeit (Wasser) steigt an, wobei der O_2-Verbrauch dem Volumen der aufgenommenen (eingesaugten) Wassermenge entspricht. Ansatz 1: lebende Probe; Ansatz 2: gekochte (tote) Probe. Mit einer Pipette kann das Steigrohr geeicht werden. Wir füllen z.B. 100 µl H_2O in den U-förmigen Teil der Glasröhre und ermitteln die Länge der waagerechten Wassersäule (z.B. 100 µl H_2O ~ 14 mm bei einem Innendurchmesser von 3 mm). Daraus folgt: 1 mm Höhe ~ 7,1 µl H_2O (bzw. O_2). Wir können somit die *Atmungsintensität* der Probe abschätzen (Einheit: µl $O_2 \cdot h^{-1} \cdot$ g Frischmasse^{-1}).

Beispiel: Erbsenkeimlinge, 3 d alt, Radicula > 1 cm, 5 Samen/Probe, 21 °C. Anstieg der Wassersäule/Zeit: 42 mm/h (Differenz: Ansatz 1 = lebende Samen – Ansatz 2 = tote Samen). Frischmasse = 4,3 g/5 Samen ⇒ Atmungsintensität ~ 69 µl $O_2 \cdot h^{-1} \cdot$ g Fm^{-1} (Literaturwerte: 70 – 150 µl $O_2 \cdot h^{-1} \cdot$ g Fm^{-1}).

B. Kohlendioxidabgabe

Zum chemischen Nachweis der CO_2-Freisetzung atmender Pflanzen verwenden wir die in Abb. 7.7 dargestellte Apparatur. Ein Rundkolben wird mit einer entsprechenden Probe versehen (einige Tage alte keimende Samen) und an 3 Gaswaschflaschen angeschlossen. Mit einer Wasserstrahlpumpe wird nun Luft durchgesaugt. In Flasche 1 befindet sich konz. Kalilauge (CO_2-Absorption), so daß in Flasche 2 (Kalkwasser, $Ca(OH)_2$, d.h. eine Lsg. aus Calciumhydroxid) keine Trübung sichtbar ist. In

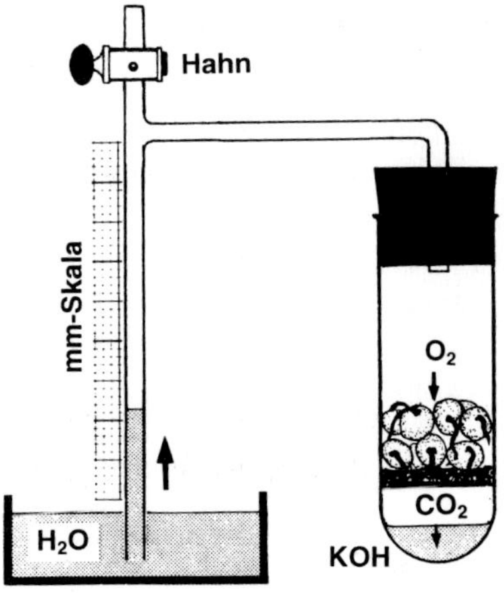

Abb. 7.6: Apparatur zur volumetrischen Bestimmung der Sauerstoffaufnahme atmender Pflanzen (z.B. 3 d alte Erbsenkeimlinge). Die Probe liegt auf einem eingeklemmten Schaumstoffpolster ohne Kontakt zur KOH-Lsg. Zustand 1 h nach Versuchsbeginn.

der Gaswaschflasche 3 ($Ca(OH)_2$) ist jedoch schon bald ein Niederschlag von Calciumcarbonat ($Ca\ CO_3$) erkennbar (CO_2-Nachweis).
Anstelle der $Ca(OH)_2$-Lsg. kann auch Barytwasser (Bariumhydroxid-Lsg., $Ba(OH)_2$) verwendet werden. Lösliche Bariumsalze sind jedoch giftig. Bariumcarbonat ($Ba\ CO_3$) dient als Rattengift.

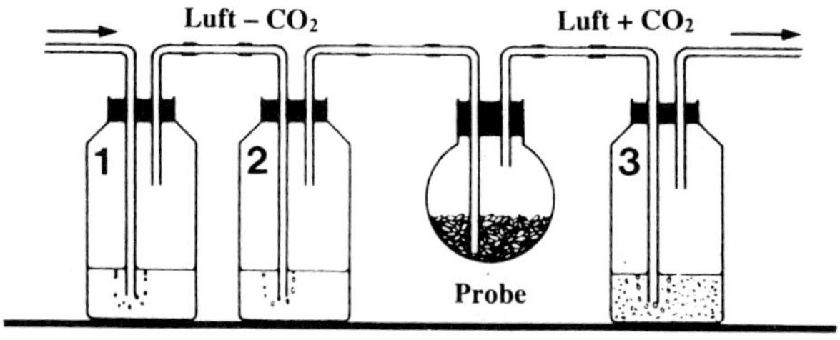

Abb. 7.7: Versuchsanordnung zum Nachweis der Kohlendioxidabgabe atmender Keimpflanzen (Probe). Gaswaschflasche 1: Kalilauge (KOH), 2 und 3: Kalkwasser ($Ca(OH)_2$). Der CO_2-Nachweis erfolgt über die Bildung von Calciumcarbonat ($CaCO_3$) in Flasche 3 (Trübung). Pfeil: Luftstrom (Wasserstrahlpumpe). (Nach KRÜGER, W: Stoffwechselphysiologische Versuche mit Pflanzen. Quelle & Meyer, Heidelberg, 1974.)

7.5 Polarographische Bestimmung der Atmungsintensität

A. Meßprinzip

Wie eingangs bereits dargelegt wurde, kann die Atmungsintensität eines Organs entweder durch Messung der CO_2-Abgabe oder der O_2-Aufnahme ermittelt werden. Zur Quantifizierung der CO_2-Freisetzung in Dunkelheit werden Infrarot-Gasanalysatoren verwendet (s. Kapitel 8, Photosynthese). Die Messung der Konzentration an O_2-Molekülen wird nicht in der Gasphase, sondern in wässrigen Lösungen durchgeführt, wobei sich die von J.R. CLARK (1956) entwickelte polarographische Sauerstoff-

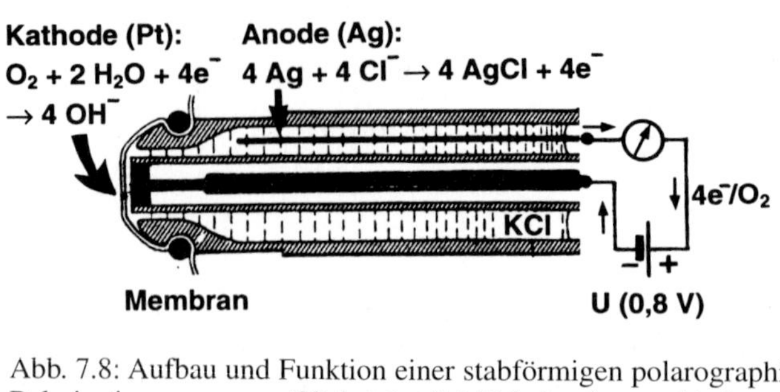

Abb. 7.8: Aufbau und Funktion einer stabförmigen polarographischen Sauerstoffelektrode. Die Polarisationsspannung (U) beträgt 0,8 Volt (nach verschiedenen Autoren).

elektrode (= O_2-Sensor) bis heute bewährt hat. Stabförmige O_2-Elektroden, die nach dem Clark-Prinzip gebaut sind, können – gemeinsam mit Meßgerät und Schreiber – im Fachhandel erworben werden (z.B. Sauerstoffelektrode OX 1100 der Firma Schott-Geräte GmbH, Hofheim). In Abb. 7.8 ist das Meßprinzip dargestellt. Eine Platin (Pt)-Kathode (–) wird einer Polarisationsspannung von – 0,6 bis – 0,9 V ausgesetzt; als Bezugssystem dient eine Silber (Ag)/AgCl-Anode (+). Die Elektrode wird mit einem Gummiring von einer O_2-durchlässigen Teflonmembran umschlossen, wobei eine konzentrierte KCl-Lsg. als leitende Verbindung dient. Der Meßkopf der Elektrode (Membran) wird in Wasser getaucht. In Anwesenheit von gelöstem Sauerstoff, der die Membran durchwandert, findet an der negativ geladenen (polarisierten) Kathode (Pt, –) eine Reduktion der O_2-Moleküle statt ($O_2 + 2\ H_2O + 4\ e^- \rightarrow 4\ OH^-$). Gleichzeitig kommt es an der Anode (Ag, +) zu einer Oxidation des Silbers ($4\ Ag + 4\ Cl^- \rightarrow 4\ AgCl + 4\ e^-$). Es fließt somit ein elektrischer Strom, der direkt proportional zur O_2-Konzentration im Wasser ist ($4\ e^- \sim 1\ O_2$): durch Messung dieses Elektronenflusses (als Spannung) kann somit die gelöste O_2-Menge/Volumen H_2O gemessen werden.

B. Versuchsaufbau

Unter Verwendung einer stabförmigen Sauerstoffelektrode kann man sich eine entsprechende Apparatur zusammenstellen (Abb. 7.9). Die auf einem Magnetrührer stehende temperierte Meßkammer ist aus Plexiglas hergestellt und durch einen mit Bohrung versehenen Schraubdeckel verschließbar. Das Kammervolumen muß genau be-

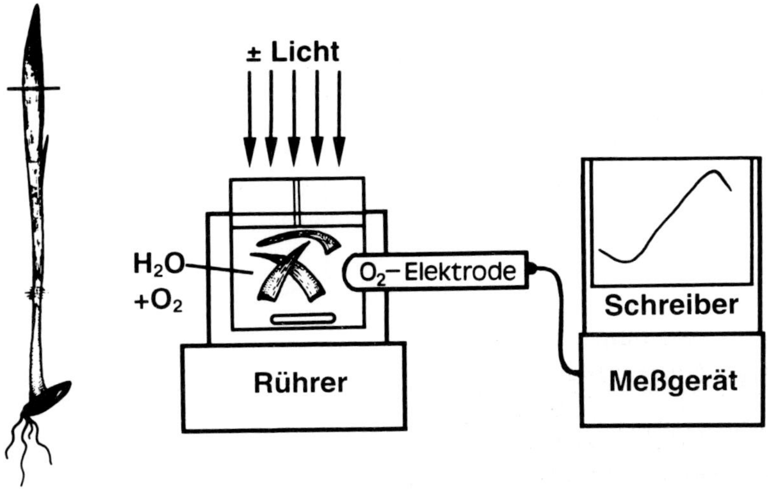

Abb. 7.9: Versuchsanordnung zur Quantifizierung der Atmungsintensität isolierter Blattstücke (bzw. Blattscheiben). Die aus Plexiglas hergestellte Meßkammer (Volumen: 8,0 ml) ist mit einer stabförmigen Sauerstoffelektrode versehen und steht auf einem Magnetrührer. (Nach GÖPEL, G.: Übungen zur Pflanzenphysiologie, Kassel, 1996.)

Tab. 7.1: Maximaler Sauerstoffgehalt von reinem Wasser (mg O_2/l H_2O) in Abhängigkeit von der Temperatur (°C) bei normalem Luftdruck, d.h. 0,1013 MPa. (Nach Angaben der Firma Schott-Geräte GmbH, Hofheim.)

T (°C)	15	16	17	18	19	20	21	22	23	24	25
O_2 (mg/l)	9,8	9,6	9,4	9,2	9,0	8,8	8,7	8,5	8,4	8,3	8,1

kannt sein (z.B. 8,0 ml). Die Eichung der Apparatur erfolgt in zwei Schritten. 1. *Nullpunkt* (0 % O_2, d.h. 0 mg O_2/l H_2O: kein Strom). Zwei Methoden können eingesetzt werden: (A) Zugabe einer konzentrierten Lsg. von Natriumsulfit (Na_2SO_3), das unter Sauerstoffverbrauch in Na_2SO_4 übergeht oder (B) Begasung des Wassers mit Stickstoff (N_2). Deckel offen lassen, nicht rühren. 2. *Sättigungswert* (100 % O_2, d.h. bei 25 °C und Normaldruck von 0,1013 MPa ~ 8,1 mg O_2/l H_2O: maximaler Strom). Zugabe von luftgesättigtem destilliertem Wasser. In Tab. 7.1 ist die Sauerstoffsättigung von H_2O in Abhängigkeit von der Temperatur dargestellt. Deckel offen lassen, rühren (die Strömung an der Membran sollte mindestens 10 cm/s betragen). Aus dem Kammervolumen (z.B. 8,0 ml) und dem Sättigungswert (bei 25 °C: 8,1 mg O_2/l H_2O) kann nun die gelöste O_2-Menge in der wassergefüllten Kammer berechnet werden (z.B. bei 100 % O_2: 0,065 mg O_2/8 ml). Auf einem Schreiber wird die Änderung im O_2-Gehalt mit der Zeit aufgezeichnet (Skala: 100 % – 0 %). Wir können nun die *Atmungsintensität* verschiedener Organe oder Organstücke exakt ermitteln.

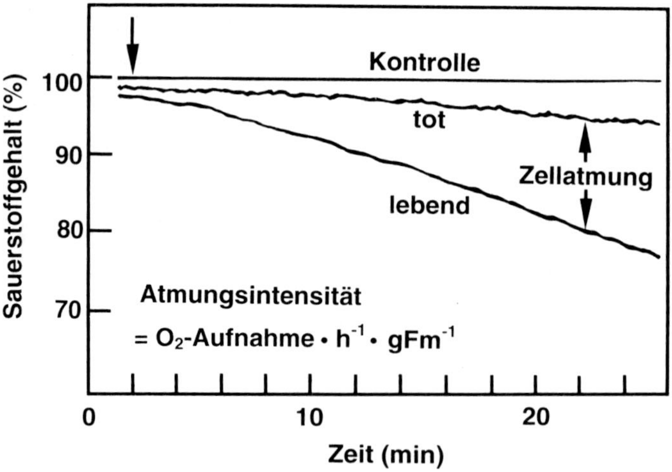

Abb. 7.10: Bestimmung der Atmungsintensität von Blattstücken etiolierter Roggenkeimlinge. (Dunkelheit). Kontrolle: Sauerstoffgesättigtes Wasser (100 % O_2), Deckel der Meßkammer geschlossen; tot, lebend: abgekochte bzw. frisch geschnittene Blattstücke. Fm = Frischmasse.

C. Durchführung und Ergebnisse

In den Abb. 7.9 und 7.10 ist ein repräsentatives Beispiel dargestellt. Als Versuchspflanzen dienten Roggenkeimlinge (*Secale cereale*). Primärblätter 7 d alter etiolierter Keimlinge wurden abgeschnitten und in eine mit Wasser gefüllte Petrischale gelegt. Die in Wasser getauchten Blattstücke werden nun manuell „entgast": anhaftende Luftblasen müssen mit dem Daumen sorgfältig entfernt werden. Probe 1: 3 frisch geschnittene Blattstücke; Probe 2: 3 abgekochte (tote) Blattsegmente. Nach Zugabe der Probe muß der trockene Deckel aufgesetzt und *luftblasenfrei* verschlossen werden, so daß aus der Bohrung etwas Wasser entweicht. Die Kammer ist nun vollständig mit O_2-gesättigtem Wasser gefüllt. Die Messung erfolgt in Dunkelheit. Die abgetöteten Blattstücke zeigen nur eine geringe O_2-Aufnahme (physikalische Absorption von Sauerstoff), während die lebenden Organsegmente mit hoher, konstanter Rate O_2 verbrauchen, bis der Nullpunkt der Skala erreicht ist (Absorption + Zellatmung). Die Differenz (lebend – tot) entspricht der Zellatmung (physiologischer O_2-Verbrauch). Aus den Steigungen der Kurven und Wägung der Proben kann die Atmungsintensität berechnet werden (Einheit: µl $O_2 \cdot h^{-1} \cdot g\ Fm^{-1}$) (Abb. 7.10).

Beispiel: Primärblattsegmente, Roggenkeimlinge. 2 d alte, etiolierte Keimlinge (rasches Wachstum) : 1100 µl $O_2 \cdot h^{-1} \cdot g\ Fm^{-1}$; 7 d alte etiolierte Keimlinge

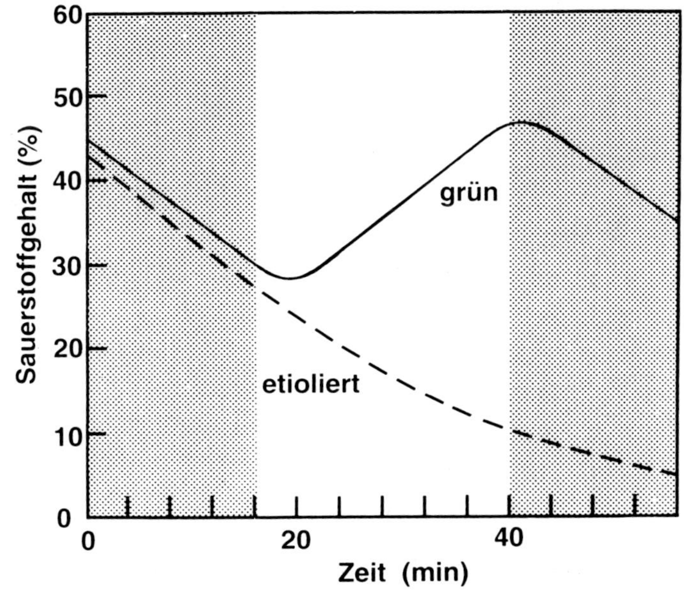

Abb. 7.11: Effekt von Weißlicht auf den Sauerstoffgehalt des mit Blattstücken versehenen Wassers (8 ml). Etioliert: 3 Blattsegmente 7 d alter in Dunkelheit angezogener Roggenkeimlinge; grün: 3 Blattsegmente 7 d alter in Weißlicht angezogener (ergrünter) Roggenkeimlinge. Abnahme des O_2-Gehalts: Zellatmung; Anstieg des O_2-Gehalts im Licht: Photosynthese. Grauer Bereich: Dunkelheit; heller Bereich: Weißlicht (100 µmol Photonen $\cdot m^{-2} \cdot s^{-1}$).

(ausgewachsen): 340 µl $O_2 \cdot h^{-1} \cdot g\ Fm^{-1}$; 7 d alte, belichtete (grüne) Keimlinge: 345 µl $O_2 \cdot h^{-1} \cdot g\ Fm^{-1}$. (bei 25 °C gilt: 1 µl O_2 ~ 0,040 µmol O_2; die Werte können somit leicht in die Einheit µmol $O_2 \cdot h^{-1} \cdot g\ Fm^{-1}$ umgerechnet werden). Schlußfolgerungen: 1. Junge Blätter weisen eine höhere Atmungsintensität auf als ausgewachsene Organe; 2. Grüne Blätter nehmen in Dunkelheit Sauerstoff auf, d.h. sie atmen.

Wie das in Abb. 7.11 dargestellte Experiment zeigt, fällt der O_2-Gehalt des Wassers stetig ab. Werden etiolierte Blattsegmente in der Meßkammer belichtet, so ist kein Effekt auf den O_2-Verbrauch sichtbar. Bei *grünen* Geweben kehrt sich der Gaswechsel nach ausreichender Belichtung der Kammer rasch um: es ist eine O_2-Freisetzung zu beobachten (Photosynthese, s. Kapitel 8). Warum atmen die grünen Blätter in Abwesenheit (und vermutlich mit ähnlicher Intensität auch in Anwesenheit) von Licht? Zur Beantworung dieser Frage müssen wir die Feinstruktur des Cytoplasmasaumes der Zellen im Transmissionselektronenmikroskop betrachten. Wie Abb. 7.12 A, B zeigt, enthalten sowohl etiolierte als auch ergrünte Zellen zahlreiche Mitochondrien. In diesen „Kraftwerken der Zelle" (Organellen der Zellatmung) wird im Licht und in Dunkelheit stetig O_2 verbraucht (ATP-Produktion, Aufrechterhaltung des Stoffwechsels).

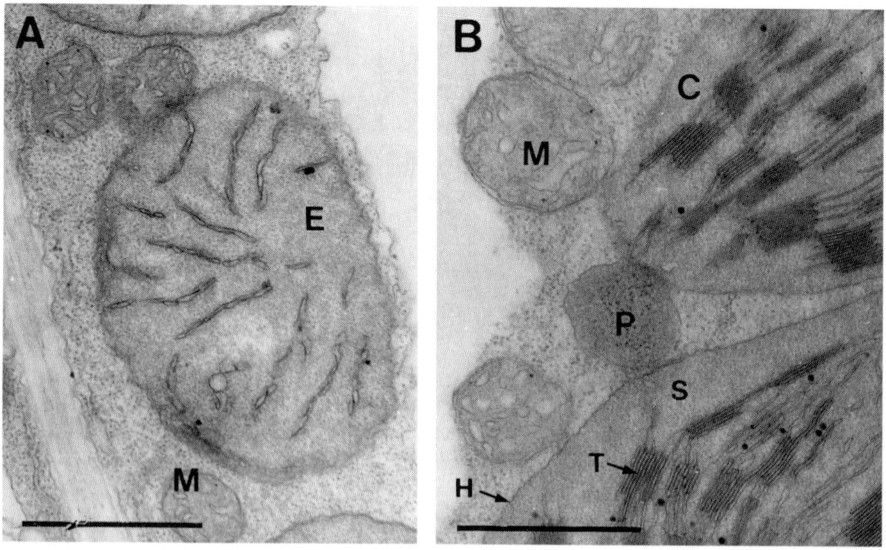

Abb. 7.12: Cytoplasmasaum der Mesophyllzellen von Primärblattspitzen 7 d alter etiolierter (A) und im Weißlicht angezogener (grüner) Roggenkeimlinge (B). C = Chloroplast, E = Etioplast, H = Chloroplastenhülle, M = Mitochondrion, P = Peroxisom, S = Stroma, T = Thylakoidmembran. Balken: 1 µm. (Originalaufnahmen: M. Fröhlich.)

8 Photosynthese

Grüne (chlorophyllhaltige) Pflanzen sind in der Lage, unter Absorption von Sonnenlicht aus energiearmen Ausgangssubstanzen (CO_2, H_2O, Mineralsalze) energiereiche organische Moleküle (im wesentlichen Kohlenhydrate, CH_2O) zu synthetisieren. Als Nebenprodukt dieses Energiewandlungsprozesses entsteht molekularer Sauerstoff (O_2), der von der Pflanze an die Umwelt abgegeben wird (oxigene Photosynthese, s. Kapitel 1). Die Chloroplasten der Zellen sind die Organellen, innerhalb derer die Photosyntheseprozesse lokalisiert sind. Abbildung 7.12 B (S. 70) zeigt, daß die von einer Doppelmembran umschlossenen Chloroplasten aus einem Thylakoid-Membransystem, das in eine Grundsubstanz (Stroma) eingelagert ist, bestehen. Die Photosynthese wird in zwei räumlich getrennte Teilprozesse untergliedert. (I) *Thylakoidmembran*: Primär (oder Licht)-Reaktion (Photolyse des Wassers, Freisetzung von O_2 in Photosystem II, lichtgetriebene Elektronentransportkette über PSI, Bildung von Reduktionsäquivalenten und ATP). (II) *Stroma*: Sekundär (oder Dunkel)-Reaktion (Reduktion des CO_2 zum Kohlenhydrat unter Verbrauch der Produkte

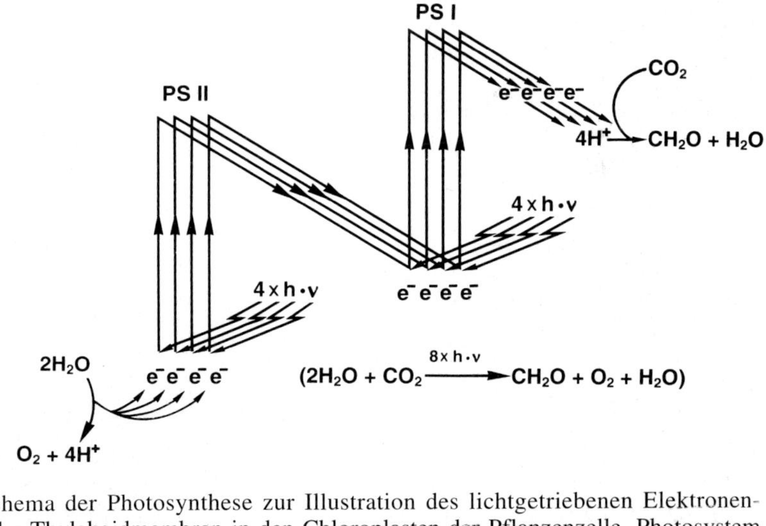

Abb. 8.1: Z-Schema der Photosynthese zur Illustration des lichtgetriebenen Elektronentransports auf der Thylakoidmembran in den Chloroplasten der Pflanzenzelle. Photosystem (PS) II: Photolyse des Wassers ($\rightarrow O_2$); Pfeile: Elektronen (e^-)-Transportkette; Photosystem (PS) I: Bildung von Reduktionsäquivalenten (4 H^+/4 e^-) zur CO_2-Assimilation im Stoma ($\rightarrow$ Kohlenhydrate, CH_2O). Die simultan ablaufende ATP-Bildung (Photophosphorylierung) ist nicht eingezeichnet. h · ν = 1 Photon (Lichtquant). (Nach WALKER, D. A.: New. Phytol. 121, 325-345, 1992.)

der Primärreaktion). Wie Abb. 8.1 zeigt, kann die Photosynthese in Form des sogenannten Z-Schemas dargestellt werden. Wir wissen heute, daß zur Produktion von einem O_2- (bzw. der Fixierung von einem CO_2)-Molekül mindestens 8 Photonen benötigt werden. Aus dem Z-Schema geht weiterhin hervor, daß die Photosyntheserate eines Blattes wie folgt gemessen werden kann: 1. O_2-Abgabe, 2. CO_2-Aufnahme und 3. Akkumulation von Kohlenhydraten (CH_2O) pro Zeiteinheit. Die nachfolgend beschriebenen Experimente werden mit repräsentativen C3-Pflanzen durchgeführt (Grundtyp der Photosynthese: das erste stabile CO_2-Assimilat besteht aus 3 C-Atomen). Abschließend wollen wir die an trockene, warme Standorte angepaßten Spezialtypen der Photosynthese kennenlernen (C4- und CAM-Pflanzen).

8.1 Infrarot-Gasanalysator

Neben der im letzten Kapitel beschriebenen polarographischen Sauerstoffelektrode zur Bestimmung der O_2-Aufnahme bzw. Abgabe von Blattstücken stehen seit etwa 1980 käufliche Apparaturen zur Quantifizierung des CO_2-Gaswechsels (d.h. Photosynthese/Atmung) zur Verfügung. Diese tragbaren CO_2-Meßsysteme basieren auf dem Prinzip der Infrarot (IR)-Gasanalyse; die Methode kann wie folgt zusammengefaßt werden. Gasmoleküle, die aus zwei verschiedenen Atomen zusammengesetzt sind (z.B. CO_2, H_2O), absorbieren im IR-Bereich des Spektrums (Wellenlänge $\lambda > 0{,}8$ µm). So zeigt z.B. das CO_2-Molekül ein Absorptionsmaximum bei 4,25 µm mit Sekundärpeaks bei 2,6 – 2,8 und 15 µm (gasförmige H_2O-Moleküle [= Wasserdampf] absorbieren bei etwa 2,7 µm). Moleküle, die aus zwei identischen Atomen zusammengesetzt sind (z.B. N_2, O_2), zeigen im IR- Bereich keine Absorption. Durch Bestimmung der IR-Absorpti-

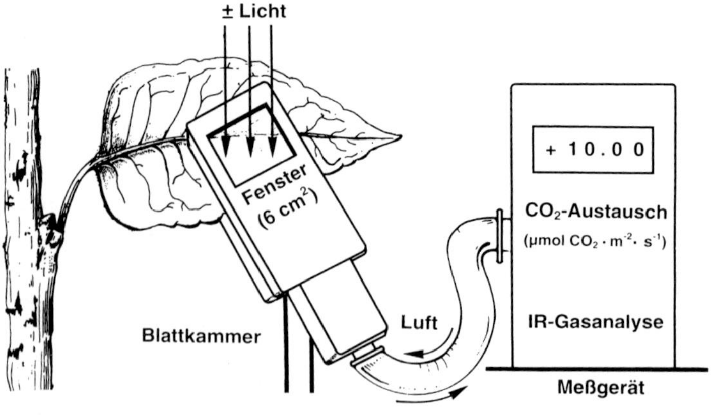

Abb. 8.2: Tragbares Meßsystem zur Quantifizierung der CO_2-Austauschrate (Photosynthese, Atmung) an intakten Blättern (Infrarot [IR]Gasanalysator + Blattkammer). (Nach einem Katalog der Firma ADC Ldt., Hoddesdon Herts, U. K.)

on kann somit die CO_2- (und H_2O)-Konzentration der Luft quantifiziert und daraus die Photosynthese- (und Transpirations)-Rate ermittelt werden.

Die im Fachhandel erhältlichen Apparaturen bestehen aus einer Blattkammer, die mit einer Beleuchtungsvorrichtung (Kunstlicht) versehen werden kann, und einem mit CO_2-Quelle ausgestatteten IR-Gasanalysator (Abb. 8.2). Ein eingeklammertes Laubblatt wird einem Luftstrom ausgesetzt. Aus der Strömungsrate, der über IR-Gasanalyse ermittelten CO_2-Konzentrationen der ein- und abgeleiteten Luft und der Blattfläche kann im Licht die Photosyntheserate berechnet werden (Einheit: $\mu mol\ CO_2 \cdot m^{-2} \cdot s^{-1}$). Die Meßsysteme sind mit einer entsprechenden Elektronik ausgestattet, so daß die CO_2-Austauschraten direkt abgelesen werden können. Die Eichung (Kalibrierung) der Apparatur erfolgt mit CO_2-freier Luft und einer Gasmischung mit einer definierten CO_2-Konzentration (Molenbruch: x $\mu mol\ CO_2/mol$ Luft).

Beispiele: Mittlere CO_2-Austauschraten von Laubblättern in Kunstlicht bzw. Dunkelheit (25 °C, CO_2-Konz. in der Blattkammer: 350 µmol/mol Luft, Photonenfluß: 1000/150/0 $\mu mol \cdot m^{-2} \cdot s^{-1}$). Kapuzinerkresse (*Tropaeolum majus*): + 9/ + 4/ – 2 $\mu mol\ CO_2 \cdot m^{-2} \cdot s^{-1}$; Sonnenblume (*Helianthus annuus*): + 22/ + 6/ – 3 $\mu mol\ CO_2 \cdot m^{-2} \cdot s^{-1}$. Positive Werte: Photosynthese; negative Werte: Zellatmung.

8.2 Freilandexperimente

A. Assimilationsrate

Unter Einsatz eines tragbaren Meßsystems zur Quantifizierung der CO_2-Absorptionsrate kann im Freiland die Photosyntheserate von Blättern verschiedener Pflanzenarten ermittelt werden (Abb. 8.2). Die Assimilationsrate hängt von den Faktoren Blattalter, Intensität des Sonnenlichts (Photonenfluß), Temperatur und Wasserversorgung ab. Unter optimalen Bedingungen können an gesunden, ausgewachsenen Laubblättern bei vollem Sonnenlicht Werte im Bereich zwischen + 5 bis + 30 $\mu mol\ CO_2 \cdot m^{-2} \cdot s^{-1}$ gemessen werden. Nach Verdunkelung des Blattes sinkt die CO_2-Assimilationsrate rasch ab: in vollständiger Dunkelheit messen wir negative Werte (– 1 bis – 4 $\mu mol\ CO_2 \cdot m^{-2} \cdot s^{-1}$: Kohlendioxid-Abgabe, d.h. Zellatmung).

B. Nachweis der transitorischen Assimilationsstärke

Die beiden Endprodukte der CO_2-Assimilation sind die Kohlenhydrate Saccharose und Stärke. In den Laubblättern zahlreicher Pflanzenarten werden am Tag in den Chloroplasten der Mesophyllzellen Stärkekörner produziert, die in der darauffolgenden Nacht wieder abgebaut werden. Die aus dieser transitorischen Assimilationsstärke gebildete Saccharose wird zum Großteil exportiert (Versorgung der Zellen des Pflanzenkörpers mit energiereichen Kohlenhydraten während der heterotrophen Dunkelphase). Ein typischer Stärkebildner ist die Kapuzinerkresse (*Tropaeolum majus*). Wir säen im Frühjahr einige dieser aus Südamerika stammenden Gartenzierpflanzen im Freiland aus. Bei ausreichender Nährstoffversorgung werden große, kräftige schildförmige Blätter gebildet. Die im Licht synthetisierte Stärke kann leicht nachgewiesen werden, während die gleichzeitig gebildete Saccharose nur mit Hilfe eines relativ aufwendigen

Enzymtests quantifizierbar ist. Wir wollen uns daher hier auf die Stärke beschränken. Das Grundphänomen ist in Abb. 8.3 dargestellt. Blätter werden am Abend bzw. am Morgen abgeschnitten, mit kochendem Wasser übergossen (getötet), in warmen Ethanol gelegt (Chlorophyllextraktion, s. 8.3) und nach Ausbleichen in einer Petrischale in etwas Wasser gelegt. Wir geben einige Tropfen einer LUGOLschen Lösung (KJ/J_2, s. S. 32) hinzu und verschließen die Schale. Etwa 20 min später sind die Blätter entwickelt („SACHSsche Jodprobe"). Mit einem Lichtmikroskop betrachten wir abgeschnittene Stücke der beiden Blätter. Resultat: Abend ⇒ Mesophyllzellen und Schließzellen (Stomata, Epidermis) mit Stärkekörnern versehen (schwarze Blattfarbe); Morgen ⇒ Mesophyllzellen stärkefrei, Schließzellen mit Stärkekörnern (graue Blattfarbe).

C. Quantifizierung der Trockenmasseakkumulation

Auf der Grundlage des in Abb. 8.3 dargestellten Demonstrationsexperiments können wir nun im Freiland die Photosyntheserate in Form der Akkumulationsrate an Blatt-Trockenmasse ermitteln. Am Morgen (8.00 Uhr) klarer Sommertage werden mittelgroße Blätter der Kapuzinerkresse zur Hälfte mit Aluminiumfolie eingeschlagen. Am Nachmittag (16.00 Uhr) werden die Blattspreiten abgeschnitten, ins Labor gebracht und die Alufolie entfernt. Mit Hilfe eines Korkbohrers stanzen wir in gegenüberliegenden Bereichen zwischen den Blattadern jeweils 3 Scheiben aus (Abb. 8.4). Die Blattscheiben werden getrocknet (Petrischale mit Klebeband in 2 Kammern für belichtete/unbelichtete Proben unterteilen; offen in Trockenschrank stellen, 2 h bei 70 °C). Mit einer Analysenwaage bestimmen wir nun die Gesamt-Trockenmasse der 3 Blattscheiben. Aus der Differenz (= photosynthetisch aktive Blatthälfte – abgedunkelte, nicht zur Photosynthese fähige Hälfte) kann die Trockenmasseakkumulation im Sonnenlicht pro Zeit und Blattfläche berechnet werden.

Beispiel (Abb. 8.4): Drei Blattscheiben pro Blatthälfte, Durchmesser 14 mm. Gesamtfläche = 3 x 154 = 462 mm^2. Differenz in den Trockenmassen (Tm) nach 8 Stunden (h): 16 – 12 = 4 mg ⇒ 8,7 g Tm/m^2 Blattfäche pro 8 h ⇒ Akkumulationsrate im Freiland: etwa 1 g $Tm \cdot m^{-2} \cdot h^{-1}$.

Die maximal erreichbare Trockenmasseakkumulation verschiedener C3-Pflanzen, die unter optimalen Bedingungen im Freiland wuchsen und dann analysiert wurden,

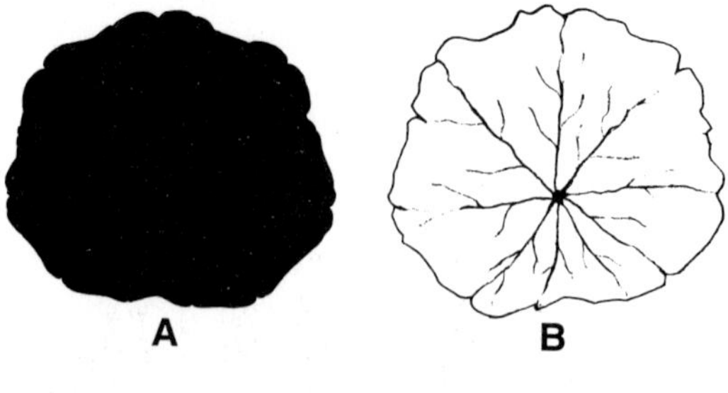

Abb. 8.3: Transitorische Assimilationsstärke in Laubblättern der Kapuzinerkresse. Die Pflanzen wuchsen im natürlichen Tag/Nacht-Rhythmus. Jod/Stärke-Nachweis am Abend (A) und am Morgen (B). Schwarze Bereiche: Stärke.

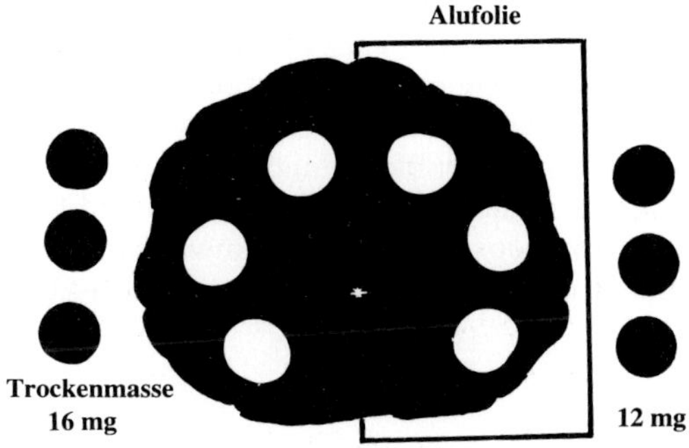

Abb. 8.4: Experiment zur Bestimmung der photosynthetischen Trockenmasseakkumulation in Blättern der Kapuzinerkresse. Eine Blatthälfte wird am Morgen mit Aluminiumfolie eingeschlagen. Das Blatt wird nach 8 h (Sonnenlicht) abgeschnitten und analysiert. Differenz der Trockenmassen der 3 Blattscheiben belichtet – abgedunkelt = Photosyntheseaktivität (Bildung von Kohlenhydraten).

beträgt 20 – 30 g Tm/m^2 pro Tag (bei C4-Pflanzen, wie z.B. Mais, wurden Werte von 30 – 54 g Tm/m^2 pro Tag ermittelt). Da ein Sommertag einer Belichtungsperiode von etwa 14 h entspricht, können wir unsere Daten wie folgt umrechnen: Kapuzinerkresse (C3-Pflanze) im Freiland: ~ 14 g Tm/m^2 pro Tag (in unserem Experiment wurde nur die Blattfläche berücksichtigt, während sich die hier diskutierten Literaturdaten auf die Tm der gesamten Pflanze beziehen).

D. Wirkungsspektrum der Photosynthese

Das in Abb. 8.3 dargestellte Demonstrationsexperiment zeigt, daß unter der Wirkung des polychromatischen Sonnenlichts am Tag in den Mesophyllzellen des Blattes Assimilationsstärke entsteht, die in der folgenden Nacht wieder abgebaut wird. In Kapitel 2 wurde dargelegt, daß das Weißlicht eine Mischung verschiedener Lichtqualitäten darstellt, die mit Hilfe eines Prismas in Form verschiedener Spektralfarben sichtbar gemacht werden können (s. Abb. 2.2). Welche Lichtqualität (Farbe) löst mit welcher Intensität die Stärkebildung (CO_2-Assimilation) im Blatt aus? Zur Beantwortung dieser Frage erstellen wir ein Wirkungs(syn. Aktions)spektrum der Photosynthese (Abb. 8.5). Eine Aluminiumschablone, die 4 mit gefärbter Buchschutzfolie hinterklebte Schlit-

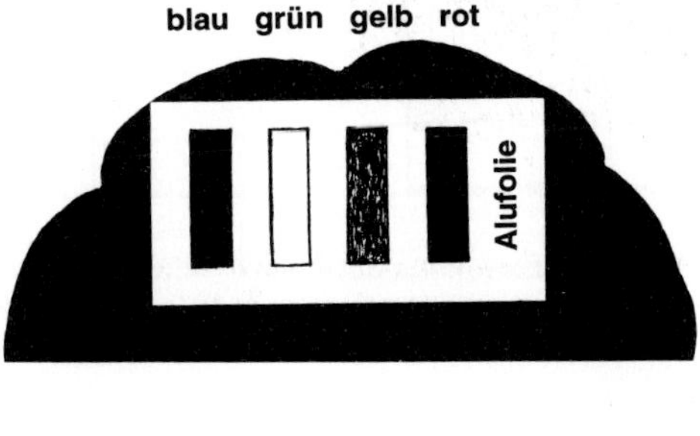

Abb. 8.5: Wirkungsspektrum der Photosynthese im Blatt der Kapuzinerkresse. Eine mit 4 verschiedenen Farbfiltern versehene Alufolie wurde am Morgen auf das Blatt montiert. Am Abend erfolgte die Entwicklung (Jod/Stärke-Nachweis). Dunkle Bereiche: Assimilations-stärke. (Nach Bukatsch, F.: Praxis d. Naturwiss. (Ch). 26, 207- 209, 1977.)

ze aufweist (blau/grün/gelb/rot), wird am Morgen eines sonnigen Tages auf ein mittelgroßes Laubblatt montiert (Büroklammern). Am Abend wird die entsprechende Blatthälfte abgeschnitten und nach Entfernung der Schablone abgekocht. Nach Extraktion der Pigmente und Nachweis der Assimilationsstärke (s.o.) erhalten wir folgendes Resultat (Abb. 8.5): blaues und rotes Licht: kräftige Stärkebildung; gelbes Licht: deutliche und grünes Licht: geringe Stärkebildung. Unser Experiment zeigt, daß Grünlicht photosynthetisch weitgehend unwirksam ist, während blaue und rote Strahlung jeweils eine deutliche CO_2-Assimilation hervorruft.

8.3 Fluoreszenz und Absorptionsspektrum der Photosynthesepigmente

Ein in Kapitel 7 (Zellatmung) beschriebenes Experiment mit der polarographischen Sauerstoffelektrode zeigte, daß nur grüne Blätter in der Lage sind, im Licht Sauerstoff zu produzieren; in Dunkelheit gewachsene (gelbe) Blätter sind zu keiner O_2-Freisetzung (= Photosynthese) fähig. Im Transmissionselektronenmikroskop erkennen wir

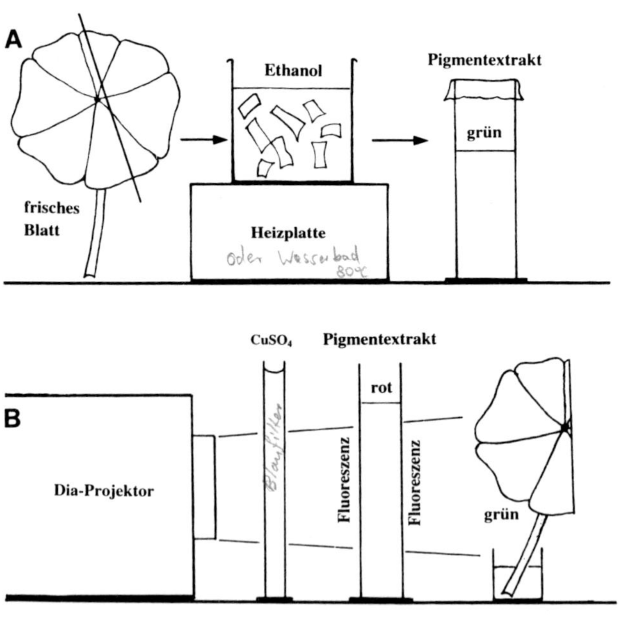

Abb. 8.6.: Extraktion der Photosynthesepigmente aus einem frischen Blatt der Kapuzinerkresse (A) und Nachweis der Chlorophyllfluoreszenz in 80 % Ethanol (B). Kupfersulfatlösung ($CuSO_4$) dient als Lichtfilter (Weißlicht → Blaulicht).

die Feinstruktur der Photosyntheseorganellen (Chloroplasten). In den Thylakoidmembranen der Chloroplasten sind die für die Lichtabsorption verantwortlichen *Photosynthesepigmente* lokalisiert (s. Abb. 7.12 B, S. 70).

Die schildförmigen Laubblätter der Kapuzinerkresse eignen sich besonders gut zur Extraktion der Blattpigmente. Wir verwenden ein frisches, tiefgrünes Laubblatt und zerschneiden eine abgetrennte Hälfte in kleine Stücke. Die Chloroplastenpigmente (Chlorophylle a und b und verschiedene Carotinoide) sind weitgehend wasserunlöslich (lipophil); sie können daher nur mit wasserhaltigen organischen Lösungsmitteln (Ethanol, Aceton) extrahiert werden. Die Blattstücke werden in warmem Ethanol (80 %; 60 – 70 °C) extrahiert (Abb. 8.6 A). Nach 10 min ist die wasserhaltige organische Extraktionslösung tiefgrün gefärbt. Die Pigmentlösung wird nun rasch über einem Papierfilter abgegossen und in einem mit Parafilm luftdicht verschlossenen Gefäß in Dunkelheit aufbewahrt (Schutz vor Photooxidation).

A. Demonstration der Chlorophyllfluoreszenz

Ein Teil des Pigmentextrakts wird in eine flache Glasküvette gegossen und nachVerdunkelung des Raumes mit einem Diaprojektor bestrahlt (Weißlicht). Die grüne Lösung leuchtet rot auf (Fluoreszenz von Chlorophyll *in vitro*). Die danebenstehende grüne Blatthälfte zeigt keinerlei Rotfärbung (Chlorophylle *in vivo* fluoreszieren nur sehr geringfügig). Die Chlorophyllfluoreszenz (rotes Leuchten) kann auch durch Bestrahlung mit kurzwelligem *Blaulicht* ausgelöst werden ($CuSO_4$-Lsg. in Lichtstrahl stellen, s. Abb. 8.6 B). Interpretation: Isolierte Chlorophylle (*in vitro*) geben einen Teil (~ 30 %) der absorbierten Lichtenergie in Form von langwelliger (energieärmerer) Strahlung ab (Fluoreszenz). Der Rest wird als Wärme abgestrahlt. Die in der Thylakoidmembran der Chloroplasten eingelagerten Chlorophylle (*in vivo*)

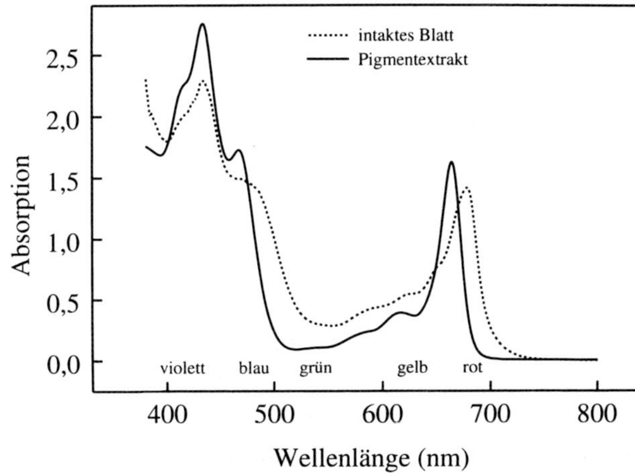

Abb. 8.7: Absorptionsspektren der isolierten Blattpigmente in 98% Ethanol und eines frischen, jungen, hellgrünen Blattes der Kapuzinerkresse. Die Spektren wurden mit einem UVIKON 931-Spektralphotometer (Kontron Instr., Italien) aufgenommen. (Grafik: T. HEUPEL.)

geben bei Belichtung nur 1 – 2 % der absorbierten Strahlung in Form von Licht ab (die Blatt-Fluoreszenz ist mit bloßem Auge nicht sichtbar). Etwa 80 – 90 % der absorbierten Energie wird bei optimaler Belichtung zum Antrieb der Photosynthese verwendet (Elektronentransport, s. Abb. 8.1).

B. Absorptionseigenschaften der Pigmente

Welche Bereiche des polychromatischen Weißlichts (Mischung mehrerer Spektralfarben) werden von den Photosynthesepigmenten absorbiert und dienen somit dem Antrieb der Photosynthese? Diese Frage soll durch zwei Experimente beantwortet werden.

(I). Mit Hilfe eines *Spektroskops* kann ein Weißlichtstrahl in ein Prismenspektrum zerlegt und vor schwarzem Hintergrund beobachtet werden (s. Kapitel 2.1). Wir betrachten das kontinuierliche Spektrum des weißen Lichts eines Diaprojektors. Daraufhin wird eine mit Pigmentextrakt gefüllte Küvette in den Strahlengang gestellt. Resultat: 2 breite Absorptionsbanden: rot/orange (Chlorophylle a/b) und blau/violett (Chlorophylle a/b + Carotinoide). Im grünen Spektralbereich wird praktisch kein Licht absorbiert („ausgelöscht").

(II). Kontinuierliche Absorptions(syn. Extinktions)spektren können mit einem *Spektralphotometer* aufgenommen werden. Hierbei wird ein kontinuierliches Spektrum (λ = 400 – 800 nm) durch die Probe gesendet und die Lichtabsorption in Abhängigkeit von der eingestrahlten Wellenlänge (λ) aufgezeichnet. Unsere tiefgrüne Pigmentlösung wird abzentrifugiert, dann 1:20 mit 98 % Ethanol verdünnt und vermessen. Zum Vergleich klemmen wir ein frisches, junges, hellgrünes Blatt zwischen 2 Glasplatten und messen dessen Absorptionsspektrum. Abbildung 8.7 zeigt die Spektren der Photosynthesepigmente *in vitro* (Extrakt) und *in vivo* (intaktes Blatt). Es sind geringe Verschiebungen der Absorptionsmaxima zu beobachten. Die Ergebnisse zeigen jedoch übereinstimmend, daß die grünen Blattpigmente im violett/blauen (400 – 500 nm) und

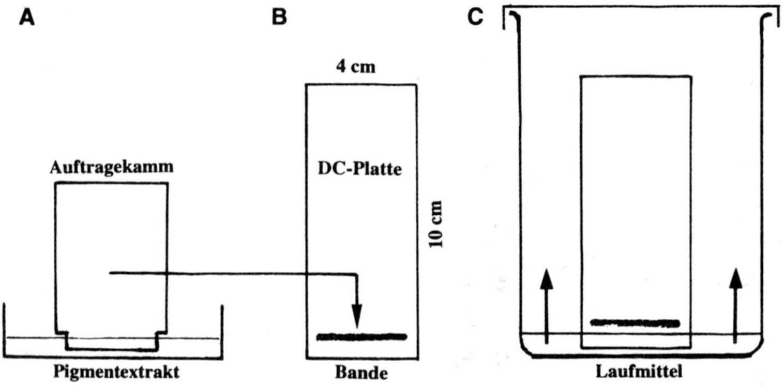

Abb. 8.8: Miniatur-Dünnschichtchromatographie der Blattpigmente. Auftragen einer Bande (A, B) und Chromatographie (Auftrennung) des Pigment-Rohextraktes auf ein mit Kieselgel beschichtetes Stück Plastikfolie (DC-Platte) (C).

orange/roten (600 – 700 nm) Bereich des Spektrums Absorptionsmaxima zeigen. Grünlicht (500 – 600 nm) wird nur geringfügig absorbiert.

8.4 Auftrennung und Quantifizierung der Photosynthesepigmente

A. Dünnschichtchromatographie

Um zu überprüfen, aus welchen Komponenten unser grüner Pigmentextrakt zusammengesetzt ist, wenden wir das Verfahren der Dünnschichtchromatographie an. Hierbei wird ein Stoffgemisch unter der Wirkung eines Laufmittels (mobile Phase) an einem festen Trägermaterial (stationäre Phase) aufgrund der unterschiedlichen Wanderungsgeschwindigkeiten der einzelnen Moleküle in seine Bestandteile aufgetrennt. Es soll hier ein einfaches, billiges, reproduzierbares Miniatur-Verfahren beschrieben werden, das sich in Anfängerpraktika bewährt hat. Wir stellen einen Blattpigmentextrakt her (s. Abb. 8.6 A). Als stationäre Phase werden mit Kieselgel beschichtete Plastik-Platten verwendet (z.B. DC-Plastikfolie Kieselgel 60 [ohne Fluoreszenzindikator, Schichtdicke 0,2 mm] der Firma E. Merck, Darmstadt). Die 20 x 20 cm großen flexiblen Folien werden in 10 kleine Streifen zerschnitten (z.B. 4 x 10 cm). Wir gießen etwas Pigmentextrakt in eine flache Schale und tragen eine schmale Bande auf (mit Hilfe eines Auftragekamms oder einer Pipette 2 – 3 x Pigmentextrakt auftupfen, zwischendurch trocknen lassen bis ein tiefgrüner, trockener Strich vorliegt) (Abb. 8.8 A, B). Die Miniatur-DC-Platte (Folie) wird nun in ein Becherglas gestellt, in dem sich etwas Laufmittel befindet (Petroleumbenzin/Isopropanol/Wasser im Verhältnis 400/40/1), und mit einer Petrischale verschlossen (Abb. 8.8 C). Der Versuch sollte aufgrund der Licht-Labilität der Pigmente möglichst in Dunkelheit durchgeführt werden. Das Laufmittel (mobile Phase) steigt rasch auf und führt am Trägermaterial (Kieselgel, stationäre Phase) zu einer Trennung der einzelnen Blattpigmente. Unser Experiment ist nach etwa 10 min beendet. In Abb. 8.9 ist ein typi-

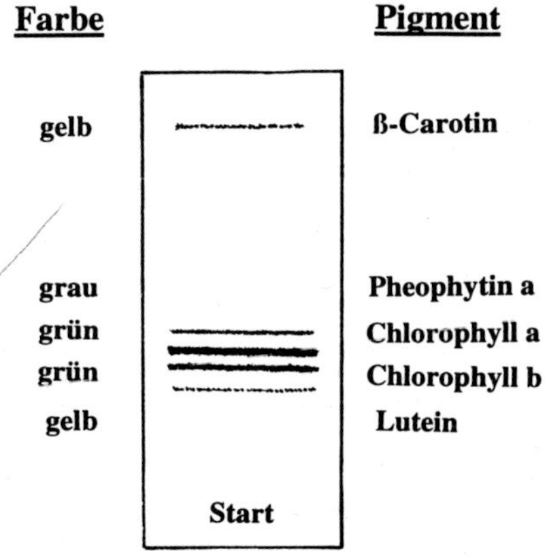

Abb. 8.9: Chromatogramm der Blattpigmente der Kapuzinerkresse (s. Abb. 8.8 C). Als Laufmittel wurde Petroleumbenzin/Isopropanol/Wasser verwendet (400/40/1).

sches Chromatogramm gezeigt. Wir erkennen 5 Banden, die unterschiedlich gefärbt sind. Neben den beiden gelben Carotinoiden Lutein (unten) bzw. ß-Carotin (oben, direkt hinter der Laufmittelfront) und den grünen Chlorophyllen a und b ist eine graue Bande zu sehen. Es handelt sich hierbei um das Pigment Phäophytin a (Chlorophyll a-Moleküle, bei denen das zentrale Mg^{2+}-Ion entfernt und durch 2 H^{+}-Ionen ersetzt wurde; hierbei geht die grüne Farbe verloren). Pheophytin a ist unter natürlichen Bedingungen in sehr geringer Menge vorhanden (erster Elektronen-Zwischenträger in Photosystem II). Unsere breite graue Bande ist jedoch ein *Artefakt* der Pigmentextraktion: unter den hier gewählten Bedingungen (saures Kieselgel als Trägermaterial; Extraktion mit warmem Ethanol) tritt eine Phäophytinisierung der Chlorophylle ein (Verlust der Mg^{2+}-Ionen). Dies kann durch geeignete Maßnahmen verhindert werden (z.B. Zugabe von Calciumcarbonat ; rasche Extraktion mit kalten organischen Lösungsmitteln, s.u.).

Unser Experiment lehrt folgendes: neben den grün gefärbten Chlorophyllen a + b sind auch gelbe Carotinoide in den Thylakoidmembranen der Chloroplasten in deutlicher Menge vorhanden. Das Mischabsorptionsspektrum (Abb. 8.7) der isolierten Blattpigmente basiert somit auf der Lichtabsorption verschiedener gelb/grüner Einzelpigmente. Die Beziehung zwischen der Farbe und den Absorptionseigenschaften der Pigmente wird in Kapitel 12 (Blattseneszenz) abgehandelt (warum sind die Blätter grün/gelb/rot gefärbt?).

B. Quantifizierung der Blattpigmente

Zur Bestimmung der Chlorophylle a und b sowie der Gesamt-Carotinoide von Blattextrakten sind zahlreiche Methoden beschrieben worden. Hier soll der spektralphotometrische Pigment-Nachweis von H. LICHTENTHALER (Methods in Enzymology 148, 350 – 382, 1987) kurz dargestellt werden. Als Extraktionsmittel verwenden wir 95 % Ethanol (p.a., unvergällt), dem eine Spatelspitze Calciumcarbonat ($CaCO_3$) zugegeben wurde (Verhinderung der Phäophytin-Bildung, s.o.). Das abgewogene Blattmaterial (~ 10 – 20 mg) wird in einem 2 ml-Kunststoff-Reaktionsgefäß in 1,0 ml Extraktionsmedium mit einem Metallstab homogenisiert und nach Zugabe eines weiteren ml des Mediums für 20 min geschüttelt (Dunkelheit, 25 °C). Nach Abzentrifugation des Homogenats wird ein Aliquot des Überstandes (= 2 ml Pigmentlösung) in einem Spektralphotometer vermessen (Nullabgleich bei 800 nm). Die Lichtabsorptionen (A) werden bei den Wellenlängen (λ) 664,2/648,6 und 470 nm ermittelt (Absorptionsmaxima der isolierten Chlorophylle a, b und der Gesamt-Carotinoide in Ethanol). Die Berechnung der Pigmentkonzentrationen (C) erfolgt nach den empirischen Gleichungen 8.1 – 8.3:

$$C\,(\text{Chl. a}) = 13{,}36\,A\,(664{,}2) - 5{,}19\,A\,(648{,}6)\quad [\mu g/ml] \tag{8.1}$$

$$C\,(\text{Chl. b}) = 27{,}43\,A\,(648{,}6) - 8{,}12\,A\,(664{,}2)\quad [\mu g/ml] \tag{8.2}$$

$$C(\text{Carotinoide}) = \frac{1000\,A\,(470) - 2{,}13\,C\,(\text{Chl. a}) - 97{,}64\,C\,(\text{Chl. b})}{209}\quad [\mu g/ml] \tag{8.3}$$

Für die Konzentrationen (C) ergibt sich die Einheit µg Pigment/ml Extrakt. Da das Blattmaterial mit 2 ml Extraktionsmedium homogenisiert wurde, müssen die Werte mit dem Faktor 2 (Extraktionsvol. in ml) multipliziert werden. Bezugssystem: 1 g Frischmasse (Fm).

Beispiel: Dunkelgrüne, ausgewachsene Blätter der Kapuzinerkresse (s. Abb. 8.6 A). Aus der Blattspreite werden Segmente (1 x 1 cm) geschnitten und gewogen (Fm ~ 14 mg). Die nach Gl. 8.1 – 8.3 ermittelten Pigmentgehalte betragen für Chl. a, Chl. b und Gesamt-Carotinoide 1,9/0,9 und 0,5 mg/g Fm. Aus der Masse der Blattspreite (g) kann die jeweilige Pigmentmenge pro Organ berechnet werden.

8.5 Kohlendioxid-Mangelversuch

Die Tatsache, daß die Luft mit nur etwa 0,035 Vol. % CO_2 (= 350 µmol CO_2/mol) die einzige Kohlenstoffquelle der photoautotrophen Pflanze darstellt, kann leicht anhand eines eindrucksvollen Demonstrationsexperiments veranschaulicht werden (Abb. 8.10). Wir benötigen zwei Plexiglaskästen, die mit je einem dicht sitzenden Deckel, der eine Bohrung aufweist, ausgestattet sind. Der Deckel wird mit einem Plastikröhrchen versehen, das etwa 2 cm oberhalb des Bodens endet. Kasten A wird mit einer etwa 1 cm tiefen Wasserschicht versehen (Kontrolle), in Behälter B gießen wir eine entsprechende Menge an konzentrierter Kalilauge (KOH-Lösung, CO_2-Absorptionsmittel, s. Kapitel 7.4). Als Versuchsobjekte verwenden wir etwa 1 – 2 Wochen alte Stecklinge verschiedener Zimmerpflanzen, die in kleinen Blumentöpfen angezogen wurden (z.B. *Tradescantia-*, *Zebrina-* oder *Commelina*-Arten). Auch junge Tabakpflanzen (*Nicotiana tabacum*) eignen sich sehr gut. Wir wählen zwei möglichst gleich große, mit einer identischen Zahl an Blättern versehene Individuen der selben Art aus. Die Jungpflanzen werden kräftig gegossen und dann in einer kleinen Glasschale (Untersetzer) in die Plexiglaskästen gestellt. Die mit einem Luftrohr versehenen Deckel werden nun verschlossen. Um deutliche Unterschiede beobachten zu können, sollten die Versuchsansätze künstlichem Dauer-Weißlicht ausgesetzt werden (300 – 400 µmol Photonen · m^{-2} · s^{-1}). Die Temperatur im Kasten sollte 25 – 30 °C betragen. Bereits 3 Tage nach Versuchsbeginn sind Unterschiede zu sehen: die Kontrollpflanze wächst kräftig weiter, während das in „CO_2-Hungerkultur" gehaltene Individuum einen Wachstumsstop zeigt. Nach einer Woche ist unser Experiment beendet. Die in Abwesenheit von CO_2 kultivierte Pflanze hat bereits braune, absterbende Blätter; in der Kalilauge ist ein weißer Niederschlag sichtbar („ gebundenes CO_2": K_2CO_3). Schlußfolgerung: trotz optimaler Bedingun-

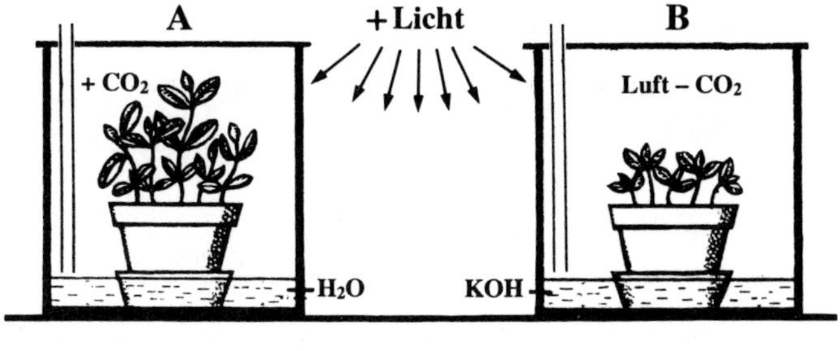

Abb. 8.10: Kohlendioxid-Mangelexperiment. Kontrollansatz (A), Versuchspflanze in CO_2-freier Luft (B). Zustand 1 Woche nach Beginn des Experiments.

gen (Temperatur, Licht, Wasser, hohe Luftfeuchtigkeit, Nährsalze) stirbt die Pflanze bei CO_2-Mangel langsam ab. Ohne kontinuierliche CO_2-Assimilation (Photosynthese) sind die endogenen Kohlenhydrat-Reserven bald erschöpft: die Pflanze „verhungert" im Licht (Quantitative Auswertung: Bestimmung der Trockenmassen der Sprosse ± CO_2).

8.6 Experimente mit Wasserpflanzen

Zur Demonstration des photosynthetischen Gaswechsels (O_2-Abgabe bzw. CO_2 -Aufnahme im Licht) sind Wasserpflanzen u.a. aufgrund der fehlenden Cuticula bevorzugte Versuchsobjekte; wir wollen hier mit Sproßspitzen der Kanadischen Wasserpest (*Elodea canadensis*) arbeiten (Abb. 8.11). Dieses „Unkraut" wurde im Jahr 1860 aus Nordamerika nach Deutschland eingeschleppt. Die Pflanze vermehrt sich seither bei uns rein vegetativ; *Elodea*-Sprosse können in Freilandbecken oder Aquarien kultiviert werden.

A. Sauerstoffproduktion

(I). Blasenzähl-Methode: Isolierte Sproßspitzen kräftiger Wasserpest-Pflanzen werden mit der Schnittstelle nach oben in ein offenes Gläschen geschoben (Abb. 8.11 A). Zur Demonstration der CO_2-Abhängigkeit der O_2-Abgabe werden 2 Medien verwendet: reines H_2O und eine Kaliumhydrogencarbonat-Lsg. ($KHCO_3$, 10 mmol/l). Beide Inkubationsmedien werden auf 80 °C erhitzt und rasch auf Eis abgekühlt (25 °C; mit

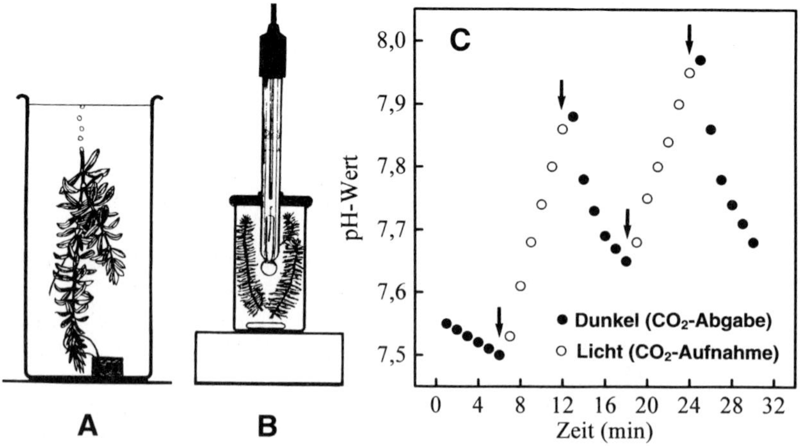

Abb. 8.11: Photosynthese-Experimente mit Sprossen der Kanadischen Wasserpest. Nachweis der O_2-Produktion im Licht (A). Versuchsaufbau zur Demonstation des CO_2-Gaswechsels (B); Medium: $KHCO_3$-Lsg. (1 mmol/l). Änderung des pH-Werts des Mediums in Abhängigkeit von der Belichtung des Gläschens (Weißlicht, 300 µmol Photonen · m^{-2} · s^{-1}) (C). Pfeile 1/2/3/4: Licht/Dunkelheit/Licht/Dunkelheit.

Thermometer überprüfen) ⇒ Lsg. 1: CO_2-freies Wasser; Lsg. 2: CO_2-haltiges Wasser (2 $KHCO_3 \Leftrightarrow K_2CO_3 + CO_2 + H_2O$). Nach Zugabe der Medien und Bestrahlung der Versuchsansätze (Diaprojektor) kann eine CO_2-abhängige O_2-Produktion beobachtet werden (Austritt sauerstoffreicher Luftblasen). Durch Zählen der Blasen/min ist eine grobe Abschätzung der Photosyntheserate möglich (O_2-Abgabe/Zeit; je nach Schnittführung sehr variabel). Der photosynthetisch gebildete Sauerstoff kann z.B. mit einem Trichter (+ aufgesetztem Reagenzglas) leicht aufgefangen und nachgewiesen werden (glimmender Holzspan flammt auf). Unter Verwendung des Versuchsaufbaus Abb. 8.11 A (+ CO_2) ist es außerdem möglich, die Abhängigkeit der Photosyntheserate (Blasen/min) von der Lichtquantität (Photonenfluß) und -qualität (Farbfilter: blau/grün/gelb/rot) zu analysieren. Da die „Blasenzählmethode" jedoch relativ ungenau ist, sind diese Experimente nur von begrenzter Aussagekraft.

(II). Indigocarmin-Methode: Der photosynthetisch gebildete Sauerstoff kann auch mit Hilfe eines Farbstoffes nachgewiesen werden. Wir verwenden das gelegentlich in der Wollfärberei eingesetzte wasserlösliche Indigocarmin ($C_{16}H_8N_2Na_2O_8S_2$, Indigosulfonsaures Natrium). Das blaue Pulver wird in Wasser (+ $KHCO_3$, 10 mol/l, s.o.) gelöst; Farbstoffkonzentration: 10 mg/200 ml H_2O. Die hellblaue Lösung wird nun mit dem Reduktionsmittel Natriumdithionit ($Na_2S_2O_4$, Konz: 0,5g /50 ml) vorsichtig unter Rühren titriert, bis der Farbstoff vollständig gelb ist (reduziertes Leuco-Indigocarmin). Zwei Gläschen werden mit je einem *Elodea*-Sproß bestückt und die gelbe Leuco-Indigo-Lsg. bis zum Rand eingefüllt (s. Abb. 8.11 A). Die Gläschen werden nun mit fest sitzenden Plastikdeckeln luftblasenfrei verschlossen und wie folgt behandelt: Ansatz 1: Licht; Ansatz 2: Dunkelheit. Im belichteten Gläschen kann nach 2 – 3 min eine Blaufärbung der gelben Lsg. im Vergleich zur abgetöteten Kontrolle beobachtet werden: Leuco-Indigocarmin [gelb] + O_2 → Indigocarmin [blau]. In Dunkelheit unterbleibt die Reaktion, da kein Sauerstoff gebildet wird.

B. Kohlendioxidaufnahme

Der in Abb. 8.11 A dargestellte Versuchsaufbau kann zum indirekten Nachweis der lichtabhängigen CO_2-Aufnahme (Assimilation) bzw. CO_2-Abgabe (Photorespiration, Zellatmung) modifiziert werden. Wir verwenden ein 25 ml-Rollrandgläschen, legen 3 *Elodea*-Sproßspitzen hinein und füllen $KHCO_3$-Lsg. ein (Konz.: 1 mmol/l; pH-Wert ~ 7,5 – 8,0). Mit einer im Fachhandel erhältlichen pH-Elektrode (Einstabmeßkette mit angeschlossenem Digital-Anzeiger) wird der pH-Wert der Lösung kontinuierlich gemessen. Spitze der Elektrode in eine Bohrung im Plastikdeckel stecken, Rollrandgläschen blasenfrei verschließen. Das Gläschen sollte zur raschen Einstellung der Gleichgewichts-Zustände mit einem kleinen Rührstab versehen und langsam durchmischt werden (Ansatz auf Magnetrührer stellen) (Abb. 8.11 B). Das von der Kaliumhydrogencarbonat-Lsg. freigesetzte CO_2 löst sich im Wasser, wobei in geringem Maße Kohlensäure (H_2CO_3) entsteht:

$$CO_2 + H_2O \Leftrightarrow H_2CO_3 \Leftrightarrow H^+ + HCO_3^-$$

Das luftdicht verschlossene Rollrandgläschen wird zunächst für 20 min in Dunkelheit gehalten (Gefäß mit Alufolie einschlagen) und der pH-Wert der Lösung in 1-min-Abständen gemessen (Zellatmung, d.h. CO_2-Abgabe der Sprosse). Resultat: pH-Wert fällt ab.

Bei Belichtung des Gläschens (Diaprojektor) wird der Außenlösung CO_2 entzogen (Assimilation der Sprosse, d.h. CO_2-Aufnahme). Resultat: Alkalisierung (pH-Wert steigt an). Nach erneuter Verdunkelung der Probe kommt die CO_2-Assimilation sofort zum Stillstand, während die Zellatmung weiterläuft (CO_2-Abgabe). Resultat: Ansäuerung des Mediums (pH-Wert sinkt wieder ab). Der rasche pH-Abfall während der ersten 3 min nach Verdunkelung ist auf die Photorespiration der Zellen der C3-Pflanze zurückführbar (*post-illumination CO_2-burst*). Bei wiederholtem Licht/Dunkel-Wechsel können diese Gaswechselprozesse (CO_2-Austausch) somit indirekt über pH-Änderungen des Außenmediums der *Elodea*-Sprosse verfolgt werden (Abb. 8.11 C).

8.7 Experimente mit der polarographischen Sauerstoffelektrode

Neben der Infrarot-Gasanalyse zur Quantifizierung der CO_2-Assimilationsrate (Abb. 8.2) hat sich die in Kapitel 7.5 beschriebene CLARK-Elektrode als Methode zur Bestimmung der photosynthetischen O_2-Produktion bewährt. Im Gegensatz zum erstgenannten Verfahren, das zur Gaswechselmessung an ganzen Blättern entwickelt wurde, muß zur polarographischen Bestimmung der Photosynthese ein grünes Blattsegment (oder eine Blattscheibe) isoliert und dann in CO_2-haltigem, an Sauerstoff verarmtem Wasser inkubiert werden. Wird die Meßkammer belichtet, so steigt der O_2-Gehalt des Wassers an, bis der Sättigungswert von 100 % erreicht wird. In Kapitel 7.5 ist die hier verwendete Apparatur beschrieben sowie ein entsprechendes Experiment mit Roggenkeimlingen dargestellt (s. Abb. 7.9 und 7.11, S. 67 u. 69).

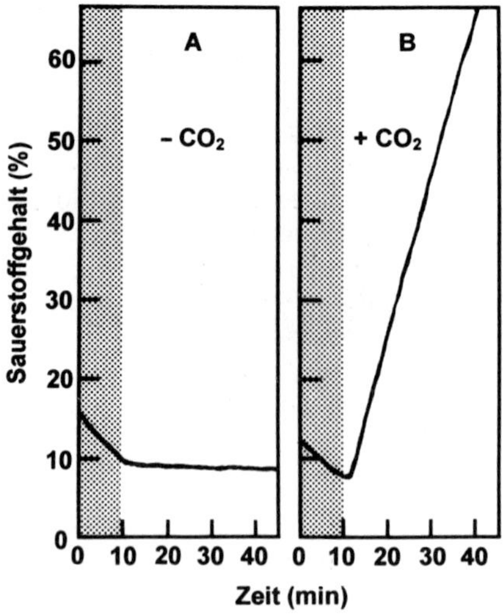

Abb. 8.12: Demonstration der lichtabhängigen O_2-Produktion mit der polarographischen Sauerstoffelektrode. Zwei ausgestanzte Blattscheiben (Kapuzinerkresse) wurden in der Meßkammer der Apparatur inkubiert (s. Abb. 7.9, S. 67). Medien: abgekochtes Wasser (– CO_2) (A); Kaliumhydrogencarbonat-Lsg. (10 mmol/l, + CO_2) (B). Graue Bereiche: Dunkelheit; helle Bereiche: Weißlicht (80 µmol Photonen · m^{-2} · s^{-1}).

A. Photosyntheserate, Lichtkompensationspunkt

Zur Quantifizierung der Photosyntheserate ist es notwendig, die bestrahlte Blattfläche (Einheit: m^2) zu kennen. Isolierte Blattscheiben frischer Blätter der Kapuzinerkresse sind geeignete Versuchsobjekte (s. Abb. 8.4). Zwei Blattscheiben (Durchmesser: 13 mm) werden ausgestanzt und in einer mit Wasser gefüllten Petrischale „entgast" (mit dem Daumen anhaftende Luftblasen entfernen). Die Blattscheiben werden in der Meßkammer in dest. Wasser (bzw. Kaliumhydogencarbonat-Lsg., 10 mmol/l) (± CO_2, s. Kapitel 8.6) inkubiert. In Dunkelheit sinkt der O_2-Gehalt des Wassers stetig ab (Zellatmung). Wird die Meßkammer mit Weißlicht bestrahlt (Diaprojektor), so ist in CO_2-freiem Wasser ein konstanter O_2-Pegel zu beobachten. In Anwesenheit von CO_2 setzt im Licht eine O_2-Produktion ein (Abb. 8.12 A, B). Der Sauerstoffgehalt des Wassers steigt rasch an und erreicht je nach Photonenfluß bald den Sättigungswert (100 % O_2). Die hier demonstrierte Abhängigkeit der photosynthetischen O_2-Produktion vom CO_2-Angebot legt den Schluß nahe, daß der Sauerstoff aus dem Kohlendioxid stammt („Zersetzung der Kohlensäure im Licht"). Experimente mit isolierten Chloroplasten-Fragmenten (HILL-Reaktion, s.u.) haben jedoch gezeigt, daß die O_2-Moleküle durch Photolyse des Wassers freigesetzt werden (s. Abb. 8.1 und 8.14). Aus der in Abb. 8.12 B dargestellten Kinetik der O_2-Abgabe (Steigung der Geraden) kann die Photosyntheserate berechnet werden. Beispiel: Durchmesser der 2 Blattscheiben: 13 mm, d.h. Gesamtfläche: 0,000264 m^2; Photonenfluß: 80 $\mu mol \cdot m^{-2} \cdot s^{-1}$ (Schwachlicht) ⇒ Photosyntheserate: ~ 3 $\mu mol\ O_2 \cdot m^{-2} \cdot s^{-1}$ (24 °C).

Der Lichtkompensationspunkt der Photosynthese (K) ist definiert als derjenige Photonenfluß, bei dem die O_2-Aufnahme (Zellatmung) und die O_2-Abgabe (Photosynthese) im Gleichgewicht sind (Gaswechsel = Null) (s. Kapitel 2.2, Abb. 2.4, S.15). Unter Einsatz des in Abb. 12 B dargestellten Versuchsansatzes (+ CO_2) können wir die Größe K abschätzen. Der Photonenfluß wird in Stufen reduziert und die Steigungen der jeweili-

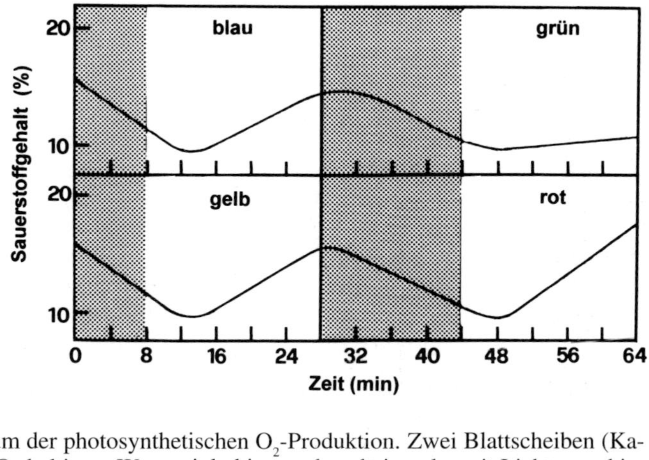

Abb. 8.13: Wirkungsspektrum der photosynthetischen O_2-Produktion. Zwei Blattscheiben (Kapuzinerkresse) wurden in CO_2-haltigem Wasser inkubiert und nacheinander mit Licht verschiedener Farben bestrahlt. Graue Bereiche: Dunkelheit.

gen Geraden aufgezeichnet (80/60/40/20/10/0 µmol · m^{-2} · s^{-1}). Für Sonnenblätter der Kapuzinerkresse liegt K im Bereich von ~ 20 µmol Photonen · m^{-2} · s^{-1} (waagerechte Kurve; sie entspricht etwa der in Abb. 12 A [– CO_2] dargestellten Kinetik).

B. Wirkungsspektrum der Photosynthese
Das in Abb. 8.5 dargestellte Freilandexperiment zeigt, daß grünes Licht photosynthetisch weitgehend unwirksam ist (geringe Stärkebildung). Mit der polarographischen Sauerstoffelektrode können wir durch Modifikation der Versuchsbedingungen ein grobes Wirkungsspektrum der photosynthetischen O_2-Produktion erstellen. Wie Abb. 8.12 B demonstriert, wird nach Bestrahlung der Blattscheiben mit Weißlicht in Anwesenheit von CO_2 eine rasche Sauerstoffentwicklung ausgelöst. Unter Verwendung von Farbfiltern, die man sich durch Einklemmen von gefärbter Polypropylen-Buchschutzfolie zwischen 2 Glasplättchen leicht selbst herstellen kann, wird eine Probe (= 2 Blattscheiben) nacheinander wie folgt bestrahlt: Dunkelheit (D)/blau/D/grün/D/gelb/D/rot. In Abb. 8.13 ist ein repräsentatives Resultat dargestellt. Es wird deutlich, daß die Lichtqualitäten blau, gelb und rot eine deutliche O_2-Produktion bewirken, während bei Bestrahlung mit Grünlicht nur eine geringe Photosyntheserate (= Steigung der Kurve) meßbar ist. Dieses Resultat stimmt mit unserem Freilandexperiment überein (Abb. 8.5).

Warum löst grünes Licht (λ ~ 500 – 600 nm) eine vergleichsweise schwache O_2-Produktion (bzw. Stärkebildung) aus? Zur Beantwortung dieser Frage betrachten wir das Absorptionsspektrum des intakten Blattes bzw. der isolierten Pigmente (Abb. 8.7). Es wird deutlich, daß die Photosynthesepigmente im grünen Spektralbereich ein Absorptionsminimum zeigen. Da die Photosynthese ein durch Licht angetriebener biochemischer Prozeß ist (Abb. 8.1), folgt, daß eine geringe Absorption von Photonen im mittleren Spektralbereich eine entsprechend geringe O_2-Produktion bzw. Stärkebildung verursacht: Absorptions- und Wirkungsspektrum stimmen weitgehend überein.

8.8 Photosynthese im Reagenzglas: Die Hill-Reaktion

Um die Teilprozesse der Photosynthese näher zu analysieren, ist es notwendig, die „Photosyntheseorganellen" (Chloroplasten) aus grünen Blättern zu isolieren und mit diesem artefiziellen System entsprechende *in vitro*-Experimente durchzuführen. Unter Verwendung von Chloroplastensuspensionen konnte 1957 gezeigt werden, daß die Photosynthese aus zwei Teilprozessen besteht: 1. *Thylakoidmembran*: lichtabhängige Bildung von Reduktionsäquivalenten (reduziertes Nicotinamid-adenindinucleotidphosphat, NADPH + H^+) und Adenosintriphosphat (ATP), gekoppelt mit einer Sauerstoffabgabe (Photolyse des Wassers) (= Lichtreaktion); 2. *Stroma* (membranfreie Grundsubstanz): Fixierung von Kohlendioxid (CO_2) und Reduktion des C-Atoms zum Kohlenhydrat (CH_2O) unter Verwendung der energiereichen Produkte der Lichtreaktion (NADPH + H^+, ATP) (= Calvin-Zyklus, Sekundär- oder Dunkelreaktion) (s. Abb. 8.1). Wir wollen hier eine einfache Version der von R. Hill (1937) erstmals beschriebenen *in vitro*-Reaktion durchführen (Lichtabhängige Reduktion eines künstlichen

Elektronenakzeptors unter Freisetzung von O_2 durch Photolyse des Wassers). Als HILL-Reagenz (= künstlicher Elektronenakzeptor, der anstelle des im Chloroplasten vorkommenden $NADP^+$ eingesetzt wird) können verschiedene reduzierbare Substanzen eingesetzt werden. Als klassisches „HILL-Reagenz" wird eine gelbe Kaliumferricyanid-Lsg. verwendet ($K_3\ Fe[CN]_6$; im Licht erfolgt eine Reduktion zu farblosem Kaliumferrocyanid + O_2; Übergang $Fe^{3+} \rightarrow Fe^{2+}$). Wir wollen hier einen blauen Farbstoff einsetzen, der unter Aufnahme von H-Atomen zu einer farblosen Verbindung reduziert werden kann: 2,6-Dichlorphenol-Indophenol (DCPIP):

$$\text{2,6 DCPIP (blau)} + H_2O \xrightarrow[\text{Thylakoid}]{h \cdot \nu} \text{2,6 DCPIPH}_2\ \text{(farblos)} + \tfrac{1}{2}\, O_2\uparrow$$

Diese *in vitro*-Reaktion kann ohne Einsatz eines Spektralphotometers beobachtet werden (Entfärbung). Aufgrund der starken Lichtabsorption von DCPIP ist die simultan ablaufende O_2-Entwicklung in der polarographischen Sauerstoffelektrode nur bei hoher Verstärkung des Signals meßbar.

Durchführung und Resultat

Zur Chloroplastenisolation verwenden wir ausgewachsene Blätter von Spinatpflanzen (*Spinacia oleracea*), die im Gewächshaus oder Freiland angezogen wurden (Abb. 8.14). Nach Entfernung der Mittelrippe werden kleine Blattstückchen geschnitten und in einer gekühlten Schale mit etwas Quarzsand zerrieben (15 g Blattmaterial + 50 ml Homogenisationsmedium, das aus Kaliumphosphatpuffer und Saccharose besteht: 0,1 mol/l KH_2PO_4/K_2HPO_4, pH 7,8; 0,4 mol/l Saccharose, 3 °C). Das Homogenat wird durch Mull gepreßt (4 Lagen). Der so gewonnene Saft wird abzentrifugiert (1 min bei 5000 x g) und der Überstand abgegossen. Der grüne Niederschlag (Pellet) besteht aus intakten Chloroplasten (Thylakoidmembranen und Stroma, umgeben von einer Hüllmembran). Um zerbrochene Chloroplastenfragmente (= Thylakoidmembranen ohne Stroma) zu er-

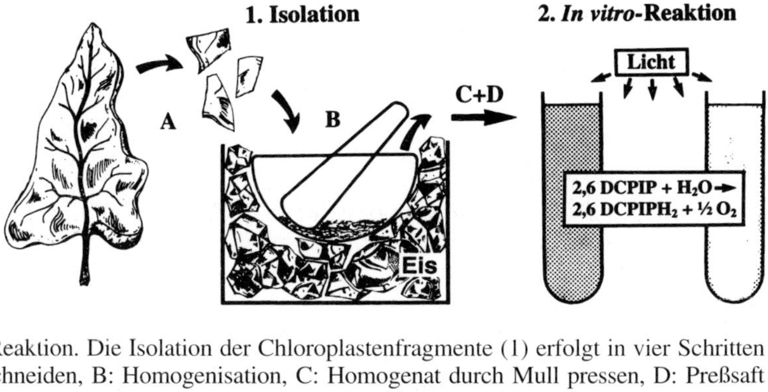

Abb. 8.14: HILL-Reaktion. Die Isolation der Chloroplastenfragmente (1) erfolgt in vier Schritten (A: Blattstücke schneiden, B: Homogenisation, C: Homogenat durch Mull pressen, D: Preßsaft abzentrifugieren und den Niederschlag [= Chloroplasten] in Phosphatpuffer resuspendieren). *In vitro*-Reaktion (2): Belichtung einer Lösung, die freie Thylakoidmembranen (= aufgebrochene Chloroplasten) und den blauen Farbstoff 2,6-Dichlorphenol-Indophenol (DCPIP) enthält.

halten, müssen die isolierten Organellen osmotisch aufgebrochen werden. Wir resuspendieren den Niederschlag in 5 – 8 ml kaltem Phosphatpuffer (ohne Saccharose). Im Lichtmikroskop können bei starker Vergrößerung Chloroplastenfragmente beobachtet werden. Die *Testreaktion* wird folgendermaßen durchgeführt: 0,5 ml Thylakoid-Suspension (grün) + 5 ml kalter Phosphatpuffer (farblos) ergibt hellgrüne Lösung. Zugabe von 0,5 ml DCPIP-Lsg. (1 mmol/l, dunkelblau). Ansatz 1: starkes Weißlicht: blau → hellgrün (Reduktion von DCPIP zu $DCPIPH_2$, Dauer: 3 – 5 min, s. Abb. 8.14); Ansatz 2: Dunkelheit: blau → blau (keine Reduktion). Daraufhin wird Ansatz 2 ins Weißlicht gestellt: blau → hellgrün (Reduktion). Zum Abschluß führen wir das folgende *Kontrollexperiment* durch: 0,5 ml DCPIP-Lsg. + 5,5 ml Phosphatpuffer (= blaue Lsg. ohne Thylakoidmembranen): Zugabe einer Spatelspitze von Natriumdithionit ($Na_2S_2O_4$) ⇒ chemische Reduktion von DCPIP (blau) zu $DCPIPH_2$ (farblos).

8.9 Experimente zur Wirkung von Photosynthese-Herbiziden

Neben den in Kapitel 10 (Phytohormone) besprochenen Wuchsstoff-Herbiziden werden in der Praxis auch Unkrautvernichtungsmittel verwendet, die direkt oder indirekt die Photosynthese der auf Agrarflächen ungewünschten Pflanzen blockieren. Wir wollen uns hier auf zwei Beispiele beschränken.

A. Hemmstoffe von Photosystem II: Die Verbindung 3,4-Dichlorphenyl-dimethylharnstoff (DCMU = Diuron) ist Bestandteil zahlreicher käuflicher Herbizide. Das Molekül hemmt spezifisch den Elektronen-Abtransport in PSII auf der Thylakoidmembran (s. Abb. 8.1), wodurch die O_2-Produktion sowie die CO_2-Fixierung rasch zum Stillstand kommen. Wir stellen eine DCMU-Stammlsg. her (1 mmol/l; Pulver in Methanol lösen, 1/10 mit H_2O verdünnen). Durch Zugabe von DCMU-Lsg. (1 – 10 µmol/l) kann die photosynthetische O_2-Produktion, die CO_2-Aufnahme sowie die HILL-Reaktion vollständig gehemmt werden (s.Abschnitte 8.6, 8.7, und 8.8).

B. Hemmstoffe der Pigmentsynthese: Das Herbizid Norflurazon (= Zorial) blockiert die Carotinoid-Biosynthese innerhalb der Chloroplasten der Zellen. Wir stellen eine Norflurazon-Stammlsg. her (1 mmol/l; Pulver in etwas Methanol lösen, + H_2O). Werden Keimlinge, wie z.B. Senf (*Sinapis alba*), auf Filterpapier (± 10 µmol/l Norflurazon) im Licht angezogen, so entstehen in Anwesenheit des Herbizids carotinoidfreie Individuen, die aufgrund der Photooxidation der Chlorophylle pigmentfreie (weiße) Blätter haben (künstliche Chlorose). Die photosynthetisch inaktiven Keimlinge sterben im Licht bald ab.

8.10 Vergleich: C3- und C4-Pflanzen

Bei über 90% der höheren Pflanzen erfolgt die Fixierung der CO_2-Moleküle innerhalb ein und desselben Zell- und Chloroplastentyps, wobei als erstes stabiles Assimilationsprodukt eine aus 3 C-Atomen aufgebaute Verbindung entsteht (Glycerat-3-Phosphat). Da das Schlüsselenzym der Kohlendioxid-Fixierung (Ribulose-1,5-bisphosphat-Carboxylase/Oxygenase, = Rubisco) nicht nur CO_2, sondern auch O_2-Moleküle binden kann, setzt im belichteten Blatt der C3-Pflanze ein Konkurrenzprozeß ein: die Photorespiration (O_2-Aufnahme im Licht via Rubisco unter Freisetzung von CO_2 und NH_3). Durch diesen Nebenweg der CO_2-Assimilation ist die Photosyntheserate der C3-Pflanze unter Normalbedingungen (Luft: 21 % O_2, 0,035 % CO_2) um 30 – 50 % geringer als sie theoretisch (d.h. durch Unterdrückung der Photorespiration) sein könnte.

Im Verlauf der Evolution der Landpflanzen entwickelten sich aus dem ursprünglichen „C3-Grundmodell" innerhalb verschiedener Pflanzenfamilien zwei Photosynthesetypen, die an den geringen CO_2- und hohen O_2-Gehalt der Luft angepaßt sind: wir bezeichnen diese Organismen als C4- und CAM-Pflanzen (s.u.). Das erste stabile Assimilat der C4-Pflanzen, die im folgenden besprochen werden, ist die aus 4 C-Atomen bestehende Verbindung Oxalacetat. In den Blättern der C4-Pflanzen wird die CO_2-Konzentration durch eine Interaktion von 2 Zelltypen (Mesophyll- und Bündelscheidenzellen) in der Stroma-Region der Chloroplasten (Region um Rubisco) erhöht. Durch diese „CO_2-Pumpe" wird die Photorespiration unterdrückt: die Photosyntheserate der C4-Pflanzen ist daher deutlich höher als beim „C3-Grundtyp". In Europa wird seit dem 17. Jh. der aus Südamerika stammende Mais (*Zea mays*) angebaut. Diese repräsentative C4-Pflanze ist speziell an trockene, warme, durch hohe Photonenflüsse gekennzeichnete Standorte angepaßt. Anhand eines Langzeitexperiments und mikroskopischer Untersuchungen wollen wir im folgenden die „CO_2-Pumpe" im Blatt der Maispflanze kennenlernen.

Durchführung und Resultat

Repräsentative C3- und C4-Pflanzen (z.B. Gerste, Mais) werden in Plastikdosen auf sterilem Medium angezogen (Vermiculit + ½ Hoagland-Nährlsg., s. Kapitel 11). Je

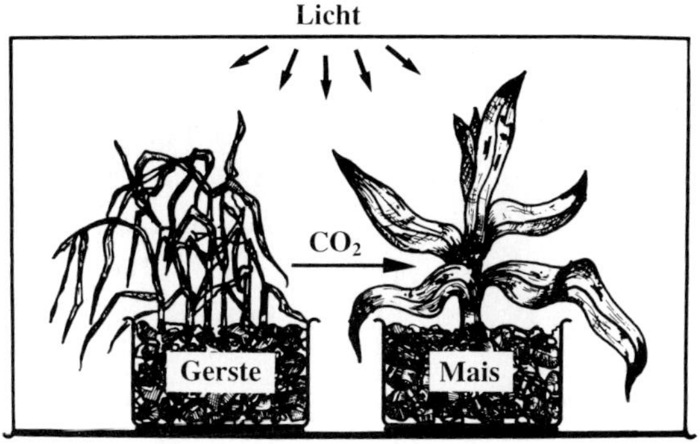

Abb. 8.15: Demonstration der Wirkung der „CO_2-Pumpe" in den Blättern einer Maispflanze. Zwei Wochen alte C3-und C4-Pflanzen (Gerste, Mais) wurden in einen luftdicht verschließbaren Glasbehälter gestellt (+ Licht). Die C3-Pflanze stirbt bald ab (braune Blätter), während die C4-Pflanze bei sinkendem CO_2-Gehalt der Luft weiterhin Kohlendioxid assimiliert (grüne Blätter).

eine Dose mit Gerste- und Maispflanzen, die im Tag/Nacht-Rhythmus heranwuchsen, wird in ein luftdicht verschließbares Glasgefäß gestellt (z.B. Chromatographie-Tank) und künstlichem Dauer-Weißlicht ausgesetzt (Photonenfluß > 400 µmol · m^{-2} · s^{-1}) (Abb. 8.15). Unter diesen Bedingungen wird das CO_2 der eingeschlossenen Luft bald zum limitierenden Faktor. Die C3-Pflanze stellt das Wachstum ein und stirbt langsam ab (braune Blätter), d.h. sie zeigt die bereits dargestellten typischen CO_2-Mangelsymptome (s. Abb. 8.10). Die C4-Pflanze (Mais) wächst noch einige Zeit weiter und bleibt grün. Aufgrund der „CO_2-Pumpe" der Blätter akkumuliert die Maispflanze bei sinkendem CO_2-Gehalt der Luft stetig Kohlendioxid, einschließlich der von der C3-Pflanze via Photorespiration und Zellatmung freigesetzten CO_2-Moleküle. Unser „CO_2-Konkurrenzexperiment" zeigt somit, daß die Maispflanze bei geringem CO_2-Angebot der C3-Pflanze überlegen ist.

Im zweiten Teil des Experiments untersuchen wir den anatomischen Bau der Laubblätter. Unter Einsatz einer speziellen Schneidetechnik ist es leicht möglich, Blatt-Querschnitte zu erhalten (Abb. 8.16). Hierzu werden schmale Blattstücke auf einem Objektträger unter ein Deckglas gelegt. Mit einer halbierten Rasierklinge schneiden wir nun rasch eine Serie dünner Querscheibchen ab. Die wurmförmigen Schnitte werden in einen Tropfen Wasser überführt, mit einem Deckglas abgedeckt und im Lichtmikroskop betrachtet. An einigen Stellen sind die Präparate im Querschnitt zu beobachten. Wir zeichnen je einen Blattquerschnitt (Abb. 8.17). Das Blatt der C3-Pflanze besteht aus der Epidermis (mit Stomata), den Leitbündeln und dem grünen, photosynthetisch aktiven Mesophyll (= 1 Zelltyp). Der Bau des C4-Blattes ist komplizierter (Kranzanatomie), die Leitbündel sind von einer Schicht relativ großer, blasenförmiger Zellen umschlossen (Leitbündelscheide). Durch biochemische Kooperation der Mesophyll- und Bündelscheidenzellen (= 2 Zelltypen) wird eine Akkumulation an CO_2-Molekülen im inneren Zellkranz erreicht und somit die O_2-abhängige Photorespiration unterdrückt.

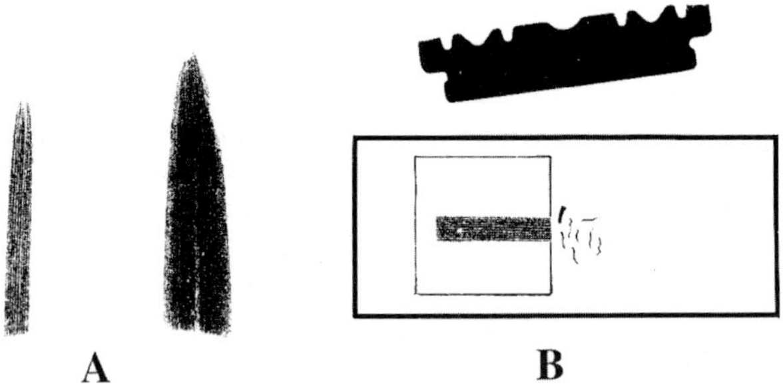

Abb. 8.16: Methode zur Gewinnung von Blattquerschnitten. Spitzen der Blätter von C3- und C4-Pflanzen (Gerste, Mais) (A). Ein etwa 5 mm breites Blattsegment wird unter ein Deckglas geklemmt und mit einer halbierten Rasierklinge zerschnitten (B).

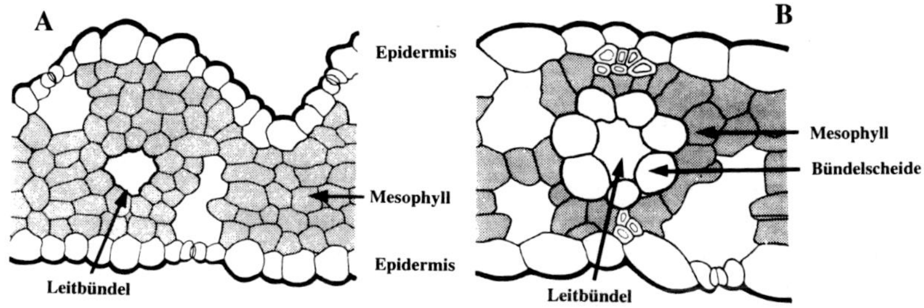

Abb.8.17: Querschnitte durch die Blätter von C3- und C4-Pflanzen (A, Gerste) (B, Mais). Mesophyll- und Bündelscheidenzellen bilden die Grundlage der „Kranzanatomie" des Laubblattes der Maispflanze. (Nach Lichtenthaler, H. & Pfister, K.: Praktikum der Photosynthese. Quelle & Meyer, Heidelberg, 1978.)

8.11 Diurnaler Säurerhythmus bei CAM-Pflanzen

Zur Ermöglichung des Überlebens auf extrem warmen, trockenen Standorten entwickelte sich während der Evolution neben dem C4-Weg bei einigen Pflanzengruppen ein spezieller, mit der Photosynthese in Beziehung stehender Säurestoffwechsel. Da dieser u.a. bei Vertretern der Crassulaceen ausgebildet ist, werden die entsprechenden Organismen unter der Bezeichnung CAM-Pflanzen zusammengefaßt (Crassulacean Acid Metabolism). In diese Gruppe gehören neben verschiedenen Kakteen-Arten insbesondere Stamm- und Blattsukkulenten (wasserspeichernde, dickblättrige Pflanzen). Der CAM-Weg der Photosynthese kann wie folgt zusammengefaßt werden. *Nacht*: Stomata offen, CO_2-Aufnahme und -fixierung; Speicherung des Kohlenstoffs in Form der C4-Verbindung Malat (= Apfelsäure) in der Zentralvacuole der Mesophyllzellen der Blätter. *Tag*: Stomata weitgehend geschlossen (Transpirationsschutz), Export von Malat aus der Zentralvacuole ins Cytoplasma; Freisetzung von CO_2 durch Decarboxylierung des Malats; CO_2-Fixierung via Rubisco in den Chloroplasten der Zellen. Aufgrund der Malat-Akkumulation bzw. Decarboxylierung sind typische Änderungen im pH-Wert des Zellsaftes zu beobachten.

Ein einfaches Experiment zur Demonstration dieses diurnalen Säurerhythmus der CAM-Pflanzen (= Ansäuerung des Vacuolensaftes aufgrund der Malat-Akkumulation in der Nacht/Alkalisierung infolge des Malat-Abbaus am Tag) ist in Abb. 8.18 dargestellt. Eine dickblättrige CAM-Pflanze (z.B. verschiedene *Kalanchoe* oder *Bryophyllum*-Arten) dient als Versuchsobjekt. Jeweils 5 abgeschnittene Blätter werden in eine Plastikdose gelegt und folgendermaßen inkubiert:

A: Kalte Nacht: Dose mit Alufolie einschlagen (Dunkelheit), für 24 h in den Kühlschrank stellen (5 °C). B: Warmer Tag: Dose mit Klarsichtdeckel versehen, für 24 h in hellem Dauer-Weißlicht halten (25 °C).

Die Auswertung erfolgt 1. durch Anfertigung von Flächenschnitten der unteren Blatt-Epidermis und mikroskopischer Beobachtung der Stomata und 2. durch

Zerschneiden/Zermörsern der Blätter, Abzentrifugation und pH-Wert-Bestimmung des Überstandes (Zellsaft bzw. Vacuoleninhalt). Bei Ansatz A beobachten wir offene Stomata und messen einen pH-Wert von ~ 3,8 – 4,0 ; in Ansatz B sind die Poren geschlossen, während der pH-Wert um mindestens eine Einheit höher liegt (~ 5,0 – 5,2).

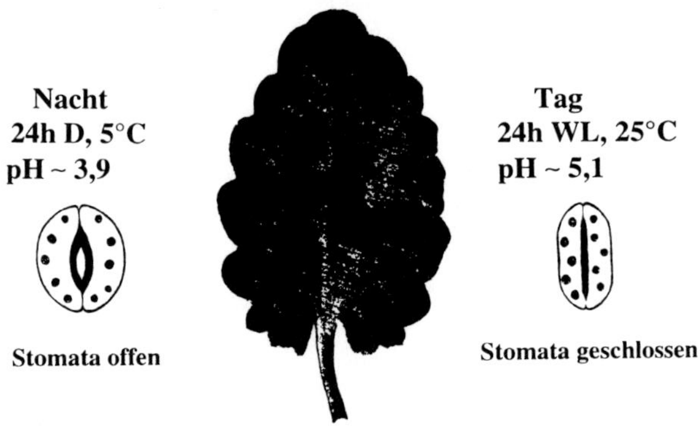

Abb. 8.18: Nachweis des diurnalen Säurerhythmus im Laubblatt der CAM-Pflanze *Kalanchoe laxiflora*. Die pH-Angaben des Zellsaftes in der Nacht (24 h, Dunkelheit, Kälte) und am Tag (24 h Weißlicht, Wärme) sind Durchschnittswerte.

9 Wachstum und Entwicklung

Pflanzen werden auch als Gewächse bezeichnet, weil sie, im Gegensatz zu den meisten Tieren, noch als vollständig entwickelte (adulte) Organismen bis kurz vor ihrem Tod stetig wachsen (z.B. Blattaustrieb an „ausgewachsenen" Bäumen im Frühjahr). Wir definieren den Begriff *Wachstum* als irreversible Volumenzunahme der Organe der Pflanze, wobei in der Regel die Frischmasse proportional zur Organgröße ansteigt. Das Wachstum ist auf eine entsprechende Volumenzunahme der Zellen zurückführbar. Wie Abb. 9.1 zeigt, entstehen die Zellen in den Bildungsgeweben (Meristeme) der Pflanze (Zell-Reproduktion). Die gebildeten Zellen strecken sich durch Vacuolisierung und Wasseraufnahme unter plastischer (irreversibler) Dehnung der Primärwände in die Länge (Zellstreckung). Anschließend werden die ausgewachsenen Zellwände durch Vernetzung der Polymere und Auflagerung sekundärer Celluloseschichten mechanisch verfestigt (Ausdifferenzierung).

Die quantitative Volumenzunahme der wachsenden Organe ist häufig mit qualitativen Veränderungen in der Struktur und Funktion der ursprünglich gleichartigen Zellen verbunden. Diese Prozesse werden als *Differenzierung* bezeichnet. Unter dem Überbegriff *Entwicklung* werden beide Teilaspekte, d.h. Wachstum (Volumenzunahme) und Differenzierung (Spezialisierung der Zellen), zusammengefaßt. Die hier beschriebenen Experimente werden mit Keimlingen durchgeführt, wobei repräsentative Nutzpflanzen ausgewählt wurden.

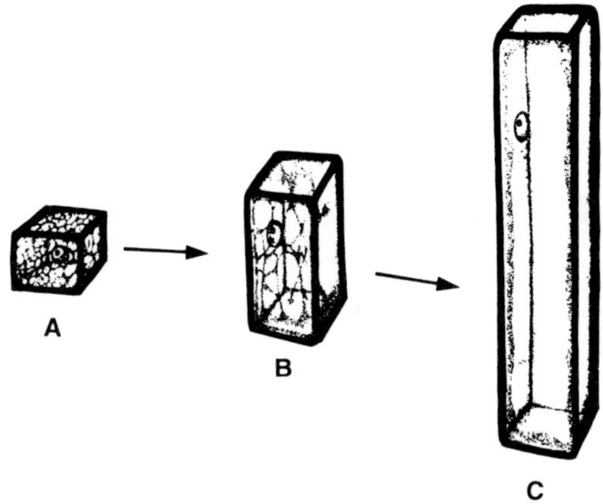

Abb. 9.1: Zellwachstum. Junge, isodiametrische Zelle, die im Meristem gebildet wurde (A), Zellstreckung (B), ausgewachsene Zelle (C). (Nach WENT, F.W.: Die Pflanzen. Time Life Int., 1963.)

9.1 Die Entwicklung einer Keimpflanze im Tag/Nacht-Rhythmus

Unter natürlichen Umweltbedingungen ist die Pflanze dem Tag/Nacht-Rhythmus ausgesetzt. Wir wollen daher mit Beobachtungen und Experimenten zur pflanzlichen Entwicklung beginnen, bei denen die Versuchsobjekte im Licht/Dunkel-Wechsel heranwachsen. Als repräsentative zweikeimblättrige Nutzpflanze verwenden wir die Sonnenblume (*Helianthus annuus*). Etwa 50 Achänen werden für 10 min in Wasser vorgequollen und dann in feuchtem Vermiculit ausgesät (s. Kapitel 2). Die mit einem durchsichtigen Deckel versehenen Anzuchtdosen sollten an einem Fenster oder in einer Klimakammer (12 h Weißlicht/ 12h Dunkelheit) untergebracht werden (20 – 25 °C). Wir bereiten 5 Ansätze vor (Aussaat: 5./4./3./2./1. Tag vor Versuchsbeginn). Jeder Teilnehmer des Praktikums entnimmt den 5 Anzuchtdosen jeweils 3 Keimlinge von durchschnittlicher Größe. Nach Abwaschen des Vermiculits können wir die in Abb. 9.2 dargestellte Entwicklungsreihe zusammenstellen (Keimlinge in einer mit etwas Wasser versehenen geschlossenen Plastikdose aufbewahren). Die Auswertung kann z.B. wie folgt durchgeführt werden:

A. Beschreibung der Entwicklung
Wir fertigen möglichst naturgetreue Zeichnungen an. Die Keim- oder Primärwurzel der jungen Pflanze bildet einen dichten „Haarpelz" aus (Abb. 9.2 A – C). Diese aus einzelnen Wurzelepidermis(= Rhizodermis)-Zellen durch Spitzenwachstum entstandenen Wurzelhaare dienen primär der Absorption der im Boden vorhandenen H_2O-Moleküle (Kapillarwasser; mit Wasserdampf gesättigte Lufträume). Ab dem 4. d nach Aussaat wachsen im oberen Drittel der Keimwurzel Seitenwurzeln aus, die der Oberflächenvergrößerung des Wurzelsystems sowie der stabilen mechanischen Verankerung des Keimlings dienen (ohne Seitenwurzeln würde die junge Pflanze umkip-

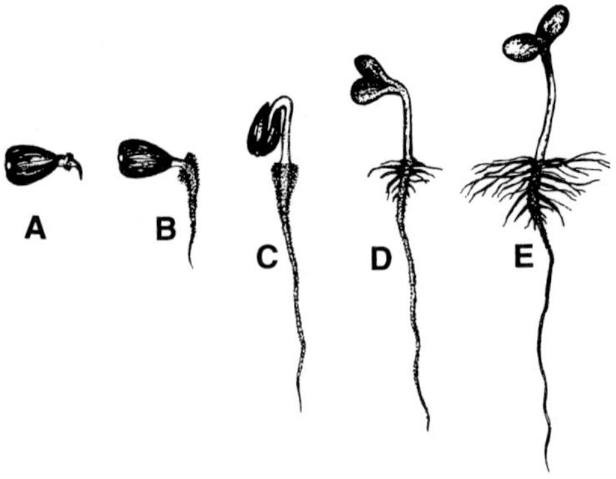

Abb. 9.2: Entwicklung der Sonnenblume im Tag/Nacht-Rhythmus (12 h Licht/12 h Dunkelheit, 25 °C). Die Keimlinge wuchsen in feuchtem Vermiculit (H_2O) in geschlossenen Plastikdosen heran. A, B, C, D, E: 1, 2, 3, 4 und 5 d nach Aussaat. (Zeichnung: J. SCHAKE.)

pen). Gleichzeitig wächst der Keimstengel (Hypocotyl) aus. Der eingekrümmte Hypocotylhaken (U-förmiger Abschnitt unterhalb der Keimblätter) ist zunächst noch geschlossen (Abb. 9.2 C). Er öffnet sich langsam unter der Wirkung des Lichts; gleichzeitig wird die Samenschale (Testa + Pericarp) abgestreift. Die Keimblätter (Cotyledonen) entfalten sich und ergrünen (Abb. 9.2 C – E).

B. Experiment zur Funktion der Wurzelhaare
Der in feuchter Atmosphäre entlang der Keimwurzel entstandene „Haarpelz" dient der Oberflächenvergrößerung des Organs (Maximierung der H_2O-Aufnahmekapazität). Die Fähigkeit der Wurzelhaare, Wassermoleküle aus der Umgebung aufzunehmen, kann leicht demonstriert werden. Wir verwenden eine Lösung des Vitalfarbstoffes Neutralrot (0,5 g/l); diese Substanz wird von den Vacuolen lebender Zellen aufgenommen und dort gespeichert. Nach Zugabe eines Tropfens dringt die Flüssigkeit rasch bis zur Basis der Wurzelhaare vor. Dieser Prozeß kann im Lichtmikroskop beobachtet werden (längs halbierte Primärwurzeln in Neutralrot-Lösung inkubieren).

C. Quantitative Auswertung
Die Keimlinge werden nach Abziehen der Samenschale in die 3 Grundorgane (Keimblätter, Hypocotyl [mit Haken] und Wurzel) getrennt. Wir ermitteln jeweils die Frisch- und Trockenmassen der Proben (s. Kapitel 5.1). Die Daten (Mittelwerte von je 3 Pflanzen) werden gegen die Zeit nach Aussaat (d) aufgetragen. Die so erhaltenen Wachstumskinetiken können auf verschiedene Art und Weise interpretiert werden (z.B. Berechnung der Steigung, d.h. Frischmassenzunahme/Zeit; Ermittlung des Verhältnisses der Trockenmassen von Sproß/Wurzel während der Entwicklung).

9.2 Die Teilprozesse des Zellwachstums

Wie in der Einleitung dieses Kapitels bereits dargelegt wurde, kann das Wachstum der Pflanzenzelle in drei Teilprozesse unterteilt werden (1. Zell-Reproduktion im Meristem; 2. Expansion der gebildeten Zellen durch Wasseraufnahme in der Streckungszone des Organs; 3. Ausdifferenzierung nach Erreichen der Endgröße). Unter Einsatz immuncytochemischer Methoden konnten die Apicalmeristeme des Sonnenblumenkeimlings identifiziert und bezüglich ihrer Aktivität charakterisiert werden. Mit einem Lichtmikroskop können Zellen, die sich in einem der drei oben genannten Entwicklungsstadien befinden, beobachtet werden.

A. Wurzel
Wir verwenden ~ 1 cm lange Primärwurzeln 2 d alter Keimlinge (Abb. 9.2 B). Die abgeschnittenen Organe werden längs halbiert. Das etwa 1,5 mm lange Apicalmeristem ist oberhalb der Wurzelhaube (Calyptra) angeordnet und besteht aus isodiametrischen, mit Cytoplasma ausgefüllten, nicht vacuolisierten Zellen (Abb. 9.3 A). Oberhalb des Meristems nimmt die Länge der Zellen entlang der Organachse zu (Zellstreckungszone, Abb. 9.3 B). Nach Erreichen der Endlänge entstehen aus spezi-

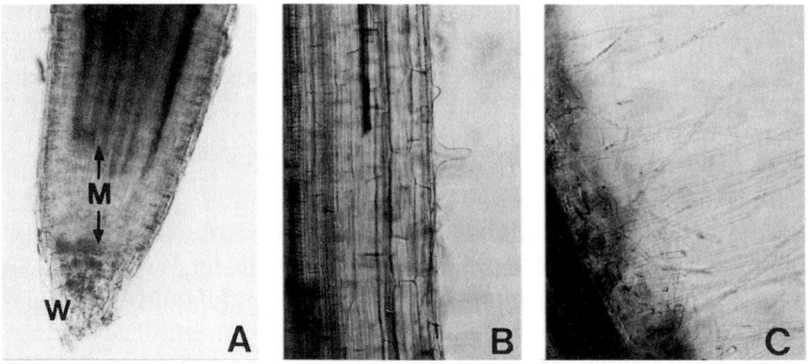

Abb. 9.3: Primärwurzel eines 2 d alten Sonnenblumenkeimlings. Wurzelspitze (A), oberes Ende der Zellstreckungszone mit auswachsenden Wurzelhaaren (B), Differenzierungszone mit voll entwickelten Wurzelhaaren (C). W = Wurzelhaube (Calyptra), M = Apicalmeristem (x 40).

ellen Rhizodermiszellen (Trichoblasten) durch Spitzenwachstum die Wurzelhaare (Differenzierungszone, Abb. 9.3 B – C).

B. Hypocotyl

Sonnenblumenkeimlinge, die in Dunkelheit angezogen wurden (4 d, 25 °C) und einen geschlossenen Hypocotylhaken aufweisen, werden dem Vermiculit entnommen. An der Wurzelansatzstelle wird der Sproß abgetrennt und wie folgt analysiert (Abb. 9.4). Das Meristem ist in der Hakenregion lokalisiert. Mit einer spitzen Pinzette ziehen wir von der Seite des Hakens einen Epidermisstreifen ab (s. Abb. 5.11, S. 45). Wir betrachten die isodiametrischen, nicht vacuolisierten Epidermiszellen im Lichtmikroskop (Größe: ~ 30 x 20 µm). Bei entsprechender Beleuchtung können entstehende Zellplatten (Cytokinese-Stadien) erkannt werden. Die Zellstreckungszone liegt in der oberen Hälfte des Hypocotyls. Die Zellgröße nimmt von ~ 80 x 20 µm bis zum Wert 220 x 20 µm zu (Mitte des Keimstengels). Das untere Drittel des Hypocotyls besteht aus Zellen, die ihre Endgröße erreicht haben (~ 240 x 25 µm) und durch Verfestigung der Zellwände zur mechanischen Stabilität der jungen Pflanze beitragen (Differenzierungszone).

9.3 Lokalisation der Streckungszonen

Um herauszufinden, in welchem Bereich eines wachsenden Organs die Zellstreckungszone liegt, gibt es im Prinzip zwei Methoden.

A. Bestimmung der Zellgrößen

Durch Ermittlung der Längen (und Breiten) der Zellen entlang der Organachse kann eine Region identifiziert werden, innerhalb derer die Zellänge stetig zunimmt, bis ein konstanter Endwert erreicht ist (= Zellstreckungszone). Dieses Verfahren ist relativ aufwendig und ist in Abschnitt 9.2 dargestellt (s. Abb. 9.4).

Abb. 9.4: Teilprozesse des Zellwachstums im Hypocotyl eines 4 d alten etiolierten Keimlings der Sonnenblume. 1. Zellteilung im Meristem (Haken), 2. Zellstreckung, 3. Ausdifferenzierung (die Zellen haben eine konstante Endlänge erreicht).

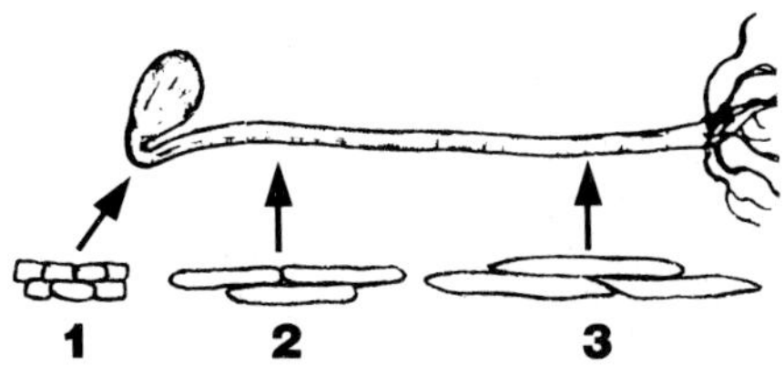

B. Markierungsexperiment
Eine erstmals von J. SACHS (1882) entwickelte alternative Methode hat sich bis heute bewährt und soll daher im folgenden beschrieben werden (Abb. 9.5). Als Versuchsobjekte eignen sich z.B. 5 d alte, im Licht/Dunkel-Wechsel angezogene Keimlinge der Sonnenblume (Hypocotyl) oder 1 – 2 d alte Keimlinge der Ackerbohne (*Vicia faba*) (Wurzel). Die Organachse wird mit Hilfe von Farbmarkierungen in Zonen eingeteilt (Hypocotyl: 5 mm-/Wurzel: 1 mm-Bereiche). In den hier dargestellten Fällen kann dies bei Tageslicht geschehen. Nach einer Wachstumsphase von 24 h erfolgt die Auswertung. Mit Hilfe eines Lineals bestimmen wir die Endlängen der markierten Zonen. Nach Abzug der Anfangslänge erhalten wir den Zuwachs pro Zeit (Δ L/Δ t: x mm/24 h). Wir können somit die Region der maximalen Zellstreckung ermitteln (lineare Wachstumsphase). Um das Hypocotyl bzw. die Wurzel zu markieren, entnehmen wir die Keimpflanze dem Anzucht-Substrat (Vermiculit [Sonnenblume] bzw. feuchte Schaumstoff-Blöckchen [Ackerbohne]), legen eine mm-Skala an (Lineal) und tragen mit einem spitzen, dünnen Pinsel feine Punkte oder Striche auf. Hierzu eignen sich die in Kosmetik-Fachgeschäften erhältlichen „Liquid Eyeliners" besonders gut. Die ungiftige dunkle Farbemulsion kann mit dem beigefügten feinen Pinsel in definierten Abständen aufgetragen werden. Danach werden die markierten Pflanzen in Vermiculit gepflanzt (Sonnenblume) bzw. in einer feuchten Kammer mit Nadeln befestigt (Ackerbohne). Repräsentative Ergebnisse sind in Abb. 9.5 A, B dargestellt.

9.4 Entwicklung der Stomata

Die Epidermis der oberirdischen Organe der Landpflanze ist von einer für Wasser und CO_2 weitgehend undurchlässigen Cuticula abgedeckt. Zur Ermöglichung des Gasaustauschs mit der Umgebung enthält die Epidermis winzige, verschließbare Poren, die von zwei (oder mehreren) spezialisierten Zellen umgeben sind. Die morphologische Einheit aus 2 Schließzellen und der Pore wird als Spaltöffnung (Stoma) bezeichnet. Unter Verwendung unserer im Tag/Nacht-Rhythmus angezogenen Sonnenblumenkeimlinge (Abb. 9.2, 9.5 A) können wir die Entwicklung der Stomata im Hypocotyl beobachten. Wir verwenden 6 – 7 d alte, ergrünte Keimpflanzen mit geöffnetem Hypocotylhaken. Aus der Region direkt unterhalb des Ansatzes der Cotyledonen (s.Abb. 9.5 A) schneiden wir ein 5 – 8 mm langes Hypocotyl-Segment und fertigen Flächenschnitte der Epidermis an. Im Lichtmikroskop erkennen wir die jungen, nur wenig

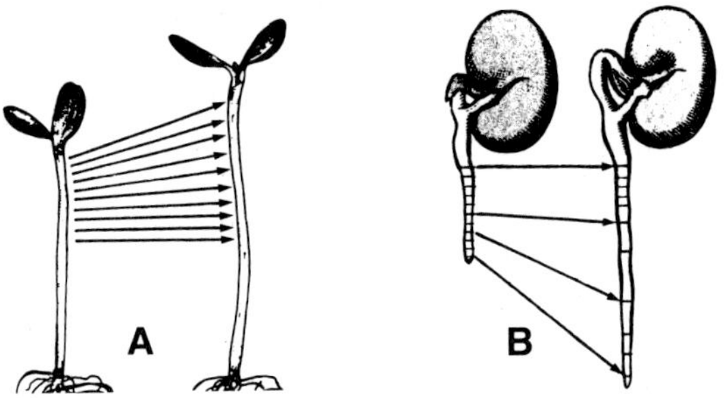

Abb. 9.5: Markierungsexperimente zur Lokalisation der Zellstreckungszonen im Hypocotyl (A) bzw. der Wurzel (B). Versuchsobjekte: Sonnenblume bzw. Ackerbohne. Anfangszustand (*links*) und nach einer Wachstumsperiode von 24 h (*rechts*).

gestreckten Zellen (Abb. 9.6 A). Einzelne Entwicklungsstadien der Stomata können beobachtet werden (bohnenförmige Schließzellenmutterzellen, junge und ältere Stomata). Im basalen (ausdifferenzierten) Abschnitt des Hypocotyls (1 cm oberhalb der Wurzel) erkennen wir neben den langgestreckten Epidermiszellen voll entwickelte Stomata mit geöffnetem Spalt (Pore) (Abb. 9.6 B). Experimente zur Regulation der Öffnungsweite der Stomata sind in den Kapiteln 10 und 13 beschrieben.

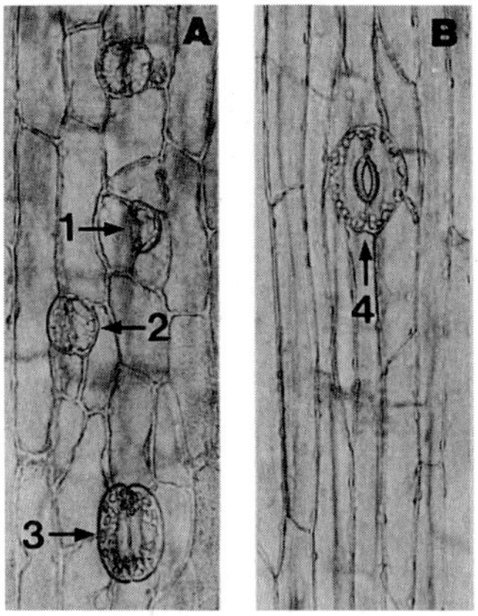

Abb. 9.6: Entwicklungsstadien der Spaltöffnungen im Hypocotyl 7 d alter ergrünter Keimlinge der Sonnenblume. Oberer (apicaler) Bereich des Keimstengels (A): Schließzellenmutterzelle (1), junge (2) und ältere Spaltöffnung (3). Unterer (basaler) Bereich (B): ausdifferenzierte Spaltöffnung mit offener Pore (4) (x 120). (Aufnahmen: K. WILLOMITZER.)

9.5 Wirkung von Licht auf die Entwicklung der Pflanze

In der Natur finden wir im Sommer unter Rindenstückchen oder Brettern gelbe, mit langen, dünnen Stengeln und kleinen Blättern versehene Pflanzen, die aufgrund des Lichtmangels diese typische, von der „Normalpflanze" abweichende Gestalt zeigen. Wir bezeichnen die in Dunkelheit ablaufende heterotrophe Entwicklung der Pflanze als *Skotomorphogenese* (Etiolement). Die alternative (normale) Entwicklung im Licht wird unter dem Begriff *Photomorphogenese* zusammengefaßt. Beide Entwicklungsstrategien stellen Anpassungen des Organismus an den Umweltfaktor Licht dar. Die Skotomorphogenese dient dazu, die Sproßspitze so bald wie möglich an das Licht zu bringen (Investition in rasches Wachstum der Sproßachse unter Verbrauch der Speicherstoffe), während die Photomorphogenese als Vorbereitung auf die photoautotrophe Entwicklungsphase interpretiert werden kann (Investition in Blattwachstum; Ausbildung des Photosyntheseapparates). Die Photomorphogenese (Gestaltbildung im Licht) verläuft unabhängig von der Photosynthese und wird durch *Sensorpigmente* vermittelt (im roten Spektralbereich absorbierende Phytochrome und im Blau/UV-Bereich absorbierende Cryptochrome). Die Pflanzen „sehen" somit rotes und blaues Licht, während sie für den mittleren Spektralbereich (grün) weitgehend „blind" sind. In der Natur sind die Pflanzen dem Tag/Nacht (Licht/Dunkel)-Rhythmus und – je nach Standort – der Beschattung durch die umgebende Vegetation ausgesetzt. Photo- und Skotomorphogenese sind somit Entwicklungsstrategien, die in Abhängigkeit von den Lichtverhältnissen im Leben der Pflanze alternativ zur Ausprägung kommen können.

A. Zweikeimblättrige Pflanze

Die Photomorphogenese der typischen zweikeimblättrigen (dicotylen) Pflanze wurde insbesondere an Senfkeimlingen (*Sinapis alba*) und beim Acker-Schmalwand (*Arabidopsis thaliana*) erforscht. Beide Versuchsobjekte sind aufgrund ihrer geringen Größe zur Veranschaulichung und Quantifizierung der Grundphänomene für Anfängerpraktika wenig geeignet. Wir verwenden daher die relativ großen Keimlinge der Sonnenblume. Die Keimpflanzen werden in Plastikdosen in feuchtem Vermiculit angezogen. Beide Versuchsansätze stellen wir in eine Dunkelkammer; am 3. d nach Aussaat wird eine Anzuchtdose kontinuierlichem Dauer-Weißlicht (WL) ausgesetzt

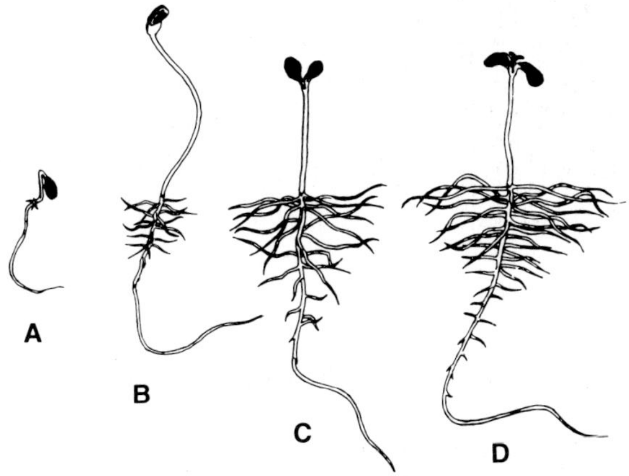

Abb. 9.7: Wirkung von Weißlicht (WL) auf die Entwicklung der Sonnenblume. Keimlinge, die für 2 d (A) und für 6 d (B) in Dunkelheit gehalten wurden (Skotomorphogenese). Keimpflanzen, die für 3 d in Dunkelheit wuchsen und danach für 3 d (C) bzw. 4 d (D) mit WL bestrahlt wurden (Photomorphogenese). (Zeichnung: A. Gerdes.)

(Photonenfluß > 100 µmol · m^{-2} · s^{-1}), die zweite bleibt in Dunkelheit (Kontrolle). Beide Gruppen von Keimlingen sollten bei derselben Temperatur gehalten werden (25 ± 0,5 °C), so daß nur der Umweltfaktor Licht variiert (± WL). Nach 5 – 7 d werden mittelgroße Keimlinge (± WL) vorsichtig dem Vermiculit entnommen und in einer Schale mit Wasser so lange gewaschen, bis die Wurzeln von anhaftendem Vermiculit befreit sind (Zeichnungen anfertigen, s. Abb. 9.7). Die Merkmale der Keimlinge werden in Form einer Tabelle zusammengestellt. *Dunkelheit*: Hypocotyl lang, instabil, gelb, Haken bis 5. d geschlossen, ab 6. d meist offen; Cotyledonen eingefaltet, gelb; Seitenwurzeln kurz; *Weißlicht*: Hypocotyl kürzer, kräftig, stabil, grün, Haken geöffnet; Cotyledonen grün, entfaltet, Epicotyl mit Primärblättern sichtbar; Seitenwurzeln ausgewachsen.

Danach erfolgt eine quantitative Analyse. Wurzeln, Hypocotyl und Cotyledonen werden mit einer Rasierklinge voneinander isoliert. Wir bestimmen die Frisch- und Trocken-

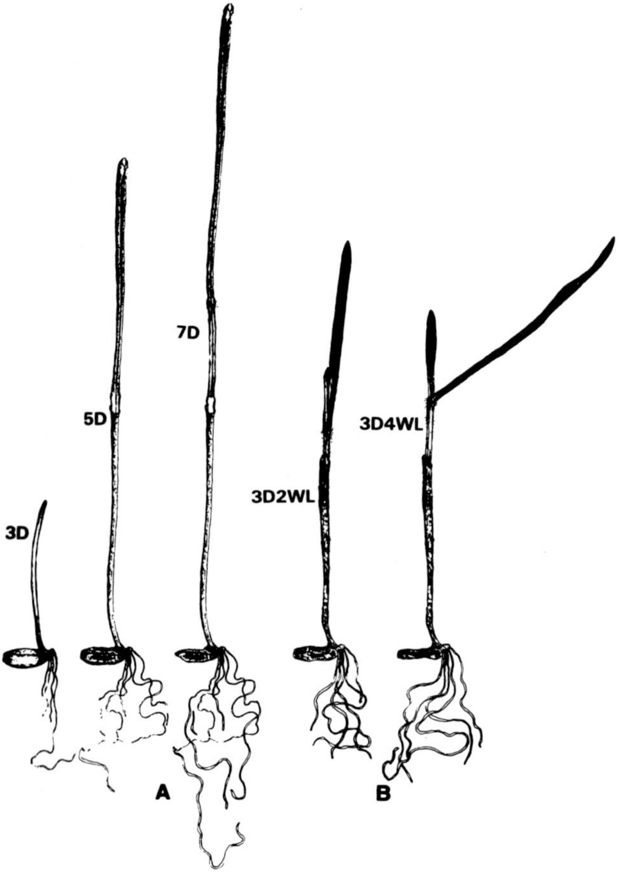

Abb. 9.8: Wirkung von Weißlicht (WL) auf die Entwicklung des Roggens. Keimlinge, die für 3, 5 und 7 d in Dunkelheit (D) gehalten wurden (A) (Skotomorphogenese). Keimpflanzen, die für 3 d in Dunkelheit wuchsen und danach für 2 bzw. 4 d mit WL bestrahlt wurden (B) (Photomorphogenese). (Zeichnung: A. BETTE.)

massen der Organe und vergleichen sie miteinander (s. Kapitel 5.1). Resultat: In Dunkelheit wird bevorzugt in das Hypocotyl „investiert" (→ Erreichen des Lichts), während in WL die Entfaltung und Ergrünung der Cotyledonen sowie die Etablierung eines umfassenden Wurzelsystems im Vordergrund stehen (→ Photosynthese, Wasser- und Ionenaufnahme, stabile Verankerung des Kormus im Substrat). Ab dem 6.Tag nach Aussaat sterben die Sonnenblumenkeimlinge in Dunkelheit ab. Die Reservestoffe sind dann vollständig verbraucht, d.h. der Keimling „verhungert" in Abwesenheit von Licht.

B. Einkeimblättrige Pflanze

In die Klasse der einkeimblättrigen Bedecktsamer gehört u.a. die Familie der Gräser (Poaceae oder Gramineae). Wir wollen uns hier auf die ökonomisch wichtigen Getreidepflanzen beschränken und an diesem speziellen Beispiel die Photomorphogenese der einkeimblättrigen (monocotylen) Pflanze studieren. Eine besonders rasch wachsende Getreidepflanze ist der Roggen (*Secale cereale*). Karyopsen werden für 10 min in Wasser vorgequollen und dann in Plastikdosen in feuchtem Vermiculit angezogen. Die Keimlinge werden wie oben besprochen für 3 d in Dunkelheit gehalten. Ein Ansatz wird ab dem 3. d nach Aussaat mit kontinuierlichem Weißlicht (WL) bestrahlt, der zweite bleibt als Kontrolle im Dunkelschrank. Am 5. – 7. d nach Aussaat erfolgt die Auswertung. Die gewaschenen Keimpflanzen (± WL) werden zunächst gezeichnet (Abb. 9.8). Danach werden die Merkmale tabelliert. *Dunkelheit*: Koleoptile (Schutzhülle des Primärblattes) gelb, lang; zwischen der Karyopse und dem Ansatz des Primärblattes (1. Knoten) ist ein langgestrecktes Organ ausgebildet, das als Mesocotyl („Halmheber") bezeichnet wird; das gelbe (z.T. rötliche) eingerollte Primärblatt setzt oberhalb des 1. Knotens an und hat die röhrenförmige Koleoptile durchbrochen; 5 Keimwurzeln; die Pflanze ist instabil und kippt um. *Weißlicht:* Koleoptile oberhalb der Leitbündelregion ergrünt, kürzer als in Dunkelheit; Mesocotyl kurz; oberhalb des 1. Knotens setzt das Primärblatt an (Blattscheide und -spreite sind durch eine Region, die als „Knick" bezeichnet wird, getrennt; Primärblattscheide mit Haarbüschel); Spreite des Primärblattes grün und entrollt; das 1. Folgeblatt ist sichtbar; am 7. d nach Aussaat knickt das Primärblatt ab (Spreite entfaltet); 5 Keimwurzeln; die Pflanze ist stabil und steht aufrecht.

Die quantitative Auswertung erfolgt mit Hilfe einer mm-Skala (Lineal). Nach Zerschneiden der Keimlinge werden die oberirdischen Organe vermessen (Länge des Mesocotyls, der Koleoptile, des Primär- und 1. Folgeblattes). Resultat: In Dunkelheit sorgt das lange Mesocotyl („Halmheber") dafür, daß der 1. Knoten möglichst nahe zur Erdoberfläche gebracht wird. Das Primärblatt bleibt eingerollt (→ Wachstum in Richtung des Sonnenlichts). Nach Bestrahlung mit Weißlicht wird das Wachstum des „Halmhebers" unterdrückt; Primär- und 1. Folgeblatt entfalten sich und ergrünen (→ Photosynthese, Etablierung einer stabilen Pflanze).

Wie entsteht aus dem de-etiolierten (ergrünten) Roggenkeimling eine Getreidepflanze? Die Koleoptile stirbt bald ab und vertrocknet. An der Basis der Primärblattscheide, die den 1. Knoten umhüllt, wachsen Kronenwurzeln aus, die zur lateralen Verankerung der jungen Pflanze beitragen. Wenn wir den Haupttrieb einer jungen Roggenpflanze (~ 6 Wochen alt) in Längsrichtung durchschneiden, können wir sehen, daß alle übereinanderliegenden Blattscheiden einen Hohlraum bilden, in dem sämtliche Organe der Pflanze bereits angelegt sind: Blätter, Halm, Blüte. Der Halm ist in

Knoten und 6 Internodien gegliedert, die sich im Frühjahr nacheinander (von unten nach oben) strecken, wodurch das gipfelständige Ährchen emporgehoben wird. Dieses intercalare (eingeschaltete) Wachstum einzelner Halmglieder (Internodien) kann bei allen Vertretern der Gräser beobachtet werden. Neben dem Haupttrieb werden während der Entwicklung zahlreiche Seitentriebe gebildet (Bestockung der jungen Getreidepflanzen): aus den Einzelpflanzen entsteht somit ein geschlossener Rasen.

9.6 Plastische und elastische Zellwand-Deformation in wachsenden Koleoptilen

Zur Analyse des Mechanismus der Zellstreckung ist die Graskoleoptile ein bevorzugtes Versuchsobjekt, da dieses Organ ab dem zweiten Tag nach Aussaat (Länge > 10 mm) ausschließlich durch Expansion der Zellen wächst. Die Längenzunahme des Organs wird somit durch Streckung der vorhandenen Zellen hervorgebracht. Wir hatten die turgorgetriebene Zellstreckung als eine durch Wasseraufnahme verursachte irreversible Volumenzunahme definiert, wobei die lasttragenden Zellwände plastisch (irreversibel) gedehnt werden. Daraus folgt, daß nur die plastische Deformation (irreversible Längenzunahme) des Organs als *Wachstum* bezeichnet werden kann, während die elastische Deformation (reversible Komponente) die *Turgordehnung* der Zellen repräsentiert. Wir wollen ein einfaches Experiment zur Quantifizierung der plastischen (irreversiblen) und elastischen (reversiblen) Zellwand-Dehnung in wachsenden Koleoptilen des Roggens (*Secale cereale*) durchführen.

Als Versuchspflanzen verwenden wir in Dunkelheit (D) angezogene etiolierte Keimlinge (s. Abb. 9.8 A), z.B. 2,3,4 und 5 d alte Versuchspflanzen. Die Koleoptile wird mit einer Rasierklinge an der Basis abgeschnitten und vom eingeschlossenen Primärblatt abgezogen. Mit einer mm-Skala (Lineal) wird die Gesamtlänge des turgeszenten Organs (1) bestimmt (Meßgenauigkeit: ± 0,5 mm). Danach werden die Koleoptilzylinder in eine Petrischale gelegt und bei – 20 °C eingefroren (Proben für 30 min in ein Kühlfach stellen). Die aufgetauten, turgorlosen Koleoptilen werden auf eine Glasplatte gelegt und erneut vermessen (irreversible Länge) (2). Aus der Differenz Gesamtlänge

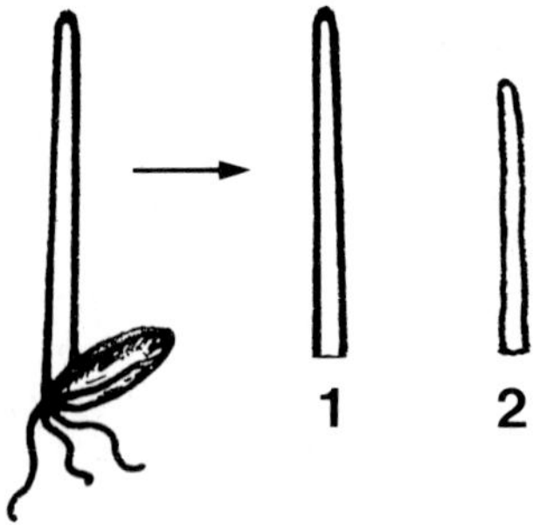

Abb. 9.9: Bestimmung der irreversiblen (plastischen) und reversiblen (elastischen) Längenzunahme wachsender Koleoptilen (Roggenkeimling, 3 d nach Aussaat). Turgeszente Koleoptile (Gesamtlänge) (1). Nach Einfrieren/Auftauen wird die Länge des turgorlosen Organs gemessen (irreversible Länge) (2). Differenz (1) – (2) = elastische Turgordehnung der Zellen.

(turgeszent, 1.) – irreversible Länge (turgorlos, 2.) kann die elastische Dehnung ermittelt und in % der Gesamtlänge umgerechnet werden.

Beispiel (Durchschnittslängen in mm):

2 d D:	Gesamtlänge (1)	:	20,2	Irrev. Länge (2)	:	17,3
3 d D:	〃	:	45,4	〃	:	40,2
4 d D:	〃	:	64,8	〃	:	60,8
5 d D:	〃	:	68,0	〃	:	67,4

Aus diesen Daten folgt, daß die irreversible Länge bis zum 4. d mit nahezu linearer Rate ansteigt und danach nur noch geringfügig zunimmt (= plastische Zellwand-Deformation, d.h. Wachstum). Die elastische Dehnung ist in wachsenden Koleoptilen relativ groß (2, 3 und 4 d D: 14, 11 und 6 %); im ausgewachsenen Organ ist sie gering (5 d D: 1 %). Der Wachstumsstop (4. – 5. d nach Aussaat) ist offensichtlich mit Änderungen in den mechanischen Eigenschaften der Zellwände verbunden (Verlust der Turgordehnung der Zellen).

9.7 Mitoseindex im Basalmeristem des Primärblattes von Getreidekeimlingen

Das von der Koleoptile umschlossene Primärblatt des Graskeimlings ist ein geeignetes Objekt zur Lokalisation und Charakterisierung des Meristems eines wachsenden Organs. Wir verwenden 3 d alte etiolierte Roggenkeimlinge (*Secale cereale*) (s. Abb. 9.8 A) und trennen das röhrenförmige Primärblatt von der Koleoptile. Das Meristem des Organs ist auf die Blattbasis begrenzt (~ 4 – 5 mm-Region oberhalb des 1. Knotens) (Zell-Reproduktion). Die gebildeten isodiametrischen Zellen „durchwandern" die Streckungszone und erreichen in der oberen Organhälfte ihre Endlänge. In der Differenzierungszone kommt es zu einer Verdickung und mechanischen Stabilisierung der Wände der ausgewachsenen Zellen (Abb. 9.10). Die im Basalmeristem liegenden Zellen durchlaufen den Zellzyklus (Interphase/Mitose/Cytokinese). Wir wollen

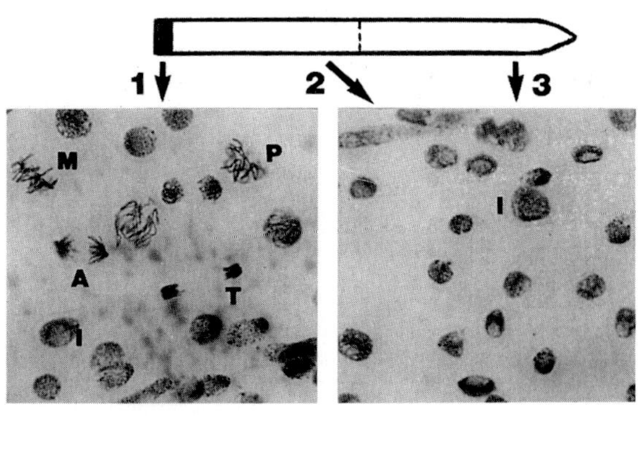

Abb. 9.10: Lokalisation des Basalmeristems im Primärblatt eines 3 d alten etiolierten Roggenkeimlings (*oben*). Quetschpräparate, Anfärbung der Kern-DNA nach FEULGEN (*unten*). 1 = Basalmeristem, 2 = Streckungszone, 3 = Differenzierungszone. P = Prophase, M = Metaphase, A = Anaphase, T = Telophase, I = Interphase (Zellkerne) (x 400).

uns hier auf die Kernteilung (Mitose) konzentrieren und den Mitoseindex bestimmen (= % Zellen, deren Kerne ein Teilungsstadium zeigen).

Durchführung und Resultat

Blattsegmente (Länge: 1 – 2 mm) werden aus Regionen 1, 2 und 3 geschnitten (Abb. 9.10) und für 1 h fixiert (Ethanol/Eisessig 3 : 1). Wir verwenden die DNA-Färbemethode nach FEULGEN. In einem Wasserbad erfolgt die Hydrolyse der Proben (60 °C, 1 N HCl, 10 min). Nach Abspülen mit kaltem H_2O wird die Kern-DNA angefärbt. Hierzu verwenden wir Fuchsinschweflige Säure (1 g gepulvertes Fuchsin [Pararosanilin] mit 200 ml kochendem H_2O übergießen, lösen, nach Abkühlung auf ~ 50 °C in Schliff-Flasche filtrieren; Zugabe von 20 ml 1 N HCl und 1 g wasserfreies Kaliumdisulfit [$K_2S_2O_5$] bei 20 °C; 24 h bei Zimmertemperatur in Dunkelheit zur Entfärbung stehenlassen; mit Aktivkohle [0,25 g/100 ml] schütteln und 2 x abfiltrieren; das farblose Filtrat ist gebrauchsfertig und sollte in Dunkelheit aufbewahrt werden; Haltbarkeit: mehrere Monate). Die Färbung der Kern-DNA wird in einem kleinen verschlossenen Gefäß durchgeführt (Fuchsinschweflige Säure + Proben für 1 – 3 h inkubieren). Danach wird der überschüssige Farbstoff durch Waschen der Proben mit 45 % Essigsäure entfernt.

Zur Herstellung von Quetschpräparaten verwenden wir fettfreie Objektträger (Reinigung in Chromschwefelsäure). Zunächst wird ein Tropfen Glycerin/Eiweiß gleichmäßig verteilt. Die gefärbten Proben (Blattsegmente) werden dann in 1 Tropfen 45 % Essigsäure zwischen Objektträger und Deckglas gequetscht (es können auch Dauerpräparate angefertigt werden).

Die *Auswertung* erfolgt im Lichtmikroskop (Abb. 9.10). An der Blattbasis (1) sind alle Kernteilungs(Mitose)-Stadien zu erkennen (Prophase, Metaphase, Anaphase, Telophase; daneben zahlreiche Interphase-Kerne). Im oberen Bereich des Primärblattes beobachten wir nur Interphase-Kerne. Zur Bestimmung des Mitose-Index werden 100 Kerne ausgezählt (Stichprobe). Wir bestimmen die Zahl der Kerne, die ein Mitose-Stadium aufweisen (Prophase + Metaphase + Anaphase + Telophase) pro 100 Zellkerne. In der Regel beobachten wir zu > 90 % Interphase-Kerne.

Repräsentatives Resultat: Blattbasis (1): M.-Index ~ 5 – 7%; Regionen (2) und (3): M.-Index ~ 0 %. Schlußfolgerung: Die Zellen an der Basis des Primärblattes zeigen Kernteilungsaktivität (Nachweis der Zell-Reproduktion, d.h. Region 1 repräsentiert das Basalmeristem des Organs).

10 Phytohormone

Die Entwicklung der höheren Pflanze ist ein genetisch determinierter Prozeß, der durch Umweltfaktoren (z.B. Licht, Temperatur, Wasserversorgung) gesteuert und modifiziert wird. Die exogenen Signale werden vom Kormus perzipiert und in der Regel über endogene Botenstoffe, die aus historischen Gründen als Phytohormone bezeichnet werden, an die entsprechenden Zielgewebe weitergeleitet. Unter dem Begriff *Phytohormone* (syn. Wuchsstoffe oder Wachstumsregulatoren) werden heute verschiedene organische Substanzen zusammengefaßt, die in bestimmten Geweben der Pflanze synthetisiert werden, in geringer Konzentration zu den Wirkorten wandern und dort eine spezifische physiologische Reaktion auslösen (z.B. Förderung, Hemmung oder Modifikation von Wachstum und Entwicklung; durch Turgoränderungen hervorgebrachte Bewegungsvorgänge). Wir kennen heute zahlreiche chemische Verbindungen, die gemäß der oben genannten Definition als pflanzliche Wachstumsregulatoren zu betrachten sind. In diesem Kapitel wollen wir uns auf die 5 wichtigsten Phytohormongruppen beschränken (Auxine, Gibberelline, Ethylen, Cytokinine, Abscisinsäure) (Abb. 10.1). Mit den folgenden Experimenten sollen die klassischen Phytohormonwirkungen unter Verwendung repräsentativer Nutz- und Zierpflanzen vorgestellt werden. Neben den natürlichen, innerhalb des Pflanzenkörpers gebildeten Wuchsstoffen kommen auch einige in der landwirtschaftlichen Praxis verwendete synthetische Wachstumsregulatoren zum Einsatz.

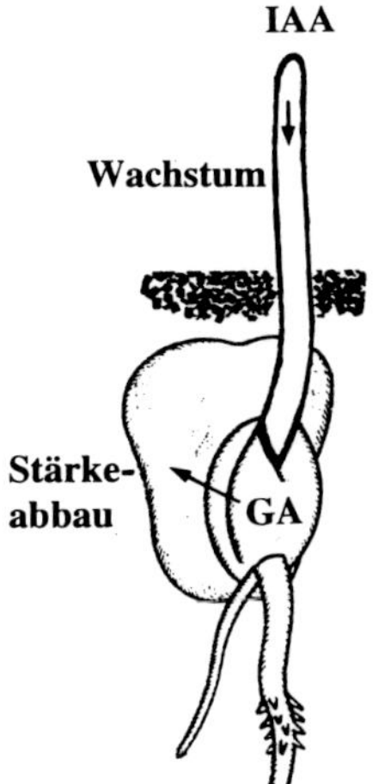

Abb. 10.1: Wirkung der Phytohormone Auxin (IAA) und Gibberellin (GA) auf Koleoptilwachstum und Stärkeabbau im Maiskeimling.

10.1 Auxine

A. Zellstreckung (Segment-Test)
Wie Abb. 10.1 zeigt, wird das Phytohormon Auxin (IAA, Indol-3-essigsäure) in der Spitze wachsender Koleoptilen gebildet („Hormondrüse"). Der Wuchsstoff wird aktiv abwärts (basipetal) transportiert und bewirkt in der sub-apicalen Region eine Streckung der Zellen (Wachstum). Schneidet man ein Segment aus der Streckungszone heraus und inkubiert dieses in Wasser, so sinkt dessen Wachstumsrate ab (Verarmung an endogenem Auxin). Nach *exogener* Zugabe des Phytohormons (Ersatz der fehlenden „Hormondrüse") kann eine rasch einsetzende Wachstumsreaktion beobachtet werden, die ausschließlich auf einer Streckung der Zellen beruht. Wir wollen dieses einfache *in vitro*-System (Segment-Test) zur Analyse der auxininduzierten Zellstreckung einsetzen.

Durchführung und Resultate
Als Pflanzenmaterial verwenden wir 3 – 4 d alte Getreidekeimlinge, die in feuchtem Vermiculit in Dunkelheit angezogen wurden (25 °C) (z. B. Mais, *Zea mays*; Hafer, *Avena sativa*; Roggen, *Secale cereale*). Wir stellen zunächst eine IAA-Stammlösung her (Konz.: 1mmol/l; entsprechende Menge an Indol-3-essigsäure in 1 ml Ethanol lösen, danach Zugabe von 99 ml H_2O). Die Koleoptilen werden an der Basis abgetrennt. Mit einer Schneidevorrichtung, die aus 2 Rasierklingen und entsprechenden Schrauben selbst hergestellt werden kann, isolieren wir etwa 5 mm unterhalb der Spitze ein Segment von exakt 10 mm Länge. Das Primärblattstück wird mit einem Draht entfernt (Abb. 10.2 A – C). Die Koleoptilzylinder (10 pro Ansatz) werden auf Wasser gesammelt und dann mit den Spitzen nach oben auf einen Stahldraht oder Nylonfaden aufge-

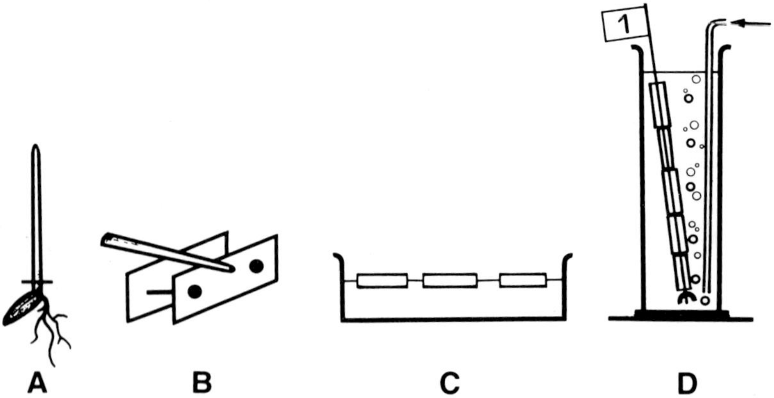

Abb. 10.2: Segment-Test zur Analyse der Wirkung verschiedener Phytohormone auf das Wachstum isolierter Koleoptilsegmente. Schneiden der Koleoptilen (A, B), Sammeln der Segmente auf Wasser (C) und Inkubation in belüfteter Hormonlösung (D). (Nach Kutschera, U. & Schopfer, P.: Planta 163, 483-493, 1985.)

reiht, der unten mit einem aufgesteckten Schlauchstück versehen wird. Die Probe wird in einen mit Wasser gefüllten Meßzylinder gehängt und kontinuierlich belüftet (Aquarienpumpe). Wir bereiten 2 Proben vor (je 10 Koleoptilsegmente/Ansatz). Nach einer Vorinkubationszeit von 1 h werden die Proben in 2 neue, belüftete Meßzylinder umgesetzt (H_2O ± IAA; Konz.: 10 µmol/l; 25 °C) (Abb. 10.2 D). In Abständen von jeweils1 h werden die Proben dem Medium entnommen und die Gesamtlängen der Koleoptilzylinder-Reihen mit einer mm-Skala gemessen (Plastik-Lineal an der Null-Marke absägen, Schlauchstück unten anlegen, aufgereihte Koleoptilen vorsichtig zusammenschieben). Die Stahldrähte werden daraufhin sofort wieder in die entsprechenden Medien getaucht. Die Meßwerte werden tabelliert und als Länge (d.h. mm pro Segment) gegen die Zeit nach Schneiden aufgetragen (– 1 h bis 0 h: Segmente verarmen an edogenem Auxin; 0 h bis 4 h: Inkubationszeit ± IAA). In Abb. 10.3 ist eine repräsentative Wachstumskinetik dargestellt. Es wird deutlich, daß das endogene Wachstum etwa 1 h nach Schneiden (= 0 h) ein Minimum erreicht; IAA löst nach einer Latenzzeit von < 30 min eine erhöhte Zellstreckung aus.

Weitere Experimente: 1. Vergleich der Wachstumskinetiken von Koleoptilsegmenten verschiedener Getreidearten (gleichalte wachsende Keimlinge verwenden, Inkubation ± IAA, 10 µmol/l). Welche Spezies zeigt die höchste Hormonsensitivität? 2. Wachsende/ausgewachsene (d.h. vom Primärblatt durchbrochene) Koleoptilen in IAA inkubieren (10 µmol/l). Geht nach „Zerstörung der Hormondrüse" die Hormonsensitivität verloren? 3. Dosis-Effekt-Kurve der IAA-Wirkung. Konzentrationsreihe anfertigen: 1000/100/10/1/0,1/0,01/0 µmol/l IAA; Wachstumskinetiken messen. Zuwachs nach 2 h gegen Konzentrationen auftragen. Ermittlung der optimalen IAA-Wirkkonzentration. 4. Demonstration der Abhängigkeit des IAA-induzierten Koleoptilwachstums von der Sauerstoffversorgung (Zellatmung) bzw. der Proteinbiosynthese: Begasung der Inkubationsmedien mit Stickstoff bzw. Zugabe des Proteinsynthese-Inhibitors Cycloheximid (10 mg/l) 5. Analyse der Wirkung von Saccharose (50 mmol/l) auf das auxinabhängige Langzeitwachstum der Segmente. 6. Bestimmung der Wirkung anderer Wuchsstoffe auf die Koleoptilstreckung (z.B. das synthetische Auxin 2,4-Dichlorphenoxyessigsäure; Gibberellinsäure; Abscisinsäure). 7. Rolle der Epidermis beim Koleoptilwachstum: Äußere Zellschicht

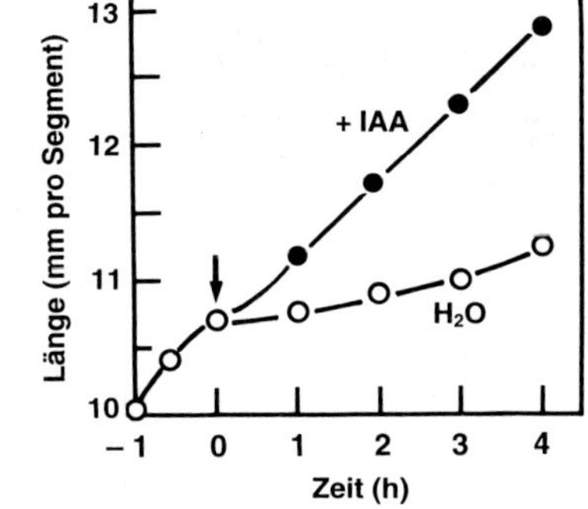

Abb. 10.3: Effekt von Auxin (IAA, 10 µmol/l) auf das Wachstum isolierter Koleoptilsegmente. Versuchspflanze: Roggenkeimlinge; 10 Segmente/Stahlnadel; 25 °C; – 1 h: Schneiden der Segmente. Pfeil: Umsetzen in dest. Wasser ± IAA.

mit einer flachen Pinzette in Streifen von der Koleoptile abziehen; Koleoptilsegmente schneiden (± äußere Epidermis), Proben in IAA (10 µmol/l) inkubieren. Koleoptilsegmente ohne äußere Epidermis zeigen im Vergleich zur Kontrolle (ungeschält) nur eine geringe Wachstumsreaktion.

B. Wirkung von Auxin-Herbiziden

Nach der Entdeckung des natürlich vorkommenden Phytohormons Auxin (IAA) wurden im Labor hergestellte (d.h. künstliche) Wuchsstoffe auf ihre biologische Wirksamkeit überprüft. Hierbei zeigte sich, daß synthetische Auxine, wie z.B. die 2,4-Dichlorphenoxyessigsäure (2,4-D), eine selektive „unkrautvernichtende" (herbizide) Wirkung ausüben: wird ein Acker mit 2,4-D-Lsg. besprüht, so sterben die zweikeimblättrigen „Unkräuter" (z.B. Ackersenf, *Sinapis arvensis*) ab, während die einkeimblättrigen Getreidepflanzen (z.B. Hafer, *Avena sativa*) nicht geschädigt werden. Noch heute ist die Verbindung 2,4-D als Bestandteil preiswerter „Wuchsstoffherbizide" weltweit im Handel. Wir wollen im folgenden anhand eines Modellversuchs die selektive Wirkung des Unkrautvernichtungsmittels (Herbizids) 2,4-D kennenlernen.

Als Pflanzenmaterial verwenden wir eine Getreideart (z.B. Roggen, *Secale cereale*) und ein zweikeimblättriges „Unkraut" (z.B. Senf, *Sinapis alba*). Freilandversuche haben gezeigt, daß die LD 50-Werte (d.h. Dosis, die bei 50 % der mit 2,4-D-Lsg. besprühten Pflanzen tödlich ist) bei *Sinapis* etwa 0,2 kg/ha, bei Getreidepflanzen jedoch > 500 kg/ha betragen. Karyopsen (Nutzpflanzen) und Samen („Unkraut") werden nebeneinander in einem etwa 40 cm hohen Anzuchtgefäß (z.B. Chromatographietank) in feuchtem Vermiculit ausgesät. Nach 7 d im Licht/Dunkelwechsel (25 °C) wird unter Verwendung eines Blumenbefeuchters Ansatz 1 mit H_2O besprüht (Kontrolle). Ansatz 2 besprühen wir mit einer 2,4-D-Lösung (100 µmol/l; Herstellung der Stammlsg. s. Experiment A). Die Auswertung erfolgt 3 – 7 d später (Abb. 10.4). Die zweikeimblättrige Pflanze reagiert bereits 24 h nach 2,4-D-Applikation mit einer zum Tod führenden Wachstumsreaktion (Oberseite der Keimblattstiele strecken sich; die Cotyledonen rollen sich ein; Hypocotyl wächst wellenförmig). Das Herbizid übt in der hier applizierten Konzentration keine schädigende Wirkung auf die Getreidepflanze aus. Begründung: 1. Die Wachstumszonen der Roggenpflanze sind von Blattscheiden umhüllt; 2.

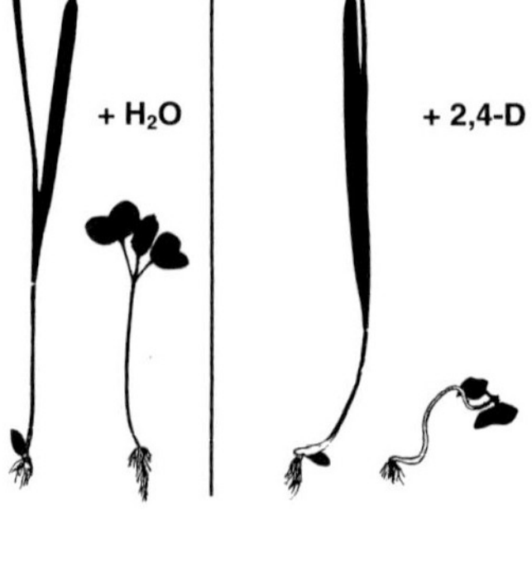

Abb. 10.4: Wirkung des Wuchsstoffherbizids 2,4-Dichlorphenoxyessigsäure (2,4-D) auf die Entwicklung 7 d alter Roggen- (*links*) und Senfpflanzen (*rechts*). Kontrollansatz (A): + H_2O ; mit Herbizid besprüht (B): + 2,4-D-Lsg. (100 µmol/l). Zustand am 10. d nach Aussaat.

Die Translokation von 2,4-D erfolgt im „Unkraut" mit hoher Rate, in der monocotylen Nutzpflanze hingegen sehr langsam.

10.2 Gibberelline

A. Stimulation des Sproßwachstums bei der Gartenerbse

Neben den normalwüchsigen Erbsensorten, die eine Sproßhöhe von über 1 m erreichen, sind zahlreiche *Zwergmutanten* der Gartenerbse im Fachhandel erhältlich. Diese genetischen Zwerg-Erbsensorten, die als adulte Pflanzen nur etwa 30 cm hoch sind, werden häufig in Gärten angepflanzt. Wir wissen heute, daß der Zwergwuchs durch exogene Zugabe des Phytohormons Gibberellinsäure (GA_3) kompensiert werden kann: nach Hormonbehandlung erreichen die Zwergerbsen die Sproßhöhe der Normalpflanze. In der normalwüchsigen Erbse ist das Gibberellin GA_1 das aktive, wachstumsfördernde Phytohormon. Exogen applizierte GA_3 wird von den Zellen aufgenommen und dort vermutlich in das physiologisch aktive GA_1 umgewandelt. Das Hormon GA_1 fördert das Wachstum durch Stimulation der Zellteilung und Zellstreckung.

Im folgenden wird ein einfaches Langzeit-Experiment zur Demonstration der Gibberellinwirkung auf das Sproßwachstum beschrieben. Wir stellen zunächst eine GA_3-Stammlösung her (Konz.: 1 mmol/l; entsprechende Menge an Gibberellinsäure in 1 ml Ethanol lösen, danach Zugabe von 99 ml H_2O). Jeweils 50 Samen der Gartenerbse (*Pisum sativum*, geeignete Sorten: „Senator" bzw. „kleine Rheinländerin") werden

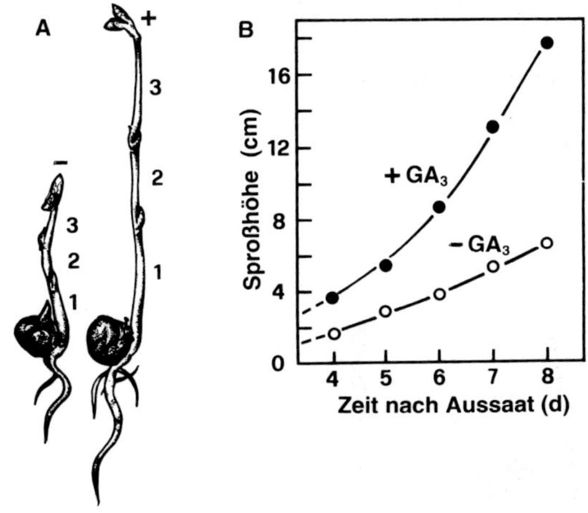

Abb. 10.5: Effekt von Gibberellinsäure (GA_3) auf das Epicotylwachstum der Gartenerbse (Sorte „Senator"). Die Samen wurden für 8 h in H_2O bzw. GA_3-Lsg. (0,2 mmol/l) vorgequollen. Repräsentative Keimpflanzen 6 d nach Aussaat (A). Kinetik des Sproßwachstums ± GA_3 (B). Der Sproß (= Epicotyl) besteht aus 3 durch Knoten unterteilte Internodien (1,2,3).

daraufhin für 8 h in 10 ml GA_3-Lösung (0,2 mmol/l) bzw. H_2O (Kontrolle) inkubiert. Nach 4 h Lösungen austauschen. Die gequollenen Erbsensamen werden in feuchtes Vermiculit gepflanzt und in transparenten Anzuchtdosen im natürlichen Tag/Nacht-Rhythmus gehalten. Die Auswertung erfolgt 4 – 8 d nach Aussaat (Abb. 10.5 A, B). Jeweils 4 Pflanzen (± GA_3) werden dem Vermiculit entnommen und wie folgt analysiert: 1. Gesamtlänge des Sprosses (Epicotyl) messen; 2. Länge und Durchmesser der einzelnen Internodien bestimmen (Schieblehre mit einer mm-Skala verwenden); 3. durchschnittliche Länge der Epidermiszellen in der Mitte der Internodien bestimmen (Epidermis mit Pinzette abziehen, im Mikroskop mit Hilfe eines Okularmikrometers einzelne Zellen ausmessen).

B. Förderung des Stärkeabbaus in der Gerstenkaryopse

Die Gibberelline (GAs) sind eine Gruppe von Phytohormonen, die zwei ganz unterschiedliche physiologische Wirkungen zeigen: 1. Stimulation des Wachstums (Zellteilung und Zellstreckung) (s.o.) und 2. Auslösung des Stärkeabbaus (s. Abb. 10.1). Wir wollen hier das klassische Versuchsobjekt zum Studium der GA-Wirkung auf die Stärkehydrolyse kennenlernen: die quellende/keimende Graskaryopse. In Kapitel 4.8 hatten wir bereits die bei der Keimung der Getreidekörner zu beobachtende hydrolytische Wirkung der Aleuronzellen untersucht (s. Abb. 4.8, S. 32). Im intakten Korn sendet der Embryo einen „Keimstimulus" aus (vermutlich verschiedene GAs), der in der Aleuronschicht die Neubildung verschiedener hydrolytischer Enzyme auslöst (u.a. α-Amylase), wodurch dann der Stärkeabbau hervorgebracht wird. Die Wirkung des Embryos kann durch exogen applizierte GA_3 simuliert werden.

Trockene Gerstenkaryopsen (*Hordeum vulgare*) werden mit einem Skalpell halbiert. Die embryofreien Kornhälften werden kurz in 98 % Ethanol gewaschen (sterilisiert) und dann auf sterilem Medium (H_2O bzw. GA_3-Lsg., 10 µmol/l) in Petrischalen inkubiert (Dunkelheit; 25 °C). Nach 3 d erfolgt die Auswertung (Abb. 10.6). In den mit GA_3 behandelten Spalthälften ist das stärkehaltige Endosperm zu etwa 50 % abgebaut, während im Kontrollansatz keine Stärke-Degradation beobachtet wird. Exogen zugeführte GA_3 kann somit den Embryo ersetzen. Quantitative Auswertung: Isolation der Stärke (10 Halbkaryopsen/Ansatz), Bestimmung der Trockenmasse mit einer Analysenwaage.

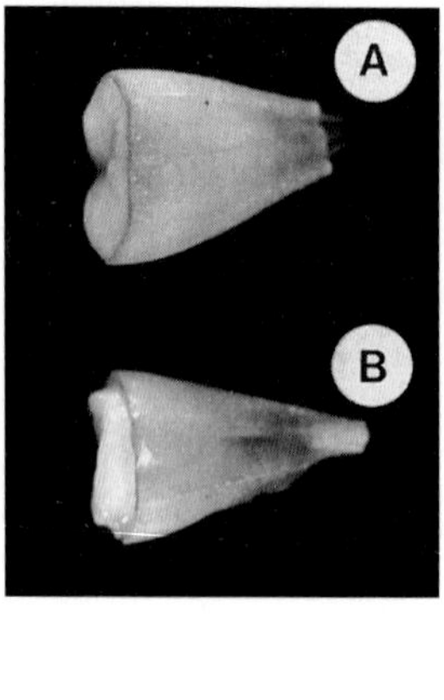

Abb. 10.6: Effekt von Gibberellinsäure (GA_3) auf den Stärkeabbau in der Gerstenkaryopse. Halbierte Getreidekörner (– Embryo) wurden für 3 d in dest. Wasser (A) bzw. GA_3-Lsg. (10 µmol/l) (B) inkubiert. Das Endosperm (Stärke) der hormonbehandelten Probe ist z.T. abgebaut.

10.3 Ethylen

A. Untersuchungen zur Fruchtreife

Aus dem Alltag ist bekannt, daß unreife Früchte (z.B. Äpfel, Bananen) in einem geschlossenen Gefäß rascher reifen als in freier Luft. Seit 1937 wissen wir, daß das gasförmige Alken Ethylen (CH_2=CH_2) während des Reifeprozesses von den lebenden Zellen der Frucht mit hoher Rate gebildet wird. Experimente mit transgenen Pflanzen haben gezeigt, daß das endogen gebildete Ethylen den Reifeprozeß der Frucht auslöst. Das Gas wird daher auch als „Fruchtreifehormon" bezeichnet. Bei mechanischer Verletzung der Pflanze (anschneiden, quetschen, Insektenstiche) sowie unter ungünstigen Umweltbedingungen (Überflutung, Trockenheit, Hitze) wird ebenfalls mit erhöhter Rate Ethylen produziert. Das Gas breitet sich im Interzellularraum der Gewebe per Diffusion aus; es erfüllt vermutlich ganz allgemein die Funktion eines pflanzlichen „Streß-Signals" .

Aus dem oben Gesagten folgt, daß ein reifender Apfel, der in Stücke zerschnitten wird, große Mengen an Ethylen freisetzt. Unter Verwendung eines Gaschromatographen kann das gebildete Ethylen leicht nachgewiesen werden. Apfelstücke werden in einen Erlenmeyer-Kolben gegeben. Da die atmenden Fruchtstücke neben dem C_2H_4 große Mengen an Kohlendioxid abgeben, stellen wir zur CO_2-Absorption ein Gläschen mit KOH-Lsg. in den Kolben (s. Kapitel 7, Zellatmung) (Abb. 10.7 A). Das Gefäß wird mit Plastikfolie luftdicht verschlossen und für 24 h in Dunkelheit aufbewahrt (25 °C).

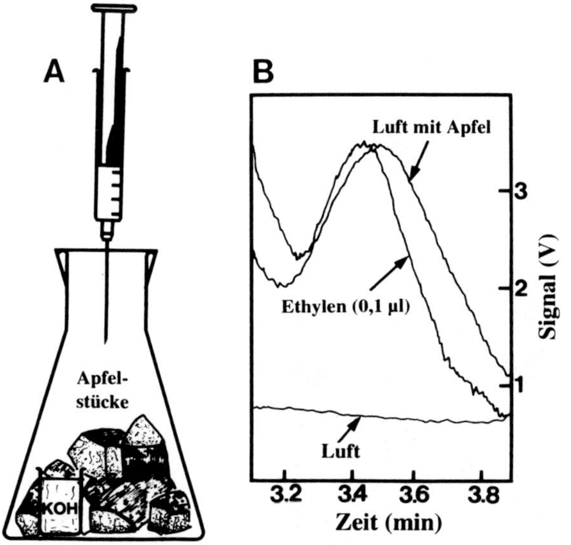

Abb. 10.7: Nachweis der Ethylenproduktion von Apfelstücken. Versuchsanordnung (A). Analyse von Luft (ohne Frucht), reinem Ethylen (0,1 µl) und Luft aus Ansatz A im Gaschromatographen (B). (Zeichnung: C. RABE.)

Kontrollansatz: Kolben ohne Apfelstücke. Danach entnehmen wir mit einer Spritze eine Luftprobe und analysieren diese mit einem Gaschromatographen. Wie das in Abb. 10.7 B dargestellte Chromatogramm zeigt, ist in der Kontrolle (Luft ohne Apfelstücke) kein Signal erkennbar. Ethylen-Gas und Fruchtstücke ergeben ein nahezu identisches Signal: Apfelstücke können somit als Ethylen-Quelle verwendet werden (z.B. 250 ml-Kolben + 20 g Apfelstücke ⇒ nach 24 h ~ 200 µl Ethylen/l Luft). Wir können auf der Basis dieser Daten nun eine Reihe von Experimenten zur Rolle des Ethylens bei der Fruchtreife durchführen (Einmachglas + unreife Früchte, wie z.B. Bananen oder Äpfel, ± Apfelstücke [Ethylenquelle] ⇒ Beschleunigung des Reifeprozesses).

B. Ethylen-Biotest (Dreifach-Reaktion)

Zur Bestimmung des gasförmigen Phytohormons Ethylen wird in der Regel die Gaschromatographie eingesetzt (Abb. 10.7). Neben dieser recht aufwendigen Methode kann auch ein einfacher Biotest zum Nachweis dieses physiologisch wirksamen Gases herangezogen werden. Etiolierte Keimlinge zweikeimblättriger Pflanzen reagieren nach Begasung mit Ethylen mit der sogenannten Dreifach-Reaktion (*triple response*): 1. Hemmung des Längenwachstums, 2. Steigerung des Dickenwachstums und 3. diagravitropisches Wachstum der Sproßachse (gebogene Stengel). Wir verwenden das klassische Versuchsobjekt, die Gartenerbse (*Pisum sativum*).

Eine einfache Methode zur Ethylen-Applikation besteht in der Zugabe einer flüssigen Substanz, die nach Aufnahme über die Wurzel in den Zellen der Pflanze das Gas C_2H_4 freisetzt. Das im Fachhandel erhältliche, zur Beschleunigung der Fruchtreife von Äpfeln u.s.w. eingesetzte Präparat „Ethrel" enthält als wirksame Komponente die 2-Chlorethylphosphonsäure. Nach Hydrolyse (+ H_2O) zerfällt diese in die Produkte Ethylen, Phosphat- und Chlorid-Ionen. Wir verwenden Erbsenkeimlinge, die für 3 d in Dunkelheit (25 °C) angezogen wurden. Je 10 Keimlinge werden entnommen und in

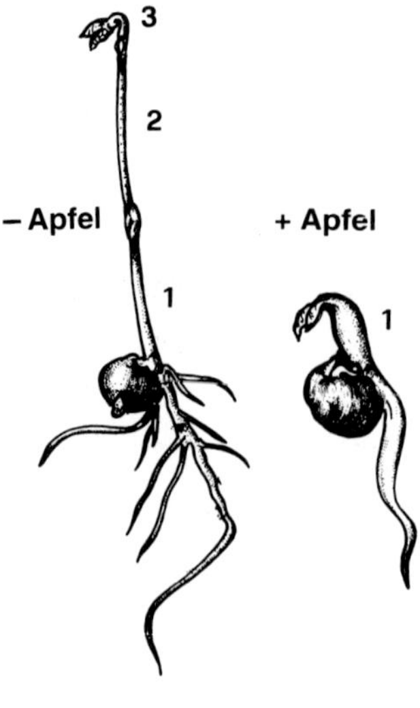

Abb. 10.8: Ethylen-Biotest (Dreifachreaktion). Erbsenkeimlinge wurden für 3 d in Dunkelheit angezogen und dann für weitere 3 d in einem verschlossenen Einmachglas (± Apfelstücke) gehalten (Dunkelheit, 25 °C). Dasselbe Resultat wird erzielt, wenn anstelle des Apfels eine Flüssigkeit, die Ethylen freisetzt (= Ethrel), zugegeben wird (+ Apfel ~ + Ethrel). 1,2,3: Internodien des Epicotyls.

verschließbare Glasgefäße, deren Vermiculit entweder mit Wasser (Kontrolle) oder Ethrel-Lsg. (0,5 ml/100 ml H_2O) angefeuchtet wurde, überpflanzt. Die Gefäße werden verschlossen und für 1 – 4 d in Dunkelheit aufbewahrt. Bereits 48 h nach Umsetzen kann die typische Dreifachreaktion beobachtet werden (Abb. 10.8). Als „Ethylen-Quelle" können auch Apfelstücke verwendet werden. Je 5 Keimlinge werden in ein Einmachglas überpflanzt, in das einige Apfelstücke gegeben werden. Im Verlauf der folgenden 1 – 4 d kann die mit Ethrel hervorgerufene, für das Gas C_2H_4 spezifische Wachstumsreaktion (*triple response*) beobachtet werden (Abb. 10.8). Die Auswertung der Proben (Keimlinge ± Ethrel bzw. ± Apfelstücke) erfolgt mit Hilfe eines Lineals bzw. einer Schieblehre (Länge/Breite der Internodien des Epicotyls messen) und unter Einsatz des Lichtmikroskops (Okularmikrometer: Zell-Dimensionen in der Mitte der Internodien bestimmen). Der hier beschriebene Biotest ist spezifisch für C_2H_4 und sehr sensitiv. Gaskonzentrationen von > 0,1 µl C_2H_4 /l Luft lösen bereits eine deutliche Reaktion der Keimlinge aus.

10.4 Cytokinine

A. Biotest (Cotyledonenwachstum, Blattseneszenz)

Cytokinine sind Adeninderivate, die in Gewebekulturen in Anwesenheit von Auxin Zellteilungen (Cytokinesen) auslösen und in der intakten Pflanze die Blattseneszenz verzögern. Der klassische Tabakmark-Biotest, bei dem aus einem Internodium der Tabakpflanze eine Gewebeprobe entnommen und dann *in vitro* kultiviert wird, ist sehr sensitiv und spezifisch. Da unter sterilen Bedingungen gearbeitet werden muß, ist dieser aufwendige Versuch für Anfängerpraktika jedoch wenig geeignet.

Als Alternative wurde 1974 der Cotyledonen-Biotest eingeführt. Als Versuchspflanzen eignen sich 2 – 3 d alte, etiolierte Keimlinge der Sonnenblume (*Helianthus annuus*), der Gurke (*Cucumis sativus*) oder des Rettichs (*Raphanus sativus*). Die Keimblätter werden abgeschnitten und in Petrischalen gelegt (Abb. 10.9). Wir verwenden zwei synthetische Cytokinine: *Kinetin* (6-Furfurylaminopurin) und

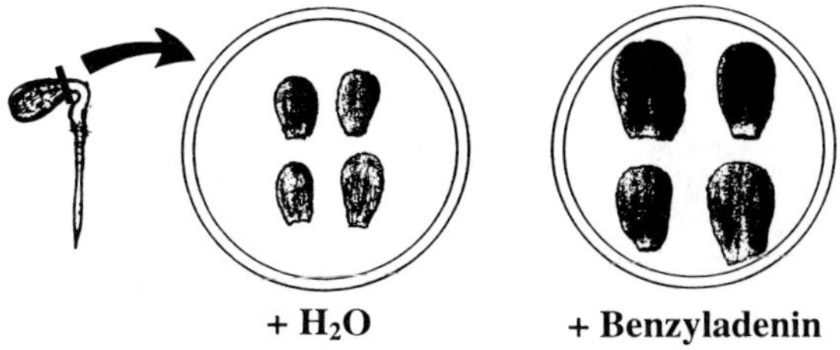

Abb. 10.9: Cytokinin-Biotest. Versuchspflanzen: 2 d alte etiolierte Keimlinge der Sonnenblume. Die Auswertung (Bestimmung der Frischmasse/Keimblatt) erfolgt nach einer Inkubationszeit von 3 d (Dunkelheit). Kontrolle: H_2O ; Benzyladenin: 10 µmol/l.

Benzyladenin (6-Benzyl-Aminopurin). Die Stammlösungen (Konz.: 1 mmol/l) werden wie folgt hergestellt: entsprechende Menge an Cytokinin in 10 ml Dimethylsulfoxid [DMSO] lösen, danach Zugabe von 90 ml H_2O; Wasserkontrolle: 10 % DMSO- Lsg. Als Inkubationsmedium verwenden wir Kinetin oder Benzyladenin (100/10/1 µmol/l) bzw. eine entsprechend verdünnte Wasserkontrolle (1/0,1/0,01 % DMSO-Lsg.). Die Ansätze werden für 3 d in Dunkelheit aufbewahrt (25 °C). Probe 1 direkt nach Schneiden auswerten (Bestimmung der durchschnittlichen Frischmasse der Cotyledonen). Wie Abb. 10.9 zeigt, steigt die Frischmasse der Cotyledonen unter der Wirkung des Cytokinins deutlich an. Das Cotyledonenwachstum wird durch cytokinininduzierte Stimulation der Zellstreckung hervorgebracht, wobei auch eine geringe Zunahme der Zellzahl gemessen wurde. Der Biotest ist spezifisch für die Phytohormonklasse der Cytokinine.

Die Biosynthese der Cytokinine erfolgt bevorzugt in den Wurzelspitzen der Pflanze. Die „Wurzelhormone" wandern im Xylemwasser in den Sproß und steuern dort vermutlich die Zellteilungsaktivität der Meristeme. Die zweite wichtige physiologische Funktion der endogenen Cytokinine besteht in der Hemmung der Seneszenz der Blätter (Verhinderung des Chlorophyllabbaus). Ein entsprechendes Experiment ist in Kapitel 12 (Blattseneszenz) dargestellt (s. Abb. 12.6, S. 131).

B. Induktion von Adventivsprossen

Cytokinine regulieren die Zellteilungsaktivität der meristematischen Gewebe der Pflanze (s.o.). Werden Samen in Cytokinin-Lsg. gequollen, so nehmen die Zellen das Phytohormon auf, wodurch eine artefizielle Umsteuerung der Meristeme induziert wird. Nach Aussaat entstehen neben dem Hauptsproß sogenannte *Adventivknospen* (an anderen Stellen des Pflanzenkörpers hinzugekommene Organanlagen). Diese wachsen zu Adventivsprossen aus, die von der Mutterpflanze abgetrennt, bewurzelt und zu ganzen Pflanzen regeneriert werden können (vegetative Vermehrung von Nutzpflanzen). Wir wollen ein einfaches Experiment zur Demonstration der Cytokininwirkung auf die Entwicklung der Erbsenpflanze durchführen.
Jeweils 20 Samen der Gartenerbse (*Pisum sativum*) werden für 6 h in H_2O (Kontrolle) bzw. einer Benzyladenin-Lsg. (100 µmol/l, s.o.) gequollen und dann in feuchtem

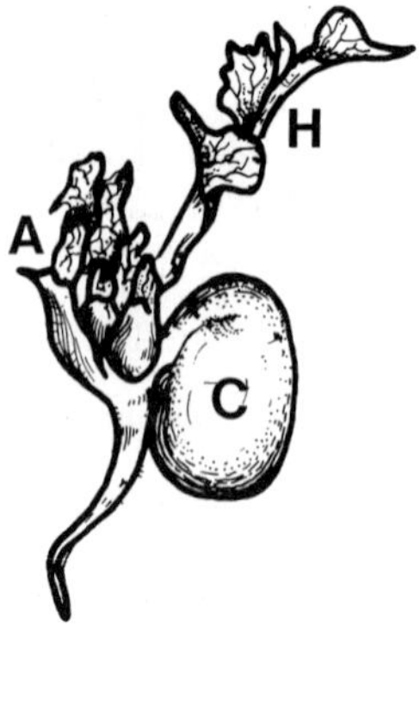

Abb. 10.10: Effekt von Benzyladenin (100 µmol/l) auf die Entwicklung des Erbsenkeimlings (Zustand 2 Wochen nach Aussaat). A = Adventivsprosse, C = Cotyledonen, H = Hauptsproß (Epicotyl).

Vermiculit ausgesät. Die Keimlinge sollten im Tag/Nacht-Rhythmus oder Dauer-Weißlicht angezogen werden (25 °C). Nach 1 – 2 Wochen sind deutliche Cytokinin-Effekte zu beobachten (Bildung von Adventivsprossen, Hemmung des Wachstums von Hauptsproß und Wurzel, Verzögerung der Senseszenz der Cotyledonen). Ein repräsentativer hormonbehandelter Keimling ist in Abb. 10.10 dargestellt. Auswertung: Bestimmung der Frischmassen von Sproß, Wurzel und Cotyledonen (Keimlinge ± Benzyladenin).

10.5 Abscisinsäure

A. Induktion der Dormanz
Das Phytohormon Abscisinsäure (ABA) erfüllt im Lebenszyklus der Samenpflanzen eine zentrale Rolle: es hemmt das Auswachsen der Embryonen in den Samenanlagen der Mutterpflanze (Verhinderung der Viviparie). Unter der Wirkung der endogenen ABA entwickeln sich die unreifen Embryonen in den Samenanlagen zu austrocknungsresisteten Verbreitungseinheiten (Samen), die nach Verdriften und Keimung eine neue Pflanzen-Generation bilden. Diese ABA-Wirkung (Auslösung der inneren Embryonenruhe oder *Dormanz*) kann leicht anhand eines Modellexperiments demonstriert werden: keimfähige Samen, die reife Embryonen enthalten, reagieren in wässriger Lösung (+ ABA) mit einer Entwicklungsruhe (Dormanz). Nach der Quellung unterbleibt das Auswachsen des Embryos. Die ABA-Wirkung ist reversibel (Abb. 10.11). Jeweils 50 Rapssamen (*Brassica napus*) werden in Petrischalen auf Filterpapier ausgelegt. Nach Zugabe von ABA-Lsg. (0,1 mmol/l: entsprechende Menge an Abscisinsäure in H_2O lösen, 24 h rühren) bzw. H_2O werden die Proben bei 25 °C in Dunkelheit aufbewahrt. Nach 1 – 3 d wird die Keimrate (± ABA) bestimmt (s. Kapitel 4.5). Werden die gequollenen (dormanten) Samen (+ ABA) mit Wasser gewaschen und erneut ausgesät (– ABA, + H_2O), so keimen sie rasch aus: die Hormonwirkung ist somit umkehrbar.

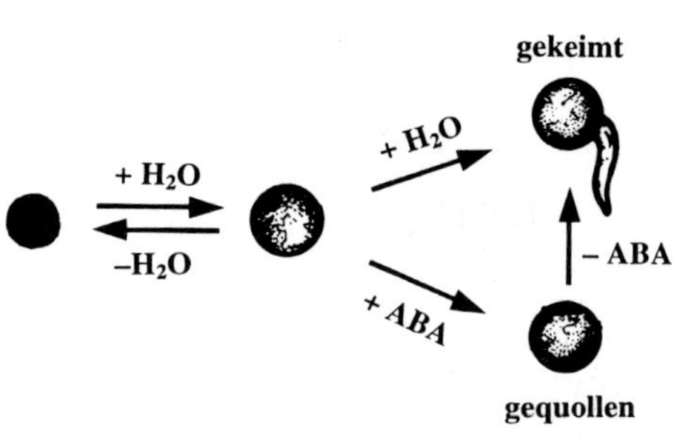

Abb. 10.11: Effekt von Abscisinsäure (ABA) auf die Keimung von Rapssamen. In Anwesenheit von ABA (0,1 mmol/l) unterbleibt das Auswachsen des Embryos. Die ABA-Wirkung ist reversibel (– ABA: Keimung).

B. Verschluß der Stomata
Bei Wassermangel (Hitze, Trockenheit) wird in den Blättern und der Wurzel der Pflanze mit erhöhter Rate das Phytohormon ABA synthetisiert. In den Laubblättern löst das „Wasserstreß-Hormon" den Verschluß der Spaltöffnungen (Stomata) aus. Hierdurch

wird der Wasserverlust (stomatäre Transpiration) drastisch reduziert und das Überleben der Pflanze ermöglicht. Diese physiologische Wirkung der endogen gebildeten ABA kann in einem Modellexperiment demonstriert werden. Als Pflanze verwenden wir das klassische Versuchsobjekt der ABA-Forschung, die Wasserranke (*Commelina communis*). Die aus Ostasien stammende Zierpflanze kann über Botanische Gärten bezogen und durch Ableger vermehrt werden. Im Gegensatz zu anderen ähnlich aussehenden Spezies läßt sich bei *Commelina communis* die Epidermis leicht als intakte Zellschicht abziehen. Die Pflanzen werden für 2 h mit Weißlicht bestrahlt (Stomata offen). Dann ziehen wir von der Unterseite abgeschnittener Blätter Epidermisstreifen ab und betrachten sie im Lichtmikroskop. Wie Abb. 10.12 zeigt, liegt ein recht komplexer Spaltöffnungsapparat vor (normale Epidermiszellen; darin eingelagert: 2 Schließzellen mit Spalt, umgeben von 6 Nebenzellen). Wir führen zunächst einen *Vitalitätstest* durch. Die Epidermisstreifen werden in Saccharose-Lsg. (0,4 mol/l) überführt: ⇒ Plasmolyse; nach erneuter Inkubation in H_2O ⇒ Deplasmolyse (s. Kapitel 5). Daraus folgt, daß die abgezogenen Epidermiszellen intakte (semipermeable) Membranen aufweisen und somit lebend sind. Nach Inkubation der Proben in ABA-Lsg. (0,1 mmol/l, s.o.) kann bereits nach 10 min ein Verschluß der Stomata beobachtet werden. Das Phytohormon induziert den Verschluß des Spalts durch Transfer osmotisch aktiver Ionen und Moleküle (K^+, Cl^-, Malat) von den Schließ- in die Nebenzellen. Hierdurch sinkt der Turgordruck der Schließzellen ab. Nach Auswaschen der ABA steigt der Turgor der Schließzellen wieder an und der Spalt öffnet sich. Der ABA-Effekt ist somit reversibel. Weitere Experimente zur Regulation der Öffnungsweite der Stomata sind in Kapitel 13 beschrieben.

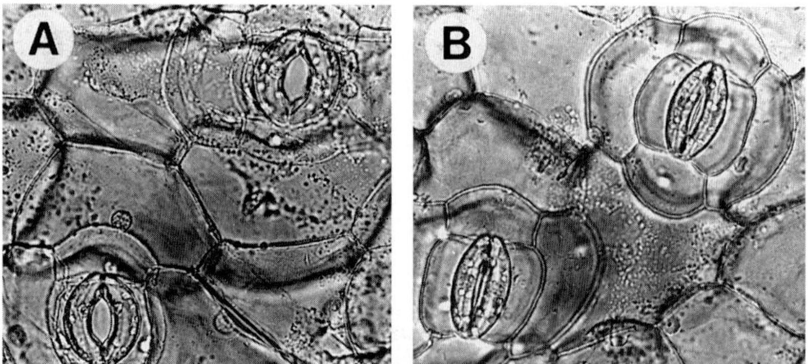

Abb. 10.12: Effekt von Abscisinsäure (ABA) auf den Verschluß der Stomata in der unteren Blattepidermis der Wasserranke. Isolierte Epidermisstreifen wurden wie folgt behandelt: H_2O + Licht (A); 15 min ABA (0,1 mmol/l) + Licht (B) (x 500). (Aufnahmen: M. Wethling.)

11 Pflanzenernährung

Die von den grünen Pflanzen photosynthetisch erzeugte Primär- oder Urnahrung bildet, gemeinsam mit dem freigesetzten Sauerstoff, die Lebensgrundlage für alle heterotrophen Organismen der Erde (s. Kapitel 1). Es ergibt sich die Frage, welche Nährstoffe die Pflanze aus der Umwelt (Luft, Wasser) aufnehmen muß, um mit Hilfe des Sonnenlichts die Primärnahrung erzeugen zu können. Wir wissen heute, daß 17 chemische Elemente benötigt werden; diese *essentiellen Elemente* können nicht durch andere ersetzt werden und erfüllen im Stoffwechsel der Pflanzenzelle jeweils spezifische Funktionen (9 Makroelemente: Sauerstoff [O], Kohlenstoff [C], Wasserstoff [H], Stickstoff [N], Kalium [K], Calcium [Ca], Magnesium [Mg], Phosphor [P], Schwefel [S]; 8 Mikroelemente: Chlor [Cl], Eisen [Fe], Mangan [Mn], Bor [B], Zink [Zn], Kupfer [Cu], Molybdän [Mo], Nickel [Ni]). Die Elemente C, O und H nimmt die Pflanze als Flüssigkeit (H_2O) bzw. in Gasform (CO_2, O_2) auf. Die anderen 14 Elemente werden als Ionen (pos. Kationen, neg. Anionen) von der Wurzel der wässrigen Bodenlösung entzogen und über das Xylem in den Sproß transportiert (Ausnahme: Element Bor, das als undissoziierte Borsäure [H_3BO_3] absorbiert wird). Die Wurzel erfüllt somit neben der mechanischen Verankerung des Kormus und der Wasseraufnahme die Funktion, Kationen (K^+) und Anionen (A^-) aus der Bodenlösung zu absorbieren (Abb. 11.1). Der Mechanismus der Ionenaufnahme ist eine zentrale Frage der Pflanzenernährung. Wir wollen diesen Prozeß anhand ausgewählter Experimente analysieren. Da einige wichtige Nutzpflanzen ihren Stickstoffbedarf über eine Symbiose mit N_2-fixierenden Mikroorganismen decken, soll diese Sonderform der Nährstoffgewinnung ebenfalls in diesem Kapitel behandelt werden.

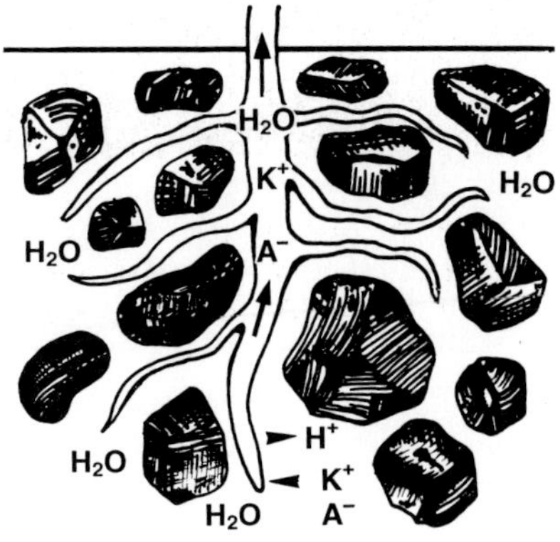

Abb. 11.1: Ionenaufnahme über die Wurzel der Pflanze. Das zwischen den Bodenpartikeln eingelagerte Kapillarwasser (H_2O) enthält Kationen (K^+) und Anionen (A^-), die u.a. im Austausch mit Protonen (H^+) von den Wurzelhaaren absorbiert und in den Sproß transportiert werden.

11.1 Mineralstoff-Mangelexperimente

A. Grundversuch

Um die Bedeutung der anorganischen Mineralsalze für Wachstum und Entwicklung der Pflanze zu demonstrieren, ziehen wir Keimlinge, die rasch an entsprechenden endogenen Reserven (Phytin) verarmen, in reinem H_2O bzw. einer Nährlösung an. Geeignete Versuchsobjekte sind z.B. Sonnenblume (*Helianthus annuus*) oder Mais (*Zea mays*). Fertige Nährlösungen bzw. Salz-Mischungen, die alle essentiellen Elemente enthalten, können im Fachhandel erworben werden (z.B. HOAGLAND's No. 2 Basal Salt Mixture der Firma Sigma Chemical Co., Mo., USA; Zusammensetzung : $Ca(NO_3)_2$ [656 mg/l], KNO_3 [607 mg/l] , Mg SO_4 [241 mg/l], $NH_4H_2PO_4$ [115 mg/l], Fe-Tartrat · 2 H_2O [5,3 mg/l], H_3BO_3 [2,86 mg/l], $MnCl_2$ · 4 H_2O [1,81 mg/l], $ZnSO_4$ · 7 H_2O [0,22 mg/l], $CuSO_4$ · 5 H_2O [0,08 mg/l], MoO_3 [0,016 mg/l]; Konz.:1,63 g/l, pH ~ 4,7 bei 25 °C). Im folgenden wollen wir eine Lösung dieser käuflichen Salzmischung, die in Spuren auch Nickelionen enthält, als HOAGLAND-Lsg. bezeichnen. Als steriles Anzuchtmedium (Wurzelsubstrat) verwenden wir Vermiculit (s. Kapitel 2). Ansatz A: Substrat + H_2O; Ansatz B: Substrat + 1/1 HOAGLAND-Lsg. Die Keimlinge wachsen im Tag/Nacht-Rhythmus heran und werden nach 1 oder 2 Wochen wie folgt untersucht (Abb. 11.2): Je eine Pflanze (± Nährlsg.) wird vorsichtig dem Vermiculit entnommen und gezeichnet. Danach werden die oberirdischen Organe (Hypocotyl, Cotyledonen, Primärblätter) voneinander getrennt und deren Frisch- bzw. Trockenmassen ermittelt. Die Mittelwerte aus jeweils 4 – 6 Proben werden errechnet und tabelliert. Resultat: In Anwesenheit der HOAGLAND-Lsg. ist eine deutliche Stimulation des Wachstums zu verzeichnen; in reinem H_2O (– Mineralsalze) kommt die Entwicklung des Keimlings bald zum Stillstand.

B. Hydrokultur-Mangelversuch

Um herauszufinden, welche Mangelsymptome bei Fehlen einzelner essentieller Elemente auftreten, stellen wir eine Reihe von Nährlösungen her: komplette Lsg.; – Stick-

Abb. 11.2: Effekt von Mineralsalzen auf die Entwicklung von Sonnenblumenkeimlingen. Die Pflanzen wuchsen in Vermiculit, das entweder mit dest. Wasser (A) oder einer HOAGLAND-Nährlösung (1/1) (B) angefeuchtet wurde, im Tag/Nacht-Rhythmus heran (25 °C). Zustand 1 Woche nach Aussaat.

Tab. 11.1: Zusammensetzung von Nährlösungen (Volumen: 500 ml) zur Durchführung eines Mineralstoff-Mangelversuchs. Jeweils 1 – 5 ml der Stammlösungen (Konz.: 0,5 mol/l) werden in 200 ml dest. Wasser gegeben und dann auf 500 ml aufgefüllt. FeNa EDTA = Eisen-Natrium-Ethylendiamintetraacetat (42 mg pro ml Stammlsg.; 13 % Fe); Mikroelemente = 1,43 g H_3BO_3 ; 0,90 g $MnCl_2 \cdot 4\,H_2O$; 0,055 g $ZnCl_2$; 0,025 g $CuCl_2 \cdot 2\,H_2O$; 0,013 g $Na_2MoO_4 \cdot H_2O$ pro 500 ml Stammlsg. (Nach MOORE, T.C.: Research Experiences in Plant Physiology. 2. Ed., Springer Verlag, New York - Heidelberg - Berlin, 1981.)

Stammlsg. [0,5 mol/l]	komplett	– N	– K	– P	– Ca	– Mg	– S	– Fe	– Mikroel.
$Ca(NO_3)_2$	5 ml	–	5 ml	5 ml	–	5 ml	5 ml	5 ml	5 ml
KNO_3	5 ml	–	–	5 ml	5 ml	5 ml	5 ml	5 ml	5 ml
$MgSO_4$	2 ml	2 ml	2 ml	2 ml	2 ml	–	–	2 ml	2 ml
KH_2PO_4	1 ml	1 ml	–	–	1 ml	1 ml	1 ml	1 ml	1 ml
$NaNO_3$	–	–	5 ml	–	10 ml	–	–	–	–
$MgCl_2$	–	–	–	–	–	–	2 ml	–	–
Na_2SO_4	–	–	–	–	–	2 ml	–	–	–
NaH_2PO_4	–	–	1 ml	–	–	–	–	–	–
$CaCl_2$	–	5 ml	–	–	–	–	–	–	–
KCl	–	5 ml	–	1 ml	–	–	–	–	–
FeNa EDTA	1 ml	1 ml	1 ml	1 ml	1 ml	1 ml	1 ml	–	1 ml
Mikro-elemente	1 ml	1 ml	1 ml	1 ml	1 ml	1 ml	1 ml	1 ml	–

stoff (N); – Kalium (K); – Phosphor (P); – Calcium (Ca); – Magnesium (Mg); – Schwefel (S); – Eisen (Fe); – Mikroelemente. In Tab. 11.1 sind die entsprechenden Einzelkomponenten (Mineralsalze) zusammengestellt. Die pH-Werte der Lösungen sollten gemessen und notiert werden. Dann werden 9 Flaschen mit den in Tab. 11.1 beschriebenen 9 Lösungen zu 2/3 gefüllt. Als Versuchspflanzen verwenden wir 7 – 14 d alte Sonnenblumenkeimlinge, die in HOAGLAND-Lsg. angezogen wurden (s. Abb. 11.2 B). Einzelne Pflanzen werden vorsichtig dem Vermiculit entnommen, gewaschen und mit den Wurzeln in die Nährlösungen gehängt (unterer Hypocotylabschnitt mit Schaumstoff umwickeln und als „Korken" in den Flaschenhals stecken). Die 9 Lösungen sollten belüftet (Aquarienpumpe) und zur Verhinderung von Algenbewuchs mit Alufolie abgedunkelt werden. Unsere 9 Hydrokultur-Pflanzen werden im Licht/Dunkel-Wechsel gehalten und 3 Wochen lang beobachtet.

Resultate: 1. komplette Nährlsg.: kräftiges Wachstum des Epicotyls, Entwicklung grüner Primär- und Folgeblätter. 2. – N: geringer Zuwachs, Cotyledonen und untere Blätter gelb/braun; sie sterben bald ab. 3. – K: Wachstumshemmung; Blätter mit gelb-rot/braunen Flecken, krümmen sich nach unten, welk, sterben ab; 4. – P: Wachstum reduziert; Epicotyl dünn, zart; Blätter dunkelgrün, einzelne Blattbereiche sterben ab (Necrose); 5. – Ca: Deformation der jüngsten Blätter; Epicotyl wird braun und instabil, Sproßspitze knickt ab; 6. – Mg: ältere (untere) Blätter werden gelb (Chlorophyllverlust = Chlorose), Regionen um die Blattadern bleiben grün; 7. – S: Wachstum normal; Blätter hellgrün; oberste Blätter im fortgeschrittenen Stadium gelb/weiß; 8. – Fe: jüngste (oberste) Blätter werden gelb/weiß (Chlorose), während die unteren Blätter grün bleiben; 9. – Mikronährstoffe: Wachstum reduziert, oberste Blätter gelb/braun (Flecken), welk, fallen bald ab; untere Blätter an Spitzen und Rändern gelb, deformiert.

11.2 Nachweis der Ionenaufnahme (Wurzelexudation)

In Kapitel 6 wurde die Xylemexudation 7 d alter Sonnenblumenkeimlinge beschrieben (s. Abb. 6.3, S. 49). Nach Abschneiden des Hypocotyls und Aufsetzen eines Steigrohres konnte ein Anstieg der aus Xylemwasser bestehenden Flüssigkeitssäule beobachtet

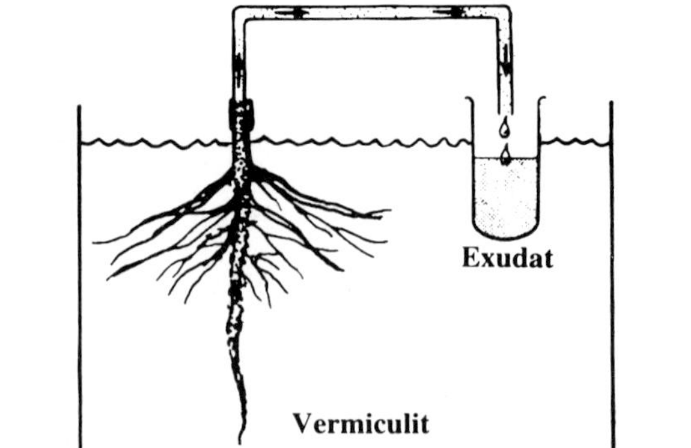

Abb. 11.3: Versuchsaufbau zum Gewinn von Xylem-Exudat. Ein dekapitierter 7 d alter Sonnenblumenkeimling wird mit einem Siliconschlauch versehen. Das Exudat kann in einem Plastikgefäß gesammelt werden. (Zeichnung: J. SCHAKE.)

werden (Triebkraft: Wurzeldruck). Durch Modifikation der Versuchsanordnung können wir das abgegebene Xylemwasser (= Exudat) sammeln und analysieren. Wir verwenden 7 d alte Keimlinge, die in H_2O, 1/2- bzw. 1/1-HOAGLAND-Lsg. angezogen werden (s. Abb. 11.2). Nach Abschneiden des Hypocotyls wird ein Siliconschlauch aufgesetzt und das Exudat in einem 1 ml-Eppendorf-Reaktionsgefäß gesammelt (Abb. 11.3). Nach 24 h (Exudations-Dauer) werden die Proben wie folgt analysiert.

A. Gefrierpunkt-Osmometer
Wie in Kapitel 5.5 beschrieben wurde, kann die osmotische Konzentration OC (= Osmolalität) von Flüssigkeiten mit einem Gefrierpunkt-Osmometer gemessen werden (s. S. 40). Die Zahlenwerte (Einheit: Osmol/kg) sind ein Maß für die Summe aller osmotisch aktiven Teilchen (Ionen, Moleküle) in der wässrigen Probe. Wir können unter Einsatz dieser Methode nachweisen, daß in Anwesenheit der HOAGLAND-Lsg. über die Wurzel osmotisch wirksame Teilchen (= Ionen) aufgenommen wurden.

Beispiel: OC der Anzuchtmedien (H_2O, 1/2- bzw. 1/1-HOAGLAND-Lsg.): 0,000/0,015/0,030 Osmol/kg; OC des Xylem-Exudats (24 h): 0,010/ 0,021/0,032 Osmol/kg ⇒ Ionenaufnahme über die Wurzel und Anreicherung im Xylemwasser des Hypocotyls.

B. Analyse der Kationen-Konzentration
Unter Einsatz verschiedener moderner Analysemethoden kann die Konzentration an Kationen im Xylem-Exudat quantifiziert werden. Beispiel: Anzuchtmedium H_2O, 1/2- bzw. 1/1- HOAGLAND-Lsg.: Konzentrationen an Kalium, Magnesium und Calcium-Ionen im Exudat (24 h): K^+: 172/428/492; Mg^{2+}: 18/43/53 und Ca^{2+}: 5/21/29 (mg/l) ⇒ Kationen des Außenmediums werden selektiv von der Wurzel aufgenommen und in die Xylemgefäße des Sprosses gepumpt. Durch osmotische Wasseraufnahme entsteht der Wurzeldruck.

11.3 Abhängigkeit der Ionenaufnahme von der Photosynthese der Blätter

Die Ionenaufnahme über die Wurzel (Abb. 11.1) ist ein aktiver, von der Zellatmung abhängiger Prozeß. Die zur ATP-Gewinnung notwendigen Atmungssubstrate werden vom Sproß geliefert. Wie in Kapitel 6 dargelegt wurde, wird in den Laubblättern im Licht der Transportmetabolit *Saccharose* gebildet und im Phloem in die Wurzel transportiert. Die Ionenaufnahme hängt somit von der Photosyntheseaktivität der Blätter ab.

Zur Demonstration dieses Zusammenhangs führen wir ein Modellexperiment durch. Etwa 80 % der Gesamtionenaufnahme dient der Stickstoffversorgung der Pflanze (Aufnahmeformen des Elements N: Nitrat [NO_3^-]- bzw. Ammoniumionen [NH_4^+]). Werden der Pflanze bevorzugt NH_4^+-Ionen angeboten (Ammoniumernährung), so reagiert die Wurzel mit einer Protonenabgabe (Ansäuerung der Rhizosphäre), während bei NO_3^--Angebot (Nitraternährung) der entgegengesetzte Prozeß zu beobachten ist. Über eine pH-Messung der Rhizosphäre kann somit die NH_4^+-Aufnahme verfolgt werden.

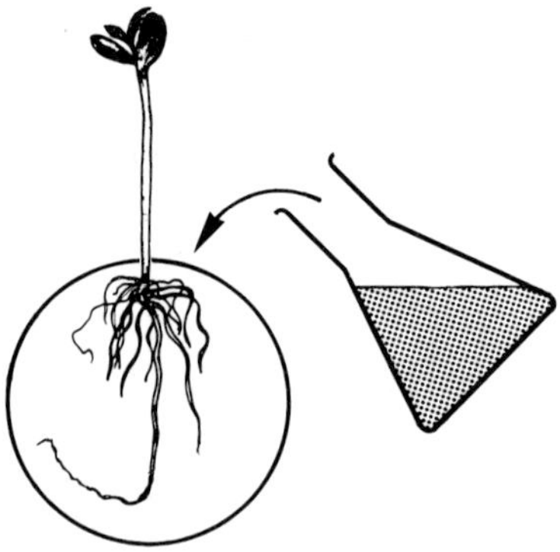

Abb. 11.4: Experiment zum Nachweis der lichtabhängigen Ionen (NH_4^+)-Aufnahme der Wurzel. Warmer Weichagar (+ Ammoniumsulfat, + pH-Indikator Bromkresolpurpur) wird in eine Petrischale gegossen, in der die gewaschene Wurzel eines Sonnenblumenkeimlings ausgebreitet wurde. (Nach TROLLDENIER, G.: Biologie in unserer Zeit 25, 120-129, 1995.)

Durchführung und Resultat

Als Versuchspflanzen verwenden wir 7 d alte, in HOAGLAND-Lsg. angezogene Sonnenblumenkeimling (s. Abb. 11.2 B). Die Pflanzen werden dem Substrat entnommen und so lange gewaschen, bis die Wurzeln von allen Vermiculitresten befreit sind. Wir bereiten in einem Erlenmeyer-Kolben eine Weichagar-Lösung vor, die eine Stickstoffquelle (Ammoniumsulfat $[(NH_4)_2SO_4]$, 5 mmol/l) und einen pH-Indikator enthält (Bromkresolpurpur, 60 mg/l). Der pH-Wert der Lösung wird auf ~ 6 eingestellt (Farbe: violett). Das Wurzelsystem einer Pflanze wird in einer Petrischale ausgebreitet und dann mit der warmen (40 – 45 °C) Weichagar-Lsg. übergossen (Abb. 11.4). Die Petrischalen werden mit Alufolie abgedeckt. Nach Erhärten des Wurzelmediums wird Ansatz A in Dunkelheit aufgestellt und Ansatz B mit Weißlicht bestrahlt (Photonenfluß > 100 μmol · m^{-2} · s^{-1}). Inkubationszeit: 24 h (25 °C).

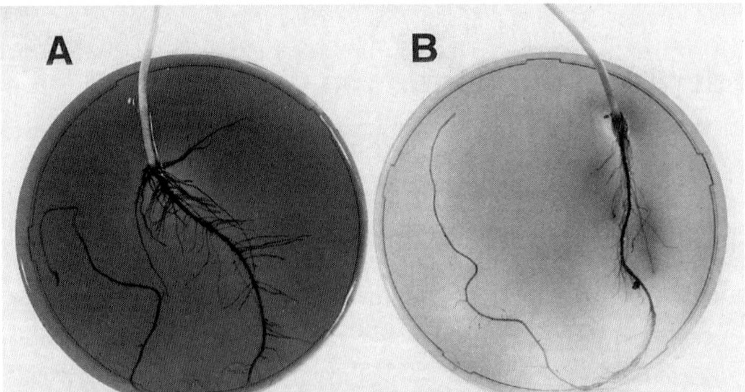

Abb. 11.5: Wirkung der Photosynthese der Blätter auf die Protonenabgabe (~ Ionenaufnahme) der Wurzel. Sonnenblumenkeimlinge wurden wie in Abb. 11.4 dargestellt in Weichagar eingebettet und dann entweder für 24 h in Dunkelheit (A) oder Dauer-Weißlicht (B) gehalten. Dunkle Bereiche des Agars: pH ~ 6; helle Bereiche: pH ~ 5 (Ansäuerung, d. h. NH_4^+-Aufnahme).

Beide Ansätze (± Licht) werden einen Tag später bei Tageslicht betrachtet (Abb. 11.5). In Dunkelheit (A) bleibt der Agar violett gefärbt (⇒ keine H^+-Abgabe). Die Rhizosphäre des belichteten Keimlings (B) ist gelb gefärbt (⇒ H^+-Abgabe, d. h. NH_4^+-Aufnahme). Wird Ansatz A unter eine Lampe gestellt, so kann nach 1 – 2 h eine immer intensiver werdende Gelbfärbung der Rhizosphäre beobachtet werden.

11.4 Ausbildung von Wurzelknöllchen bei der Gartenerbse

Seit 1840 ist bekannt, daß Vertreter der Familie der Schmetterlingsblütler (Leguminosae = Fabaceae) ihren Stickstoffgehalt durch N_2-Fixierung aus der Luft erhöhen können. Heute wissen wir, daß die Fähigkeit dieser Pflanzen, den Luftstickstoff zu binden und zur Aminosäure-Biosynthese zu verwenden (Diazotrophie) auf einer Symbiose zwischen N_2-fixierenden Bakterien (*Rhizobium leguminosarum*) und Gewebewucherungen („Knöllchen") der Wurzel beruht. In der Erde freilebende Bakterien (Rhizobien) werden von der Leguminosenwurzel angelockt. Über die Wurzelhaare wandern die Rhizobien ein und bilden in der Rinde des Organs eine Gewebewucherung aus, die als „Wurzelknöllchen" sichtbar ist. Die innerhalb der Rindenzellen symbiontisch lebenden Bakterien (= Bakteroide) fixieren mit Hilfe des Enzyms Nitrogenase den Stickstoff der Luft ($N_2 \rightarrow NH_3$). Die aus NH_3 gebildeten Aminosäuren (bzw. Amide/Ureide) werden über Leitbündel in die Pflanze transportiert. Als „Gegenleistung" liefert die Leguminose organische Moleküle, die zur Aufrechterhaltung des Zellstoffwechsels von

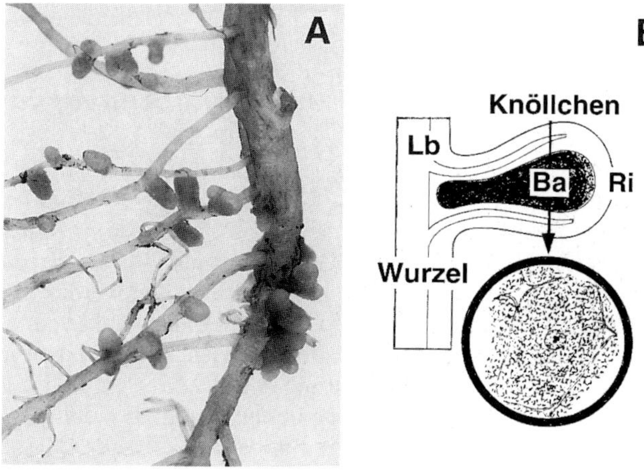

Abb. 11.6: Wurzelknöllchen (rötliche warzenförmige Auswüchse) bei einer 6 Wochen alten im Freiland gewachsenen Gartenerbse (A). Schematischer Längsschnitt durch ein Knöllchen (B). Im Zentrum des Organs können mit roten Körnchen (= Bakteroide) gefüllte Zellen beobachtet werden (x 600). Ba = Bakteroide, Lb = Leitbündel, Ri = Rinde.

den Rhizobien benötigt werden. Im Cytoplasma der mit Rhizobien befallenen Wurzelzellen ist zur Ermöglichung des geregelten O_2-Transports das Leguminosen (Leg)-Hämoglobin zu finden: die N_2-fixierenden Bereiche der Knöllchen sind daher rot gefärbt.

Durchführung und Resultat
Gartenerbsen (*Pisum sativum*) werden in feuchtem Vermiculit im Tag/Nacht-Rhythmus angezogen. Nach 2 Wochen werden einzelne Pflanzen dem Substrat entnommen und gewaschen: Die Wurzeln (Länge: 6 – 10 cm) zeigen keinerlei Gewebewucherungen. Einige Erbsen werden daraufhin in einen Blumentopf gepflanzt, der frische (nährstoffarme) Garten- oder Ackererde enthält und im Gewächshaus oder Freiland kultiviert (Ansatz A: + Rhizobien). Als Kontrolle verwenden wir eine Probe derselben Erde, die vor Bepflanzung sterilisiert wurde (Autoklav: 15 min bei 121 °C, gesättigter Dampf). Ansatz B: (– Rhizobien) wird neben Ansatz A gestellt und in regelmäßigen Zeitabständen mit Leitungswasser gegossen. Nach 4 – 6 Wochen werden die Wurzeln vorsichtig der Erde entnommen und miteinander verglichen: In Ansatz A (+ Rhizobien) sind zahlreiche rötliche, birnenförmige Gewebewucherungen (Knöllchen) ausgebildet (Abb. 11.6 A), die in Ansatz B (– Rhizobien) fehlen. Ein gut entwickeltes Knöllchen wird abgetrennt und nach Anfertigung eines Längsschnittes im Lichtmikroskop betrachtet (Abb. 11.6 B). Wir erkennen die transparenten, von Leitbündeln durchzogenen Rindenzellen sowie den durch Leg-Hämoglobin rötlich gefärbten, mit Rhizobien befallenen inneren Bereich. Ein Querschnitt durch die Mitte des Knöllchens zeigt bei hoher Vergrößerung im Lichtmikroskop, daß die Zellen mit rötlich/schwarzen Körnchen gefüllt sind (symbiontisch lebende Rhizobien = Bakteroide).

11.5 Beobachtungen zur *Azolla/Anabaena*-Symbiose

Cyanobakterien („Blaualgen") sind photoautotrophe, zur oxigenen Photosynthese fähige Mikroorganismen, deren Urahnen vor 2 – 3 Milliarden Jahren vermutlich für den Anstieg des Sauerstoffgehaltes der frühen Erdatmosphäre verantwortlich waren (s. Kapitel 1). Zahlreiche fadenförmige, photosynthetisch aktive Arten sind in der Lage, den Luft-Stickstoff zu fixieren. Bei N_2-Mangel werden einzelne blasenförmige Zellen (Heterocysten) angelegt, die photosynthetisch inaktiv sind, dafür aber Stickstoff fixieren. Asiatische Schwimmfarne (Moosfarn, *Azolla*) leben in Symbiose mit N_2-fixierenden Cyanobakterien der Gattung *Anabaena*. Seit Jahrhunderten wird die „Gründüngung" der Reisfelder durch gezielte Ausnutzung der *Azolla/Anabaena*-Symbiose betrieben. Bevor die Reispflanzen angepflanzt werden, lassen die Reisbauern die Oberfläche der überschwemmten Felder mit Wasserfarnpflanzen zuwachsen. Die aufkommenden Reispflanzen verdrängen dann die Schwimmfarn-Schicht, wodurch ein Absterben von *Azolla* hervorgerufen wird. Der von *Anabaena* fixierte Stickstoff (→ NH_3, Aminosäuren) gelangt in die Bodenschicht und wird in Form von NH_4^+-bzw. NO_3^--Ionen von den Wurzeln der Reispflanzen absorbiert.

Moosfarne der Gattung *Azolla* können über Gewächshausanlagen bezogen und in Petrischalen kultiviert werden (in der Regel ist jedes mit Reispflanzen bewachsene Gewächshaus-Becken mit *Azolla* „verunreinigt"). Eine Einzelpflanze von *Azolla caroliniana* ist in Abb. 11.7 A dargestellt. Einzelne Blättchen werden abgetrennt und zwischen Deckglas und Objektträger gequetscht. Im Lichtmikroskop können wir neben Gewebebruchstücken des Farns die mehrzelligen *Anabaena*-Fäden beobachten (Abb. 11.7 B). Ein Vergleich der Morphologie dieser rezenten Cyanobakterien mit den ältesten Mikrofossilien der Erde (Urorganismen) zeigt eine große Ähnlichkeit (s. Abb. 1.1, S. 4).

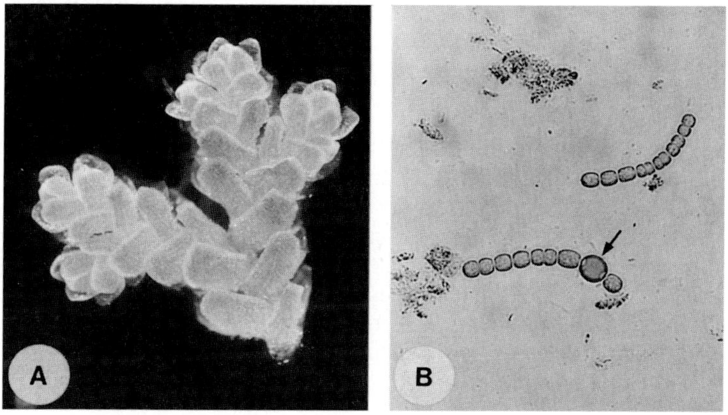

Abb. 11.7: Karolina Moosfarn (*Azolla caroliniana*) (A) (x 10). Das Quetschpräparat (B) zeigt symbiontisch lebende Cyanobakterien der Gattung *Anabaena*; Pfeil: Heterocyste (Ort der N_2-Fixierung) (x 80).

12 Blattseneszenz

Die im Herbst zu beobachtende Seneszenz der Laubblätter unserer Bäume und Sträucher ist ein Naturereignis von großer Schönheit und symbolhaftem Charakter. Es handelt sich hierbei nicht um einen ungeordneten Zusammenbruch der Blatt-Feinstruktur, sondern um einen genetisch determinierten Entwicklungsprozeß, der als End-Differenzierung des Photosyntheseorgans betrachtet werden kann. Die Blattseneszenz wird in zwei Phasen unterteilt: 1. Abbau von Chlorophyll und anderer Makromoleküle in der Blattspreite (dieser Vorgang ist häufig mit einer Anthocyanakkumulation verbunden) und 2. Abbrechen des Blattstiels an einer präformierten Bruchstelle (Abscission oder Blattabwurf) (Abb. 12.1). Zahlreiche Untersuchungen haben gezeigt, daß die Blattseneszenz auf einem *programmierten Zelltod* beruht: im lebenden Organ werden biochemische Prozesse in Gang gesetzt, die letztlich zur Selbst-Zerstörung (Tod) der Zellen führen.

Die Photosyntheserate der Laubblätter sinkt gegen Ende der Vegetationsperiode ab; mit Einsetzen der Vergilbung der Blattspreite kann ein Zerfall der Chloroplastenstruktur beobachtet werden. Die Chlorophylle sowie Proteine, Nucleinsäuren und Membran-Lipide werden in kleinere Bausteine zerlegt. Diese werden dann in den Stamm exportiert und dort u.a. zur Biosynthese von Speicherproteinen verwendet, die im nächsten Frühjahr wieder mobilisiert werden. Die Blattseneszenz hat somit den biologischen Sinn, Nährelemente, wie z.B. Stickstoff, zu konservieren und in der folgenden Vegetationsperiode wieder zu verwerten (*Recycling-Prozeß*).

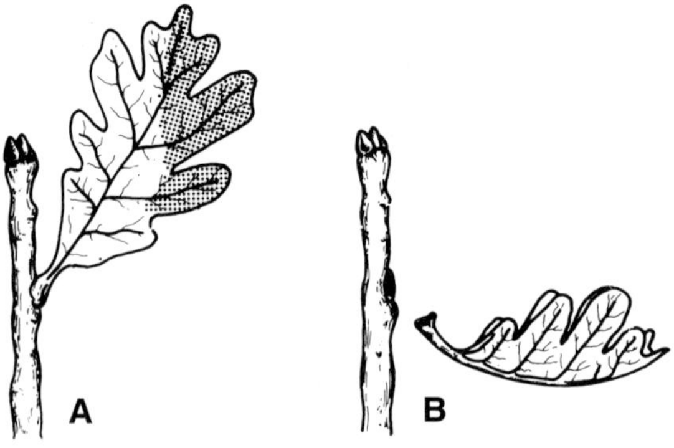

Abb. 12.1: Seneszenz des Laubblattes. Chlorophyllabbau (Vergilbung der Spreite) (A), Blattabwurf (Abscission) (B).

12.1 Herbstfärbung der Blätter

Warum werden die Blätter im Herbst gelb bzw. tiefrot? Diese Frage soll anhand der hier beschriebenen Experimente beantwortet werden. Allgemein gilt folgen-

Tab. 12.1: Beziehung zwischen der Wellenlänge (λ) des von einer Pigmentlösung absorbierten Lichts (Einheit: nm) und der vom menschlichen Auge wahrgenommenen Farbqualität (= Komplementärfarbe zur absorbierten Spektralfarbe).

λ-Bereich (nm)	400 – 450	450 – 500	500 – 550	550 – 600	600 – 650	650 – 700	700 – 750
Absorb. Licht	violett	blau	grün	gelb	orange	hellrot	dunkelrot
Farbqualität	gelb	hellrot	dunkelrot	violett	viol.blau	blau	grün

de Regel: (1) grüne Blätter: Chlorophylle a/b sind die dominierenden (sichtbaren) Pigmente; (2) gelbe Blätter: Chlorophylle wurden zu > 95 % abgebaut, Carotinoide sind noch zu 50 – 60 % vorhanden und treten nun hervor; (3) rote Blätter: in den Zellen der Subepidermis werden Schutzpigmente (Anthocyane) synthetisiert und in den Vacuolen abgelagert; (4) braune Blätter: die Zellen sind abgestorben; die Blattfärbung wird durch verschiedene Oxidationsprodukte hervorgebracht.

Durchführung und Resultate

Wir benötigen Laubblätter, die sich jeweils in einem der oben beschriebenen 4 Entwicklungsstadien befinden, eine Heizplatte, Ethanol (80 %) und ein Spektralphotometer.

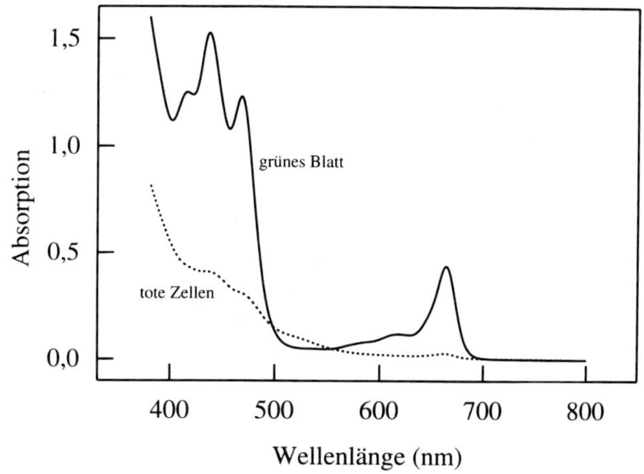

Abb. 12.2: Absorptionsspektrum der extrahierten Pigmente (80 % Ethanol) eines grünen (alten) Laubblattes des Scharlachdorns. Das Spektrum wurde mit einem UVIKON 931-Spektralphotometer (Kontron Instr., Italien) aufgenommen. Tote Zellen: Extrakt eines braunen, abgefallenen Blattes. (Grafik: T. HEUPEL.)

Versuchspflanze: z.B. der Scharlachdorn (*Crataegus coccinea*), ein aus Nordamerika stammender Zierstrauch. Wir sammeln im Oktober grüne, gelbe, rote und abgefallene braune Blätter. Jeweils ½ Blatt wird in kleine Stücke zerschnitten und in 10 ml Ethanol (80 %) erwärmt (40 °C). Nach 30 min sind die Blattpigmente weitgehend extrahiert ⇒ grüne/gelbe/rote/hellbraune Ethanol-Lsg. Die Extrakte werden abzentrifugiert und jeweils ein Aliquot des Überstandes in einem Spektralphotometer vermessen.

A. Grünes Blatt: Ein repräsentatives Absorptionsspektrum ist in Abb. 12.2 wiedergegeben. Wir beobachten zwei Absorptionsmaxima: im Wellenlängen (λ)-Bereich zwischen 400 – 450 nm (violett) und in der Region um 650 – 700 nm (hellrot). Im grünen Spektralbereich (λ ~ 500 – 550 nm) ist die Lichtabsorption minimal. Warum erscheint im menschlichen Auge das Blatt in der Farbe grün? Die von uns wahrgenommene Farbqualität entspricht der *Komplementärfarbe* der von der Pigmentlösung absorbierten Strahlung. Wie aus Tab. 12.1 hervorgeht, sind die Komplementärfarben in den Wellenlängenbereichen 400 – 450 bzw. 650 – 700 nm gelb bzw. blau. Eine Mischung aus gelb und blau ergibt die Blattfarbe grün (Chloroplastenpigmente: Chlorophylle und Carotinoide). In Kapitel 8 (Photosynthese) ist das Absorptionsspektrum eines frischen, photosynthetisch aktiven Blattes der Kapuzinerkresse abgebildet (s. Abb. 8.7, S. 77). Ein Vergleich mit dem hier dargestellten alternden Blatt zeigt eine weitgehende Übereinstimmung der Absorptionseigenschaften der Pigmente.

B. Gelbes Blatt: Der aus einem gelben Laubblatt gewonnene Pigmentextrakt (Abb. 12.3) zeigt eine deutlich geringere Gesamt-Absorption im Vergleich zum grünen Organ (s. Abb. 12.2). Das Maximum bei 400 – 450 nm ist deutlich reduziert (beachte die unterschiedlichen Maßstäbe der Ordinaten in Abb. 12.2/12.3); die Absorption zwi-

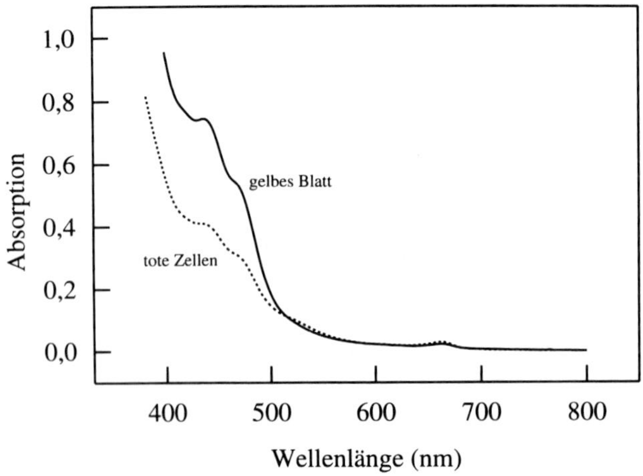

Abb. 12.3: Absorptionsspektrum der extrahierten Pigmente (80 % Ethanol) eines gelben Blattes des Scharlachdorns (Details s. Abb. 12.2).

schen 650 – 700 nm ist fast vollständig verschwunden (⇒ Chlorophyllabbau). Unser Spektrum zeigt ein Absorptionsmaximum im Bereich zwischen 400 – 500 nm (violett/blau). Die Pigmentlösung erscheint im menschlichen Auge in einem gelb/hellroten Farbton (Tab. 12.1): verschiedene Carotinoide sind für die Blattfarbe verantwortlich.

C. Rotes Blatt: Nicht alle vergilbenden Blätter werden rot. Häufig kann man in der Natur beobachten, daß Blätter, die während der Seneszenz starkem Sonnenlicht ausgesetzt sind, eine deutliche Rotfärbung zeigen, während Schattenblätter desselben Baumes gelb sind. In Abb. 12.4 ist das Absorptionsspektrum des Pigmentextrakts eines seneszenten (roten) Sonnenblattes dargestellt. Wie im gelben Schattenblatt desselben Baumes (s. Abb. 12.3) sind auch hier Pigmente, die im Bereich um 400 – 450 nm eine maximale Absorption zeigen, nachweisbar (Carotinoide). Zusätzlich ist eine deutliche Lichtabsorption in der Region um 500 – 550 nm (grün) zu erkennen. Wie aus Tab. 12.1 hervorgeht, erscheint ein Pigment, das im grünen Spektralbereich eine maximale Lichtabsorption zeigt, im menschlichen Auge in dunkelroter Farbe. Wir wissen, daß ausschließlich die roten, in der Vacuole abgelagerten *Anthocyane* eine derartige Lichtabsorption zeigen (Ausnahme: die nur bei Vertretern der Caryophyllales vorkommenden *Betalaine* weisen ähnliche spektrale Eigenschaften auf). Unser Absorptionsspektrum zeigt somit, daß das Sonnenblatt Carotinoide und Anthocyane enthält.

Warum erscheint das Blatt, das neben den Anthocyanen auch Carotinoide enthält, dunkelrot? Zur Beantwortung dieser Frage fertigen wir einen Längsschnitt des Blattes an und betrachten diesen im Lichtmikroskop. Die dunkelrote Farbe (Anthocyane) ist ausschließlich in der Zellschicht unterhalb der pigmentfreien oberen (sonnenexponierten) Epidermis lokalisiert. Diese subepidermalen Zellen synthetisieren bei star-

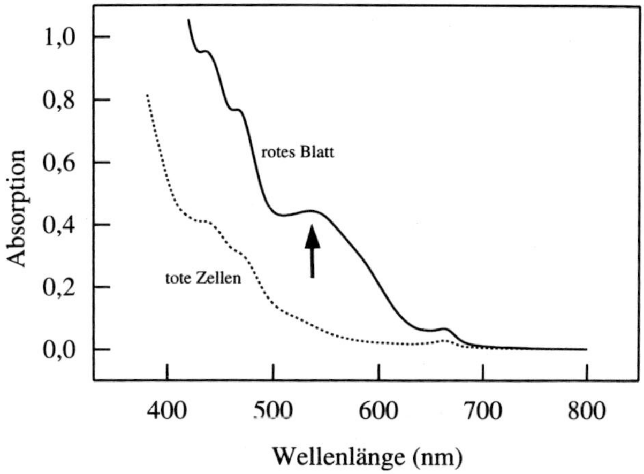

Abb. 12.4: Absorptionsspektrum der extrahierten Pigmente (80 % Ethanol) eines von oben betrachtet rot erscheinenden Blattes des Scharlachdorns. Pfeil: Anthocyane (Details s. Abb. 12.2).

ker Sonneneinstrahlung Anthocyane und lagern diese in der Vacuole ab. Von oben betrachtet erscheint das Blatt daher rot. Neben dem „Jugendanthocyan" (Keimlinge) kann somit auch ein „Herbstanthocyan" vor dem Blattabfall beobachtet werden. Welche Funktion erfüllen diese vacuolären Massenpigmente, die unter Verbrauch von Stoffwechselenergie im Sonnenlicht gebildet werden? Zahlreiche Befunde unterstützen die Hypothese, daß die Anthocyane subepidermale Schutzpigmente sind, die durch Lichtabsorption die darunterliegenden Zellen vor der destruktiven Wirkung energiereicher Strahlung bewahren. Möglicherweise wird der Chlorophyllabbau im seneszenten Blatt bei starkem Sonnenlicht vor photooxidativen Prozessen bewahrt: unter dem „Schirm" der Anthocyane kann der eingangs beschriebene *Recycling-Prozeß* ungestört ablaufen.

D. Braunes Blatt: Nach Abzug aller wiederverwertbaren Nährelemente fällt das abgestorbene Blatt zu Boden und nimmt bald eine braune Farbe an. Wie aus Abb. 12.2 – 12.4 hervorgeht, enthalten die braunen (toten) Blattzellen weder Chlorophylle noch Anthocyane. Geringe Mengen an Carotinoiden ($\lambda \sim 450$ nm) sind jedoch nachweisbar. Die Lichtabsorption im kurzwelligen Bereich ($\lambda \sim 400$ nm) wird vermutlich durch Stoffwechselendprodukte hervorgerufen, die infolge verschiedener Oxidationsprozesse in den absterbenden Zellen gebildet werden.

12.2 Abscission

In zeitlicher Korrelation mit dem Chlorophyllabbau (Blattspreite) laufen in der Basis des Blattstiels biochemische Prozesse ab, die den Abwurf (Abscission) des an Nährelementen verarmten Organs vorbereiten. Eine *Trennschicht* wird angelegt, entlang derer bei mechanischer Belastung (Herbstwind) ein definierter Abbruch des Blattes

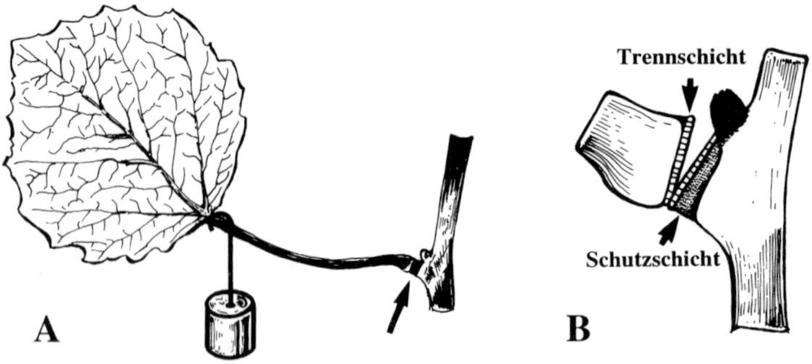

Abb. 12.5: Blattabfall (Abscission) beim Scharlachdorn. Durch Anhängen eines Gewichts (5 g) kann die Stabilität der Abbruchstelle (Pfeil) abgeschätzt werden (A). Schematische Darstellung der Abscissions-Region (B).

erfolgen kann. Unterhalb dieser Lage spezialisierter Zellen wird gleichzeitig eine durch Lignin- und Suberineinlagerung widerstandsfähige *Schutzschicht* ausgebildet (Abb. 12.5 B). Diese häufig mit dem Periderm verwachsene Zellschicht hat die Funktion, die entstehende „Wunde" vor möglichem Pilz- und Bakterienbefall zu bewahren.

Zur experimentellen Analyse der Abscission führen wir einen einfachen *Bruchtest* durch. Ein Gewicht (0,5 g) wird mit einem Draht verbunden. Wir können im Herbst im Freiland experimentieren oder einen Ast, der grüne und gelbe (rote) Blätter trägt, vorsichtig abschneiden und im Labor analysieren. Nach Anhängen des Gewichts fallen gelbe Blätter sofort ab (⇒ Trennschicht ausgebildet), während der Blattstiel grüner Organe abbiegt, ohne daß ein Abbruch eintritt (⇒ Trennschicht noch nicht ausgebildet). Dieses einfache Experiment (Abb. 12.5 A) zeigt, daß Blattspreite und Blattstielbasis jeweils präzise regulierte Teilaufgaben erfüllen, um die Nährstoff-Wiederverwertung im Holzgewächs zu gewährleisten.

12.3 Modellexperiment zum Chlorophyllabbau

Die in Abb. 12.2 – 12.4 dargestellten Analysen zur Blattseneszenz lassen sich nur im Herbst durchführen. In Abb. 12.6 ist ein einfaches, von der Jahreszeit unabhängiges Versuchssystem zum Studium der Blattseneszenz dargestellt. Als Modellpflanzen verwenden wir 7 d alte Haferkeimlinge (*Avena sativa*), die in Dauer-Weißlicht angezogen wurden (Photonenfluß > 100 µmol · m^{-2} · s^{-1}). Die entrollten Primärblätter sind dunkelgrün gefärbt. Blattspitzen (Länge: ~ 3 cm) werden abgeschnitten, in Petrischalen auf dest. Wasser inkubiert und in Dunkelheit aufbewahrt (25 °C). Unter diesen Bedingungen kann im Verlauf der folgenden 7 d ein Chlorophyllabbau beobachtet werden (Vergilben der Blattstücke in Dunkelheit). Auswertung: I. Abschätzung der Blattfläche, die grün geblieben ist (%); II. Extraktion der Pigmente mit warmem Ethanol, Zentrifugation

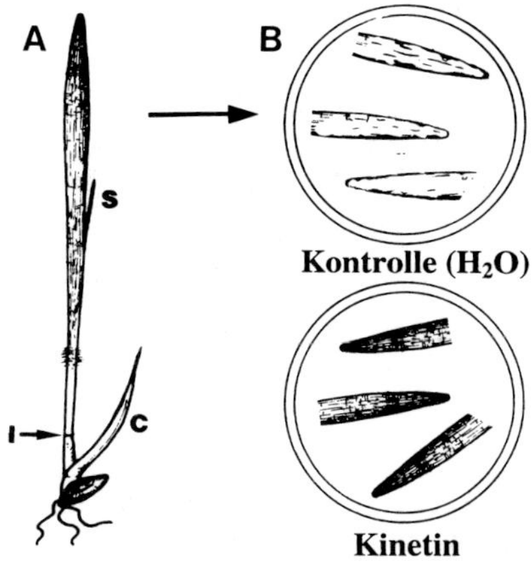

Abb. 12.6: Experiment zur Analyse des Chlorophyllabbaus. Haferkeimling, 7 d nach Aussaat, in Weißlicht angezogen (A). Isolierte Primärblattspitzen auf H_2O bzw. Kinetin (10 µmol/l) inkubiert; Zustand nach 7 d in Dunkelheit (B). C = Koleoptile, I = 1. Internodium, S = Sekundärblatt.

und Analyse des Überstandes im Spektralphotometer (Absorptionsspektren, s. Abschnitt 12.1); III. Quantifizierung der Chlorophylle a und b und der Gesamtcarotinoide mittels der in Abschnitt 8.4 beschriebenen spektralphotometrischen Methode (s. S. 80).

A. Rolle der Phytohormone

Experimente mit transgenen Tabakpflanzen haben gezeigt, daß die endogenen Cytokinine das Vergilben der Blätter verhindern. Unter Verwendung unseres Modellsystems können wir die seneszenzhemmende Wirkung exogen applizierter Cytokinine (Kinetin, Benzyladenin) studieren. Blattsegmente werden entweder auf H_2O (Kontrolle) oder einer Hormonlösung inkubiert (Kinetin bzw. Benzyladenin-Lösungen werden wie in Abschnitt 10.4 beschrieben hergestellt [s.S. 114]; Konzentrationen: 100/10/1 µmol/l). Wie Abb. 12.6 zeigt, hemmt das synthetische Cytokinin Kinetin den Chlorophyllabbau fast vollständig: die Blattsegmente bleiben in Dunkelheit grün. Andere Phytohormone (Auxine, Gibberellinsäure, Abscisinsäure) können in analoger Weise bezüglich ihrer seneszenzhemmenden Wirkung analysiert werden (bzgl. Herstellung entsprechender Lösungen, s. Kapitel 10).

B. Rolle der Proteinbiosynthese

Wie eingangs bereits dargestellt wurde, ist die Blattseneszenz ein aktiver, vom Zellstoffwechsel abhängiger Entwicklungsprozeß. Während der End-Differenzierung werden Enzyme (Proteine) synthetisiert, die u.a. den Chlorophyllabbau katalysieren. Die Abhängigkeit der Blattvergilbung von der Proteinbiosynthese der Zellen kann leicht durch ein Hemmstoffexperiment demonstriert werden. Wir inkubieren die Blattsegmente in einer Lösung des Proteinsynthese-Inhibitors Cycloheximid (10 mg/l) und stellen die Petrischalen gemeinsam mit einem Kontrollansatz (H_2O) ins Dunkle. Nach 4 – 5 d erfolgt die Auswertung. Resultat: Blattstücke in Cycloheximid-Lsg. $\Rightarrow$ Proteinsynthese und Chlorophyllabbau gehemmt.

13 Bewegungsvorgänge

Die frei beweglichen Tiere wandern zum Nahrungserwerb umher und können bei Angriffen fliehen. Höhere Pflanzen sind hingegen mit ihrem Wurzelsystem im Erdreich verankert: sie gelten daher als unbewegliche (sessile) Organismen. Betrachtet man den Lebenszyklus einer typischen Samenpflanze, so zeigt sich jedoch, daß einzelne Organe (bzw. Organellen innerhalb mancher Zellen) während bestimmter Entwicklungsstadien deutliche Orts- und Lageänderungen durchlaufen. Die verschiedenen *Bewegungsvorgänge* der Pflanzen werden wie folgt klassifiziert: wir unterscheiden zwischen reizabhängigen, endogenen (autonomen) und mechanischen Bewegungen. Die gut untersuchten Reizbewegungen werden durch erkennbare Signale aus der Umwelt der Pflanze ausgelöst und gesteuert (z.B. Schwerkraft, Licht, Erschütterung, Berührung). Hierzu gehören die *Tropismen* (irreversible Wachstumsreaktionen, die zu Krümmungen der Organe führen), die *Nastien* (durch reversible Turgoränderungen einzelner Zellen oder Gewebe verursachte Bewegungen) sowie die *intrazellulären* Bewegungsvorgänge (z.B. Chloroplastenverlagerung, Protoplasmaströmung). Die endogenen Bewegungen verlaufen ohne erkennbaren Außenreiz ab (z.B. das Pendeln und Kreisen wachsender Organe), während mechanische Bewegungen (Prozesse, die der Ausbreitung von Sporen und Samen dienen) durch verschiedene Umweltreize, wie z.B. dem Wind, ausgelöst werden. Wir wollen uns hier auf eine Auswahl der wichtigsten reizabhängigen und endogenen Bewegungsvorgänge der höheren Pflanzen beschränken (Abb. 13.1).

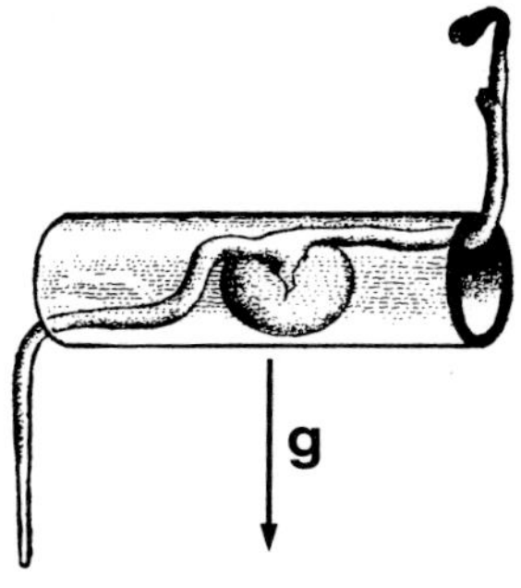

Abb. 13.1: Reizbewegungen der wachsenden Organe einer horizontal orientierten Keimpflanze: positiver und negativer Gravitropismus von Wurzel und Sproß der Gartenerbse. g = Richtung der Gravitation (Schwerereiz).

13.1 Gravitropismus des Hypocotyls

Wird eine Keimpflanze in einer dunklen Kammer in Horizontallage gebracht, so richten sich Wurzel und Sproß exakt parallel zum Vektor der Schwerkraft aus: die Organe wachsen in Richtung bzw. Gegenrichtung des Erdmittelpunktes. Dieser positive bzw. negative Gravitropismus (Abb. 13.1) erfüllt im Leben unserer Nutzpflanzen eine zentrale Funktion: unterhalb der Erdoberfläche (Dunkelheit) ist die Erdanziehungskraft der einzige Umweltreiz, der anzeigt, wo oben und unten ist. Der Keimstengel findet somit zum Sonnenlicht, während die abwärts wachsende Wurzel die junge Pflanze im Erdreich verankert.

Durchführung
Achänen der Sonnenblume (*Helianthus annuus*) werden für 2 h in H_2O gequollen und dann einzeln in mit feuchtem Vermiculit gefüllten Rollrandgläschen angezogen. Die heranwachsenden Keimlinge werden entweder in Dunkelheit oder im Licht/Dunkel-Rhythmus gehalten (25 °C, Gläschen in einer Kammer mit hoher Luftfeuchtigkeit aufstellen). Nach 3 – 4 d haben die Hypocotyle eine Länge von etwa 4 – 5 cm erreicht (Beginn der Experimente). Als Halterung für die Versuchspflanzen werden Styroporblöckchen zurechtgeschnitten, die ein entsprechendes, mit einem Korkbohrer ausgestanztes Loch enthalten, so daß die Gläschen fest sitzend eingeschoben werden können (Abb. 13.2 A). Eine in Horizontallage montierte Pflanze wird vor eine Glasscheibe gestellt, an deren Rückseite ein Blatt mm-Papier befestigt wurde. In entsprechenden Zeitabständen wird die Keimpflanze kurzzeitig mit einem Diaprojektor bestrahlt. Der Schatten des Hypocotyls wird mit einem Bleistift auf dem mm-Papier festgehalten. Danach wird der Projektor sofort wieder ausgestellt (Verhinderung der Induktion des Phototropismus).

A. Kinetik der Aufwärtskrümmung
Ein mittelgroßer, gerade gewachsener Keimling wird in die Styropor-Halterung gebracht. Diaprojektor einschalten, Schatten auf mm-Papier aufzeichnen (t = 0 h). In

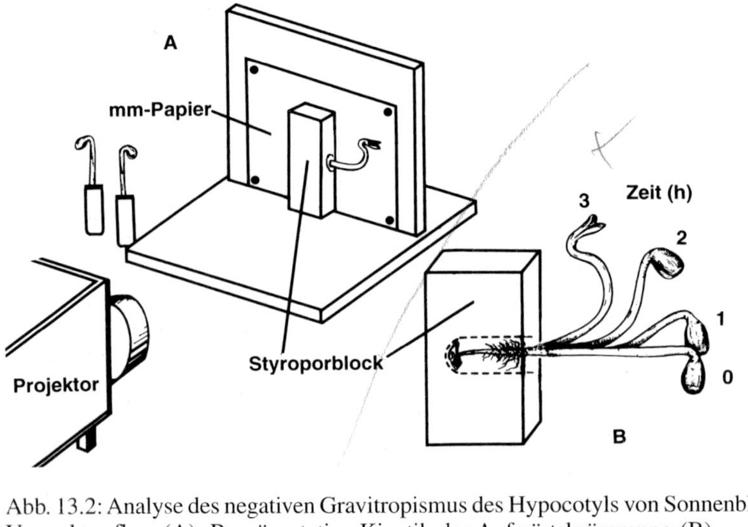

Abb. 13.2: Analyse des negativen Gravitropismus des Hypocotyls von Sonnenblumenkeimlingen. Versuchsaufbau (A). Repräsentative Kinetik der Aufwärtskrümmung (B).

Abständen von jeweils 30 min wird die Position des Hypocotyls registriert (0 – 3 h). Wir erhalten eine Serie von Schattenbildern (Abb. 13.2 B), die z. B. wie folgt ausgewertet werden kann: Zwischen den Bezugspunkten 1 (Hypocotylbasis) und 2 (Cotyledonenbasis) wird mit einem Lineal eine Gerade gezogen. Winkel α ermitteln und gegen die Zeit auftragen: wir erhalten eine Kinetik der gravitropen Krümmung. Wir können nun die Latenzzeit ermitteln (Zeit zwischen dem Beginn der gravitropischen Reizung [Horizontallage] und dem Einsetzen der Reaktion: Mittelwert ~ 30 min.).

B. Untersuchungen zur Wachstumsreaktion

Die Aufwärtskrümmung (Abb. 13.2 B) wird durch ein differentielles Flankenwachstum hervorgebracht: Wachstumshemmung auf der Oberseite/Steigerung der Wachstumsrate auf der Unterseite des Hypocotyls. Hierbei bleibt der Turgordruck der Zellen weitgehend konstant, während die Dehnbarkeit (Extensibilität) der wachstumsbegrenzenden Zellwände der unteren Epidermis ansteigt und gleichzeitig auf der gegenüberliegenden Seite abfällt (Lockerung bzw. Verfestigung der Wände). Das differentielle Flankenwachstum kann mit Hilfe eines *Markierungsexperiments* analysiert werden (s. Kapitel 9.3). Ober- und Unterseite des Hypocotyls werden mit einer Farbemulsion („Liquid Eyeliners") in 5 mm-Zonen unterteilt (Organflanken durch Anlegen eines Lineals und Auftragen feiner Striche markieren). Nach Horizontallage und Abschluß der Aufwärtskrümmung (Dauer: ~ 3 h) werden die Abstände zwischen den Markierungen gemessen und die Längenänderungen (ΔL nach 3 h in mm) ermittelt.

Die Unterschiede zwischen den Extensibilitäten der Unterseite und Oberseite des Hypocotyls lassen sich anhand eines einfachen Demonstrationsexperiments veranschaulichen. Segmente von 2 cm Länge werden aus der sub-apicalen Region geschnitten, von oben längs zu 2/3 gespalten und auf Wasser inkubiert (*Spalt-Test*). Aufrechte Kontrollpflanze (vor Horizontallage): Spalthälften krümmen sich nach außen (Gewebespannung, s. Kapitel 5.7). Gravitrop gekrümmter Keimling in Horizontallage (nach 3 h): Oberseite biegt sich nach außen (Gewebespannung, d.h. periphere Zellwände unter Spannung); Unterseite zeigt keine Krümmung in Wasser (keine Gewebespannungen, d.h. hohe Dehnbarkeit der Zellwände in der unteren Organhälfte).

C. Ort der Graviperzeption

Gemäß der heute weitgehend akzeptierten *Stärke-Statolithen-Theorie* der Graviperzeption erfolgt die Wahrnehmung des Schwerereizes innerhalb spezialisierter Zellen des Organs, die mehrere Amyloplasten (mit Stärkekörnern gefüllte Plastiden) enthalten. Da sich die Amyloplasten (*Statolithen*) bei gravitropischer Reizung (Horizontallage) innerhalb der Zelle verlagern, werden diese als *Statocyten* bezeichnet. Im Hypocotyl der Sonnenblume sind die schwerkraftwahrnehmenden Statocyten zu einer Zellschicht vereinigt, die als Stärkescheide die Leitbündel umschließt. Beobachtungen zur Verlagerung der Amyloplasten innerhalb der Statocyten können folgendermaßen durchgeführt werden. Ein 1 cm-Segment aus der Streckungszone eines vertikal (aufrecht) wachsenden Hypocotyls wird isoliert und exakt in der Mitte längs halbiert. Mit einer Rasierklinge fertigen wir nun Flächenschnitte der Organinnenseite an und betrachten diese in einem Tropfen LUGOLscher Lösung (KJ/J_2: Stärkenachweis, s. Kapitel 4.8, S. 32) im Lichtmikroskop. Zwischen Rinde und Leitbündelkranz liegt die

Stärkescheide (Abb. 13.3). Die schwarz gefärbten Amyloplasten liegen auf den „Böden" der Statocyten, d.h. sie sind sedimentiert. Ein Hypocotyl, das für 30 min in Horizontallage gebracht wurde, wird wie beschrieben analysiert. Die Amyloplasten liegen nun auf der unteren Längswand der Statocyte. Durch diese Verlagerung der Amyloplasten (Statolithen) auf die jeweilige physikalische Unterseite der Zelle wird der Schwerereiz wahrgenommen (Graviperzeption).

D. Abschätzung der Präsentationszeit

Als *Präsentationszeit* bezeichnen wir die Minimalzeit, die ein Organ in Horizontallage gravitrop gereizt werden muß, damit eine erkennbare Reaktion (Krümmung) einsetzen kann. Zur Abschätzung dieser relativen Sensibilität gegenüber dem Schwerereiz ist es notwendig, die einseitig wirkende Schwerkraft (Vektor g, s. Abb. 13.1) auszuschalten. Hierzu verwenden wir eine als *Klinostat* bezeichnete selbstgebaute Apparatur. Ein 4 – 5 d alter im Licht gewachsener Sonnenblumenkeimling (s. Abb. 13.16) wird in eine entsprechende Halterung gesteckt und in Horizontallage langsam um die Achse des Hypocotyls gedreht (1 – 2 Umdrehungen/min: Synchron-Motor mit einem entsprechenden Getriebe versehen; auf der Drehscheibe ist eine Halterung für die Rollrandgläschen angebracht). Durch Rotation um die Organachse wird der unilaterale Schwerereiz (g) durch einen allseitig wirkenden (omnilateralen) Dauerreiz ersetzt. Das rotierende Hypocotyl zeigt unter dieser „physiologischen Schwerelosigkeit" keine gravitrope Aufwärtskrümmung, sondern wächst geradeaus. Um eine Reizung vollständig auszuschließen, montieren wir einen Keimling in Vertikallage auf die Drehscheibe und bringen nach Anschalten des Motors den rotierenden Keimling in Horizontallage. Nach 1 h wird zur gravitropischen Reizung der Motor abgeschaltet. Die Hypocotyl-Unterseite mit Farb-Punkt markieren; nach Expositionszeiten von jeweils 16/8/4/2/0 min je Einzelpflanze den Motor wieder einschalten und so lange rotieren lassen, bis das Hypocotyl eine deutliche Krümmung zeigt (Dauer: ~ 3 h). Die herausgeschnittenen Hypocotyle photokopieren und den Krümmungswinkel gegen die Expositionszeit auftragen. Die Präsentationszeit des Sonnenblumenhypocotyls beträgt ~ 3 – 5 min.

Abb. 13.3: Medianer Längsschnitt durch das aufrechte Hypocotyl eines etiolierten 4 d alten Sonnenblumenkeimlings. E = Epidermis, M = Mark, R = Rinde, S = Statocyten (die Amyloplastenstärke wurde mit J_2/KJ angefärbt) (x 20).

E. Nachweis des gravitropischen Gedächtnisses
Die Perzeption des Schwerereizes erfolgt durch Sedimentation der Amyloplasten zur physikalischen Unterseite innerhalb der Statocyten. Dieser Prozeß läuft auch bei niedriger Temperatur ab (+ 2 bis + 4 °C), während die auf einem differentiellen Flankenwachstum beruhende Reaktion (Aufwärtskrümmung) unter diesen Bedingungen unterbleibt. Einzelne Keimlinge werden aufrecht in einen Kühlschrank gestellt (Adaptationsphase). Bei + 2 bis + 4 °C erfolgt nun die gravitropische Reizung (Horizontallage; Unterseite mit Farbemulsion markieren). Nach 24 h werden Keimpflanzen, die gerade geblieben sind, bei Zimmertemperatur (25 °C) in Vertikallage gebracht. Als Bezugspunkt stecken wir eine Stahlnadel senkrecht neben dem Hypocotyl in das Vermiculit (s. Abb. 13.16). Das aufrechte Hypocotyl krümmt sich im Verlauf der folgenden 2 h von der markierten ehemaligen Unterseite weg (gravitropische Reaktion in Vertikallage). Der Reiz (Horizontallage) wurde somit „gespeichert" und später abgerufen und beantwortet.

13.2 Gravitropismus der Keimwurzel

Die mit Einsetzen der Keimung hervortretende Radicula ist durch eine hohe Sensibilität gegenüber dem Schwerereiz gekennzeichnet: der Gravitropismus von Keimwurzeln wurde daher besonders gründlich analysiert. Dieses Beispiel dient heute als Modellsystem einer Reiz-Reaktionskette. Bereits C. Darwin (1880) erkannte, daß die Wurzelhaube (Calyptra) der Ort der Graviperzeption ist, während die Wachstumsreaktion in der oberhalb des Meristems liegenden Streckungszone erfolgt. Der Ort der Schwerkraftwahrnehmung (Statocyten der Calyptra) ist somit von den reagierenden Zellen räumlich getrennt. Der in der Wurzelhaube wahrgenommene Reiz wird rasch in die Zone der Zellstreckung geleitet (Transmission) und löst dort die auf einem differentiellen Flankenwachstum beruhende Reaktion aus (Abwärtskrümmung).

Durchführung
Samen der Gartenkresse (*Lepidium sativum*) bilden nach Wasserzugabe rasch eine Schleimhülle aus, die zu einer Haftung der Testa an der feuchten Unterlage führt (s. Kapitel 4.3). Als Anzuchtgefäße verwenden wir Plastik-Petrischalen (∅ = 9 cm). Ein passendes

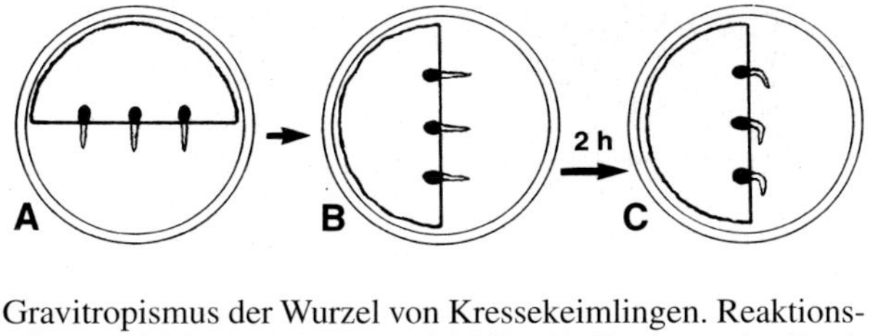

Abb. 13.4: Analyse des positiven Gravitropismus der Wurzel von Kressekeimlingen. Reaktionsbereite, vertikal orientierte Keimpflanzen 24 h nach Aussaat (25 °C) (A). Drehung der Petrischale (Wurzeln in Horizontallage) und gravitrope Krümmung (B, C).

rundes Filterpapier wird zusammengefaltet, in den Boden einer Petrischale gelegt und mit Wasser übergossen. Auf die mit H_2O gesättigte doppelte Papier-Unterlage werden nun, wie in Abb. 13.4 A dargestellt, 3 – 5 trockene Kressesamen gelegt (Austrittsort der Radicula [weißer Punkt] zum Rand hin orientieren). Nach einer Quelldauer von 30 min bei geschlossenem Deckel haften die Samen fest am Filterpapier, das über Adhäsionskräfte am Boden der Petrischale klebt. Der Deckel wird mit Klebstreifen am Boden der Petrischale befestigt, die daraufhin aufrecht in eine Halterung gesteckt wird (Abb. 13.4 A). Nach einer Zeit von etwa 24 h (25 °C, Dunkelheit) haben die Keimwurzeln (Radiculae) eine optimale Länge von 5 – 10 mm erreicht (Stadium vor Ausbildung der Wurzelhaare). Sie sind nun reaktionsbereit.

A. Kinetik der Abwärtskrümmung

Petrischalen mit 3 – 5 vertikal gewachsenen Kressekeimlingen (Radiculae) werden in der Halterung um 90 Grad gedreht (Abb. 13.4 A,B): die Keimwurzeln befinden sich nun in Horizontallage (t = 0 h). Im Verlauf der folgenden 2 h kann bei Zimmerbeleuchtung und Normaltemperatur (20 – 25 °C) eine gravitrope Abwärtskrümmung der Wurzeln beobachtet werden (Abb. 13.4 B, C). Zur Registrierung der gravitropen Reaktion können 2 Methoden verwendet werden. (I.) Punkt-Markierung: Auf dem Boden der Petrischale werden mit einem feinen Filzstift Punkte angebracht (t = 0 h: Wurzelansatz [Bezugspunkt]/ Wurzelspitze; nach 0,5/1/1,5/2 h: jeweils Wurzelspitze). Mit Hilfe eines Geometrie-Dreiecks kann nach Abschluß des Experiments der Winkel zwischen dem Bezugspunkt und der Wurzelspitze ermittelt und gegen die Zeit aufgetragen werden. (II.) Photoapparat: Wesentlich exaktere Kinetiken erhält man durch photographische Dokumentation der Krümmungsbewegung. In Zeitabständen von jeweils 10 min wird eine Bildfolge erstellt. Die Negative können mit Hilfe eines Diaprojektors vergrößert und die Schattenbilder wie oben dargestellt ausgewertet werden.

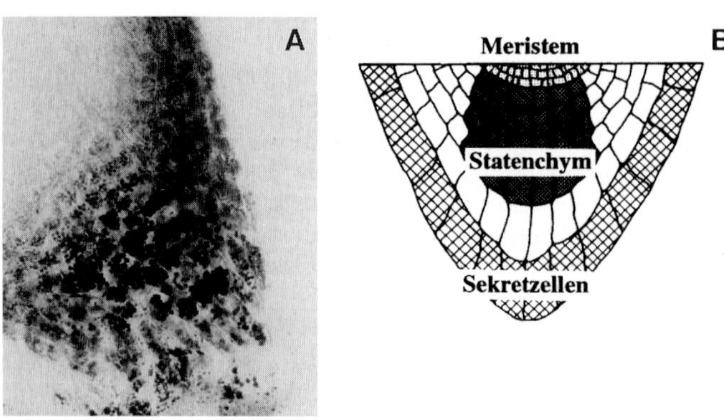

Abb. 13.5: Quetschpräparat der längs halbierten Spitze einer 24 h alten Kressewurzel. Die Amyloplastenstärke wurde mit J_2/KJ angefärbt (A) (x 60). Schematischer Längsschnitt durch die Wurzelhaube (B).

Aus den so gewonnenen Kinetiken der gravitropen Reaktion (Wachstumsbeschleunigung auf der Oberseite /Wachstumsstop auf der Unterseite ⇒ Krümmung) kann die mittlere Latenzzeit des Gravitropismus der Kressewurzel ermittelt werden (~ 20 min).

B. Ort der Graviperzeption
Wie bereits dargestellt wurde, erfolgt die Perzeption des Schwerereizes in den Statocyten der Wurzelhaube (Calyptra) des Organs. Die Struktur der Calyptra der Kressewurzel wurde im Detail analysiert und soll hier kurz beschrieben werden. Unterhalb des Wurzelmeristems (Dermatocalyptrogen) folgt eine Serie von 4 Zell-Lagen, die aus Statocyten bestehen; die Gesamtheit wird daher als Statenchym (Gewebe der Graviperzeption) bezeichnet. Im peripheren Bereich der Calyptra sind Sekretzellen angeordnet, die durch Absonderung hygroskopischer Schleime das Durchdringen der Erdpartikel erleichtern und nach einigen Tagen als tote Zelltrümmer abgestoßen werden (Abb. 13.5 B). Zur lichtmikroskopischen Beobachtung werden 1 – 2 d alte Kressewurzeln längs halbiert. Die Wurzelspitzen werden abgetrennt und als Quetschpräparat in LUGOLscher Lösung (Stärkenachweis, s.o.) mikroskopiert. Wie Abb. 13.5 A zeigt, erkennen wir das Meristem (kleine helle Zellen), das Statenchym (Statocyten mit sedimentierbaren Amyloplasten) und die peripheren Sekretzellen. Die mit Jod tiefblau gefärbte Stärke der Amyloplasten ist deutlich zu sehen. Nach Horizontallage der Wurzel sedimentieren die Amyloplasten auf die physikalische Unterseite der Statocyten. Durch diese Amyloplastenverlagerung wird der Schwerereiz perzipiert und in die einige mm weiter oben liegende Streckungszone übertragen (Transmission). Dort wird die physiologische Reaktion ausgelöst (Krümmung des Organs durch differentielles Flankenwachstum).

13.3 Hydrotropismus der Wurzel

Im Gegensatz zur Epidermis der oberirdischen Organe (Stamm/Blätter) ist die Rhizodermis der Wurzel von keiner Cuticula überzogen: die Zellen verlieren in trockener Luft rasch an Wasser und werden welk. Die Wurzeln besitzen daher neben ihrer Fähigkeit, sich in Richtung des Erdmittelpunktes zu krümmen (*Gravitropismus*) auch das Vermögen, durch differentielles Flankenwachstum Regionen mit hohem (positivem) Wasserpotential aufzusuchen (*Hydrotropismus*). Unter Normalbedingungen (Erde mit unterschiedlich feuchten Regionen) ist die Wurzel dem gravitropen und dem hydrotropen Reiz ausgesetzt (Erdanziehungskraft, Wasserquelle): das Organ wächst nach unten, wobei eine Austrocknung durch Hinwendung zu den mit Wasser gesättigten Bereichen des Substrats verhindert wird.

Ein Experiment zur Demonstration des Hydrotropismus ist in Abb. 13.6 dargestellt. Objektträger werden mit 1 – 2 Lagen eines Streifens wassergesättigten Filterpapiers umwickelt. Etwa 10 trockene Samen der Gartenkresse (*Lepidium sativum*) werden nun auf dem feuchten Papier in entsprechender Orientierung zur Quellung und Keimung gebracht (horizontal liegende Objektträger in einer geschlossenen Glasschale in wasserdampfgesättigter Luft halten; 25 °C, Dunkelheit). Nach 24 h haben die Keimwurzeln eine Länge von 5 – 10 mm erreicht. Ein Objektträger wird nun in ein umgedrehtes Becherglas gestellt (Abb. 13.6 A), ein anderer daneben der Zimmerluft exponiert (Abb. 13.6 B). Nach weiteren 24 h beobachten wir, daß die Keimwurzeln innerhalb des Bechers (feuchte Luft) gravitrop nach unten wachsen, während die luftexponierten Wurzeln zur feuchten Unterlage gekrümmt sind (Hydrotropismus). Die relativ trockene Luft wird somit gemieden, d.h. die Wurzel „sucht" die Feuchtigkeit. Der Ort der Gravi- und Hydro-Perzeption ist die Wurzelspitze (Calyptra).

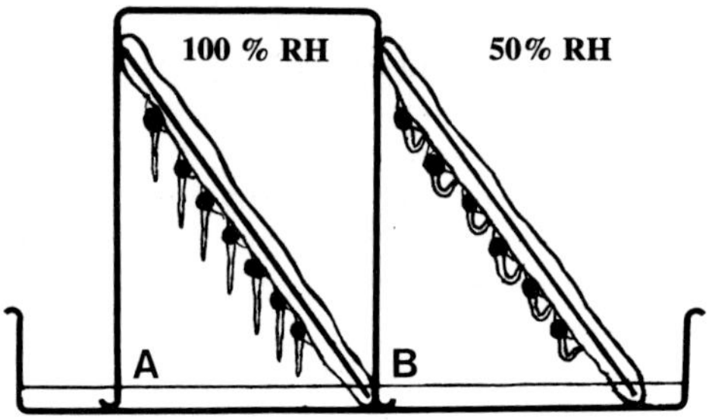

Abb. 13.6: Gravi- und Hydrotropismus der Keimwurzel von Samen der Gartenkresse. Ansatz in wasserdampfgesättigter Luft (~ 100 % rel. Feuchte [RH]) (A) und in Zimmerluft (~ 50 % RH) (B).

13.4 Phototropismus der Graskoleoptile

Wird eine wachsende Pflanze einseitig bestrahlt, so krümmt sich der apicale Bereich des Sprosses der Lichtquelle entgegen. Diese als Phototropismus bezeichnete Wachstumsreaktion ermöglicht es der jungen Pflanze, die Blätter in einem optimalen Winkel dem Sonnenlicht auszusetzen, wodurch eine maximale Photosyntheseleistung erzielt wird. Das klassische Versuchsobjekt der Phototropismusforschung ist die photosynthetisch inaktive Koleoptile des etiolierten Graskeimlings. Wie in Kapitel 10 (Phytohormone) dargelegt wurde, wird in der Spitze des röhrenförmigen Organs das Hormon Auxin gebildet, das in der sub-apicalen Region die Zellstreckung auslöst. Die Koleoptilspitze ist jedoch nicht nur eine „Hormondrüse": die Zellen des Apex des Organs sind gleichzeitig der Ort der Lichtperzeption. Wir wollen im folgenden einige Schlüsselexperimente zum Phototropismus der Koleoptile kennenlernen.

Durchführung
Eine 9 cm-Petrischale wird bis zum Rand mit feuchtem Vermiculit gefüllt. Etwa 10 – 15 Getreide-Karyopsen (z.B. Hafer, *Avena sativa*) werden entlang der Mittellinie der Petrischale eingepflanzt. Nach 3 d (Dunkelheit, 25 °C) haben die etiolierten Koleoptilen die lineare Phase des Wachstums erreicht; sie zeigen nun eine maximale Lichtsensitivität. Wir stellen die Keimpflanzen in einen Karton, der auf einer Seite ein Fenster aufweist, das durch Farbfilter abgedeckt werden kann (s.u.). Nach Bestrahlung mit entsprechendem Licht kann eine phototropische Krümmung der Koleoptilen beobachtet werden (Abb. 13.7). Zur Auswertung werden die Koleoptilen an der Basis abgeschnitten und sofort fotokopiert. Die Schattenbilder (Fotokopien) können mit Hilfe eines Geometrie-Dreiecks ausgewertet werden (Bestimmung des Krümmungswinkels α in Grad, bezogen auf den basalen Abschnitt der Koleoptile).

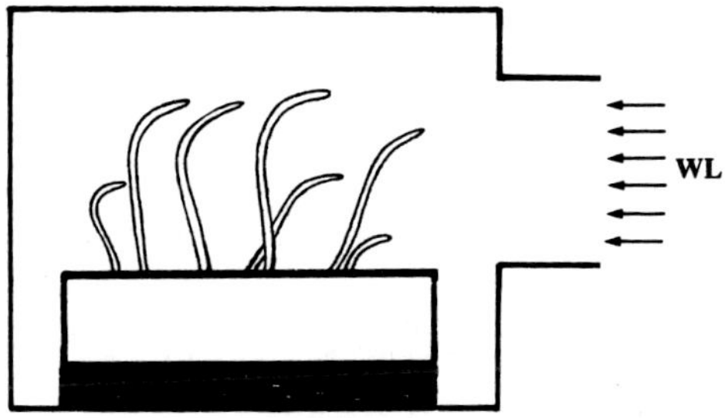

Abb. 13.7: Phototropismus etiolierter Haferkoleoptilen. Die Keimlinge wurden für 3 d in Dunkelheit angezogen und dann für 4 h in einer dunklen Kammer einseitig mit Weißlicht (WL) bestrahlt.

A. Ort der Lichtperzeption

Zur Klärung der Frage, ob ausschließlich die Koleoptilspitze oder auch darunterliegende Zellen den Lichtreiz wahrnehmen können, werden einzelne Petrischalen mit Getreidekeimlingen der Dunkelkammer entnommen. Die gerade gewachsenen Koleoptilen der Population werden in schwachem grünen Sicherheitslicht wie folgt behandelt (Abb. 13.8): intakt (Kontrolle), Spitze abschneiden; intakte Spitze mit Alufolie abdecken, intakte Koleoptile mit Röhrchen aus Alufolie abdunkeln, so daß nur noch die Spitze herausragt. Die so präparierten Koleoptilen (je 2 – 4 pro Anzuchtschale) werden im Grünlicht in die Kartons gestellt und mit verschlossenem Deckel in den Praktikumsraum gebracht. Dort werden die Keimpflanzen für 4 h einseitig mit WL bestrahlt (Photonenfluß: > 50 $\mu mol \cdot m^{-2} \cdot s^{-1}$, s. Abb. 13.7). Resultat: mit abgeschnittener bzw. abgedunkelter Spitze erfolgt keine Krümmung zum Licht.

B. Wirkungsspektrum des Phototropismus

Das Weißlicht umfaßt ein ganzes Spektrum verschiedener Farbqualitäten, die mit Hilfe eines Prismas getrennt und sichtbar gemacht werden können (s. Kapitel 2). Welche Spektralfarbe wird von den Sensorpigmenten perzipiert und löst somit die phototropische Krümmung aus? Zur Beantwortung dieser Frage erstellen wir ein Wirkungs(=Aktions)spektrum des Phototropismus. Farbfilter zur Erzeugung der Lichtqualitäten blau, grün, gelb und rot können durch Einklemmen gefärbter Polypropylen-

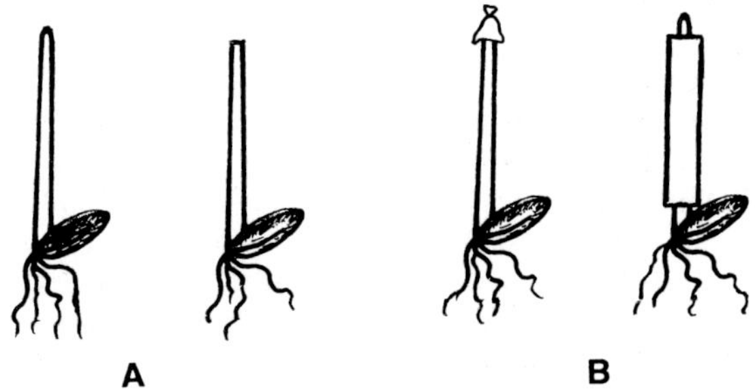

Abb. 13.8: Analyse des Phototropismus der Haferkoleoptile. Intakter bzw. dekapitierter Keimling (+/– Spitze) (A). Verdunkelung der Spitze bzw. des unteren Bereichs der intakten Koleoptile mit Aluminiumfolie (B).

Buchschutzfolie zwischen 2 Glasplättchen selbst hergestellt werden. Wir bereiten 5 Versuchsansätze vor (s. Abb. 13.7: Exp. 1, Kontrolle [WL]), wobei die Exp. 2 – 5 durch Einschub von Farbfiltern (blau/grün/gelb/rot) ein Wirkungsspektrum ergeben. Nach einseitiger Bestrahlung (4 h) erfolgt die Auswertung. Resultat: polychromatisches WL (Kontrolle) und Blaulicht lösen eine phototropische Krümmung aus, während die Farbqualitäten grün/gelb und rot weitgehend unwirksam sind. Kurzwelliges Blaulicht ($\lambda \sim 400 - 500$ nm) wird somit in der Koleoptilspitze von einem bisher noch nicht identifizierten Sensorpigment („Cryptochrom") perzipiert. Der Lichtreiz löst im sub-apicalen Bereich der Koleoptile die Krümmung aus (differentielles Flankenwachstum).

13.5 Photonastische Blattbewegung beim Sauerklee

Das klassische Versuchsobjekt zur Demonstration einer raschen, auf reversiblen Turgoränderungen beruhenden Blattbewegung ist die Sinnpflanze oder Mimose (*Mimosa pudica*). Nach Erschütterung des Sprosses kann ein rasches Einklappen der zusammengesetzten Fiederblätter beobachtet werden (Seismonastie). Nach einer Erholungsphase haben die Laubblätter wieder ihre ursprüngliche Position eingenommen und sind erneut reaktionsbereit. Da die biologische Relevanz dieses Phänomens bis heute ungeklärt ist (diskutiert wird ein Transpirations- bzw. Fraßschutz), soll hier eine Alternative zur Mimose präsentiert werden.

Die in der Bodenregion unserer Wälder wachsenden *Schattenpflanzen* sind an Sommertagen extremen Schwankungen im Photonenfluß ausgesetzt: im Baumschatten können Werte von nur ~ 5 µmol Photonen $\cdot$ $m^{-2} \cdot s^{-1}$ gemessen werden, während bei Durchbruch der Sonne Maxima von bis zu 1800 µmol $\cdot$ $m^{-2} \cdot s^{-1}$ auftreten (s. Kapitel 2). Die an geringe Photonenflüsse angepaßten Schattenpflanzen müssen in der Lage sein, diesen durch Sonnenflecken ausgelösten Lichtstreß zu überstehen. Der Wald-Sauerklee (*Oxalis acetosella*) ist in Laub- und Mischwäldern weit verbreitet. Die Photosyntheserate der Fiederblättchen erreicht bereits bei Photonenflüssen von ~ 150 µmol $\cdot$ $m^{-2} \cdot s^{-1}$ ihren Sättigungswert. Bei Auftreten eines Sonnenflecks klappen die 3 Fiederblättchen rasch nach unten (Funktion: Schutz des Photosyntheseapparates vor Photooxidation). Diese Photonastie sowie der zugrundeliegende Bewegungsmechanismus soll im folgenden untersucht werden.

Durchführung
Während der gesamten warmen Jahreszeit können auf leicht sauren, humusreichen Waldböden einzelne Rhizome des Waldsauerklees ausgegraben und in einem Blumentopf, der mit Erde des natürlichen Standortes gefüllt wurde, kultiviert werden. Bei Zimmerbeleuchtung wächst der Sauerklee kräftig weiter und bildet zahlreiche neue Blätter.

Die Position eines gerade gewachsenen Blattes wird durch Einstecken einer Nadel (mit Pfeil) markiert (Abb. 13.9 A). Durch Bestrahlung des Pflänzchen kann die photonastische Blattbewegung im Praktikumssaal verfolgt und analysiert werden.

A. Kinetik der Blattbewegung

Eine bei schwachem Zimmerlicht (Photonenfluß < 100 μmol · m^{-2} · s^{-1}) gewachsene Pflanze wird vorsichtig unter eine ausgestellte Schreibtischlampe gebracht und markiert (Abb. 13.9 A: Schwachlicht- oder Normalstellung der Fiederblättchen). Durch Anstellen der Lampe setzen wir die Pflanze einem künstlichen Lichtstreß aus (Photonenfluß > 300 μmol · m^{-2} · s^{-1}). Mit einer Stoppuhr bestimmen wir die Latenzzeit der Reaktion (~ 2 – 3 min). Nach 5 – 7 min sind die Fiederblättchen eingeklappt (Abb. 13.9 B). Wir stellen nach 10 – 20 min die Schreibtischlampe wieder aus und bestimmen die Zeit der Rückreaktion. Nach etwa 50 min haben die Fiederblättchen wieder exakt ihre Ausgangs(= Schwachlicht)position erreicht (Abb. 13. 9 C). Sie sind erneut reaktionsbereit. Bei Starklicht (Photonenfluß > 1000 μmol · m^{-2} · s^{-1}: Pflanze in die Sonne stellen) werden die Fiederblättchen vollständig nach unten geklappt, so daß die Mittelrippen parallel zum Blattstiel angeordnet sind.

Während des natürlichen Licht/Dunkel(= Tag/Nacht)-Rhythmus ist ebenfalls die in Abb. 13.9 A, B dargestellte Blattbewegung zu beobachten. Die Funktion dieser nyctinastischen „Schlafbewegungen" des Wald-Sauerklees ist unbekannt.

B. Mechanismus der Blattbewegung

Wie funktioniert die Aufwärts- und Abwärtsbewegung der 3 Fiederblättchen? Zur Klärung dieser Frage isolieren wir den oberen Abschnitt des gemeinsamen Blattstiels und

Abb. 13.9: Photonastische Bewegung der Fiederblättchen beim Wald-Sauerklee. Schwachlichtstellung, t = 0 min (A), Starklichtstellung, t = 10 min (B), Schwachlichtstellung, t = 50 min (C). Die bei Zimmerbeleuchtung gehaltene Pflanze wurde für 10 min mit einer Schreibtischlampe bestrahlt.

schneiden die Blattspreiten ab. Wir erkennen die drei Bewegungsorgane (Blattgelenke oder Pulvini) der Fiederblättchen. Ein Blattgelenk (Pulvinus) wird nach Abtrennung der beiden anderen in Längsrichtung zerschnitten, so daß der untere Teil des Schnittes (Stiel) etwas dicker ausfällt. Wie Abb. 13.10 zeigt, sind im Stiel mehrere Leitbündel zu erkennen, die das Markgewebe umgeben. Im Blattgelenk (Bewegungsorgan) ist nur ein zentrales Leitbündel ausgebildet, das in der Spreite des Fiederblättchens die Mittelrippe bildet. Das die Bewegung verursachende dehnbare Motorgewebe besteht aus zwei durch das Leitbündel getrennte Bereiche: der Extensor (unten) und der Flexor (oben). Durch Aufnahme osmotisch aktiver Substanzen (K^+, Cl^-) nehmen die Extensorzellen Wasser auf; ihr Turgordruck steigt an, das Blättchen hebt sich (Schwachlichtstellung). Die gegenüberliegenden Flexorzellen erscheinen turgorlos und zusammengefaltet. Bei Starklichtstellung sind die Verhältnisse genau umgekehrt (Flexorzellen turgeszent, Extensorzellen turgorlos). Die Blattbewegung wird somit durch reversible Turgoränderungen und elastische Deformation der dehnbaren Zellen der Motorgewebe hervorgebracht. Das Blattgelenk ist außerdem der Ort der Lichtperzeption: über ein bisher noch unbekanntes Sensorpigment („Cryptochrom") wird kurzwelliges Blaulicht wahrgenommen.

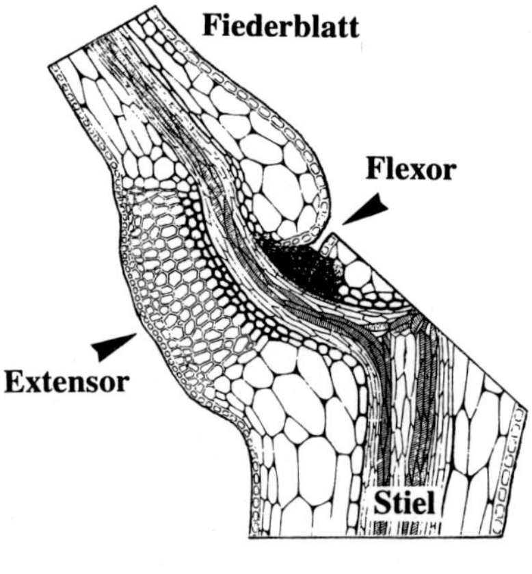

Abb. 13.10: Anatomie des Bewegungsorgans (Blattgelenk) beim Wald-Sauerklee. Längsschnitt durch den oberen Teil des gemeinsamen Blattstiels (Schwachlichtstellung). Das Motorgewebe besteht aus Extensor und Flexor.

13.6 Öffnungsbewegung der Stomata der Laubblätter

Bei einer gut bewässerten höheren Pflanze (C3- und C4-Typ) öffnen sich mit Beginn der Lichtperiode die aus 2 Schließzellen und einer Pore bestehenden Spaltöffnungen (Stomata) der Blätter. Die Poren erreichen am Mittag ihre maximale Öffnungsweite; am Abend werden die Stomata wieder weitgehend geschlossen. Bei Wassermangel (Trockenheit) werden die Stomata lichtunabhängig verschlossen. Diese durch Licht (bzw. H_2O-Mangel) hervorgerufene Photo- und Hydronastie ist für den Wasserhaushalt und Gasaustausch der transpirierenden Pflanze von großer Bedeutung und soll daher anhand ausgewählter Experimente studiert werden. Beobachtungen zur Entwicklung der Spaltöffnungen sowie zur Regulation der Porenweite durch Phytohormone sind in den Kapiteln 9.4 und 10.5 beschrieben.

Durchführung

Samen der Ackerbohne (*Vicia faba*) werden in mit Blumenerde gefüllten Töpfen im natürlichen Tag/Nacht-Rhythmus angezogen (Gewächshaus, 18 – 24 °C). Der Photonenfluß sollte am Tag mindestens 100 µmol · m^{-2} · s^{-1} betragen (während der Wintermonate ist Kunstlicht erforderlich; bei zu geringer Beleuchtung entwickeln sich normal aussehende Pflanzen mit degenerierten Stomata). Kräftige grüne Pflanzen, die eine Sproßhöhe von 40 – 50 cm erreicht und 6 Blattpaare entwickelt haben (ca. 3 Wochen nach Aussaat) werden für 24 h in eine Dunkelkammer gestellt (25 °C). Die Pflanzen werden daraufhin in den Praktikumsraum gebracht (Beginn der Experimente). Einzelne Blätter werden abgeschnitten und in Petrischalen inkubiert (± H_2O, ± Licht). Von der Blattunterseite werden nach Ablauf der Inkubationszeit mit einer spitzen Pinzette Epidermisstreifen abgezogen und analysiert.

A. Photonastische Öffnung

Die unter natürlichen Umweltbedingungen mit dem Sonnenaufgang einsetzende Öffnung der Stomata soll anhand eines einfachen Modellexperiments simuliert werden. Um einen maximalen Verschluß der Poren zu erreichen, werden die Versuchspflanzen für 24 h in Dunkelheit aufbewahrt (Nacht-Zustand). Einzelne Blätter werden nun abgeschnitten und auf Wasser schwimmend in Petrischalen inkubiert. Mit einer Schreibtischlampe werden die Proben für 0/0,5/1/1,5 und 2 h belichtet (Tag-Zustand).

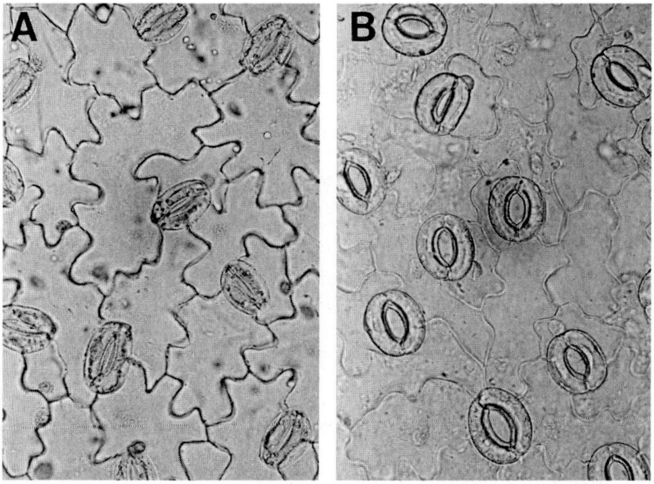

Abb. 13.11: Photonastische Öffnung der Stomata in Laubblättern der Ackerbohne. Isolierte untere Blatt-Epidermis einer für 24 h verdunkelten Pflanze (A) und Zustand nach Belichtung mit Weißlicht (2 h) (B) (x 320).

Nach Ablauf der jeweiligen Belichtungszeit wird ein *Vicia*-Blatt entnommen, ein Epidermisstreifen von der Unterseite abgezogen, kurz in absoluten Ethanol (p.A.) getaucht (fixiert) und in einem Tropfen Wasser im Lichtmikroskop betrachtet (Abb. 13.11 A, B). Im Blatt der abgedunkelten Pflanze sind die Schließzellen wenig turgeszent und die Poren daher geschlossen. In belichteten Blättern sind turgeszente Schließzellen und weit geöffnete Poren zu erkennen.

B. Histochemischer Nachweis der Kaliumakkumulation
Wie Abb. 13.11 zeigt, wird die photonastische Öffnung der Stomata durch eine Turgorerhöhung innerhalb der Schließzellen hervorgebracht. Histochemische Untersuchungen haben ergeben, daß dieser lichtinduzierte Turgoranstieg mit einer Aufnahme an Kaliumionen korreliert ist, wobei die K^+-Ionen vermutlich von den umliegenden Epidermiszellen geliefert werden. Die Verteilung der K^+-Ionen in den Epidermis- und Schließzellen des Blattes kann mit Hilfe eines histochemischen Tests nachgewiesen werden. Der spezifische K^+-Nachweis erfolgt in zwei Stufen: (I.) Frisch isolierte Epidermisstreifen abgedunkelter bzw. für 2 h mit Weißlicht bestrahlter Blätter werden für 1 – 2 min in eiskaltem Wasser gewaschen. Die folgenden Schritte müssen unter einem Abzug durchgeführt werden. Die Proben werden für 10 min in eiskalte, frische Natrium-Cobaltnitrit-Lsg. getaucht (Herstellung: 15 ml 13% Essigsäure, 4 g Cobaltnitrat, 7 g Natrumnitrit). Es bildet sich ein gelber, kaliumhaltiger Niederschlag:

$$Na_3[Co(NO_2)_6] + 2\,KCl \rightarrow NaK_2[Co(NO_2)_6] \downarrow \text{(gelb)} + 2\,NaCl$$

Die gelben Kristalle (Natrium-Kalium-Cobaltnitrit) sind im Mikroskop nur schwer zu erkennen und müssen daher in einen schwarzen Niederschlag umgewandelt werden. (II.) Die Proben in kaltem dest. Wasser waschen, bis die Gelbfärbung verschwunden ist. Die Epidermisstreifen werden dann bei Zimmertemperatur für 2 min in eine 5%ige Ammoniumsulfid-Lsg. [$(NH_4)_2S$] getaucht, anschließend in H_2O gewaschen und auf einen Objektträger gelegt.

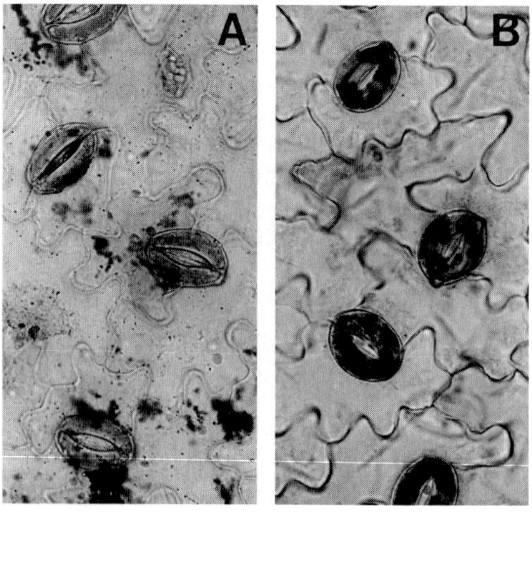

Abb. 13.12: Histochemischer Nachweis von Kaliumionen in der unteren Blatt-Epidermis der Ackerbohne. Die Blätter wurden entweder für 24 h in Dunkelheit gehalten (A) oder anschließend für 2 h belichtet (B). Schwarze Bereiche: Cobaltsulfid (K^+-Nachweis) (x 320). (Aufnahmen: J. WETTENGL.)

Es bilden sich schwarze Kristalle von Cobaltsulfid (CoS bzw. Co_2S_3), die im Lichtmikroskop gut zu erkennen sind. Bei diesen Reaktionen kommt es in der Regel zum Verschluß der Stomata. Wie Abb. 13.12 A, B zeigt, sind die K^+-Ionen eines abgedunkelten Blattes im wesentlichen in den Epidermis- und nicht in den Schließzellen zu beobachten (Turgor gering, Poren geschlossen). Nach Belichtung ist eine K^+-Akkumulation in den Schließzellen zu erkennen (Turgor hoch, Poren offen).

C. Hydronastischer Verschluß

Bei Wassermangel werden die Blattporen im Licht verschlossen, um die stomatäre Transpiration auf ein Minimum zu begrenzen. Durch diese hydronastische Reaktion der Stomata kann die Pflanze den Wasserstreß (Trockenperiode) in der Regel überleben; bei erneuter Wasserzufuhr (z.B. nach einem Regen) öffnen sich die Poren wieder. Diese wichtige Streßadaptation der Pflanze kann wie folgt studiert werden. Einzelne Blätter einer *Vicia*-Pflanze werden abgeschnitten und auf H_2O in Petrischalen für 1 h im Licht gehalten. Ansatz 1 (Kontrolle: + H_2O, + Licht): Stomata offen (s. Abb. 13.11 B). Ansatz 2: Blätter von anhaftendem Wasser befreien und in trockene Petrischalen legen (– H_2O, + Licht): nach > 2 h sind ~ 90 % der Stomata geschlossen (s. Abb. 13.11 A). Die leicht welkenden Blätter werden nun wieder auf H_2O inkubiert (+ Licht): die Stomata öffnen sich im Verlauf der folgenden 3 h zu > 90%. Der hydronastische Verschluß der Stomata ist somit völlig reversibel. Im Blatt einer welkenden Pflanze wird mit hoher Rate das Phytohormon Abscisinsäure synthetisiert. Dieses Wasserstreßhormon löst den Porenverschluß aus (s. Kapitel 10.5). Neben dieser raschen (hormonvermittelten) Reaktion ist jedoch bei dauerhaftem Wassermangel auch ein *direkter* Effekt auf die Stomata zu beobachten: die Schließzellen verlieren Wasser, ihr Turgordruck sinkt daraufhin ab und die Poren gehen zu.

13.7 Chloroplastenbewegung im Fiederblatt des Sauerklees

In Kapitel 13.5 hatten wir die photonastische Einklapp-Reaktion der Fiederblätter des Wald-Sauerklees (*Oxalis acetosella*) kennen gelernt. Die Schattenpflanze schützt über eine rasche Organbewegung ihren Photosyntheseapparat vor zu starker Sonneneinstrahlung (s. Abb. 13.9). Gleichzeitig setzt bei einem Übergang von Schwach- zu Starklicht (= Sonnenfleck) eine intrazelluläre Chloroplastenverlagerung ein, die wie folgt mikroskopisch analysiert werden kann. Einzelne *Oxalis*-Blättchen werden abgeschnitten, in einer Petrischale auf Wasser gelegt und zur Hälfte mit einem Streifen dunklem Papier abgedeckt. Die Petrischale wird nun für 30 min starkem Weißlicht ausgesetzt (z.B. Schreibtischlampe, Photonenfluß > 500 $\mu mol \cdot m^{-2} \cdot s^{-1}$). Danach werden die Proben in absolutem Ethanol (p.A.) fixiert. Die entfärbten Blättchen werden nun von der Unterseite her im Lichtmikroskop betrachtet (Abb. 13.13). In den beiden unteren Zellagen des Mesophylls (Schwammparenchym) erkennen wir sternförmige Zellen, deren (fixierte) Chloroplasten im beschatteten Bereich in Schwachlichtstellung angeordnet sind (maximale Lichtabsorption). In der belichteten Blatthälfte sind die Chloroplasten auf die zur Blattfläche antiklinen Zellwände gewandert (Starklichtstellung: Schutz des Photosyntheseapparates vor Lichtstreß). Die intrazelluläre Chloroplastenverlagerung ist reversibel. Das hier dargestellte Experiment kann auch mit Laubblättern anderer Schattenpflanzen durchgeführt werden (geeignet ist z.B. *Tradescantia albiflora*).

Abb. 13.13: Experiment zum Nachweis der intrazellulären Chloroplastenverlagerung in den Schwammparenchymzellen eines Fiederblattes des Wald-Sauerklees. Beschattete bzw. belichtete Blatthälfte: Chloroplasten in Schwachlicht bzw. Starklichtstellung.

13.8 Analyse der Protoplasmaströmung

Neben der im letzten Kapitel beschriebenen lichtabhängigen Chloroplastenverlagerung ist ein zweiter, seit langem bekannter intrazellulärer Bewegungsvorgang von großer physiologischer Bedeutung: die Protoplasmaströmung. Durch stetige Rotation des Cytoplasmasaumes wird ein rascher Stofftransport innerhalb der relativ großen (vacuolisierten) Pflanzenzelle erreicht. Die Protoplasmaströmung ist somit der „Motor" des innerhalb der Zelle stattfindenden Kurzstreckentransports (Translokation von Ionen, Phytohormonen u.a. Molekülen). In den hier beschriebenen Experimenten wollen wir den Mechanismus dieses Bewegungsvorgangs analysieren. Als Versuchspflanzen verwenden wir die in Kapitel 8.6 (Photosynthese) bereits besprochene Kanadische Wasserpest (*Elodea canadensis*) (s. Abb. 8.11, S. 82). Die länglichen, fein gezähnten, in Dreiquirlen entlang des Stengels angeordneten Blättchen sind ideale Versuchsobjekte. Wie bei anderen Unterwasserpflanzen fehlt eine Cuticula; Hemmstoffe (Inhibitoren) können somit leicht über das Außenmedium zugeführt und deren Wirkung auf die Rotation des Cytoplasmasaumes studiert werden. Sproßspitzen kräftiger *Elodea*-Pflanzen (Länge: ~ 10 cm) werden dem Anzuchtbecken entnommen. Einzelne Blättchen aus dem unteren Bereich (d.h. 5 – 10 cm vom Vegetationskegel entfernt) werden nun mit einer Pinzette abgezupft und zwischen Objektträger und Deckglas (+ H_2O, ± Inhibitoren) im Lichtmikroskop analysiert.

A. Grundexperiment

Ein Überblick zeigt, daß die Oberfläche des *Elodea*-Blättchens im wesentlichen aus 3 Zelltypen besteht: Randzellen, die z.T. mit Zacken versehen sind (Abb. 13.14 B), relativ große Epidermiszellen und kleinere Zellen im Bereich der Leitbündel (Abb. 13.14 A). Die zuletzt genannten Zellen sind voll vacuolisiert und weisen einen dünnen peripheren

Cytoplasmasaum auf, innerhalb dessen zahlreiche linsenförmige Chloroplasten sichtbar sind. Etwa 1 – 3 min nach Abtrennung des Blättchens setzt eine Cytoplasmarotation ein: die Chloroplasten werden passiv mittransportiert, d.h. die Protoplasmaströmung kann anhand des Mitdriftens dieser grünen Organellen verfolgt werden. In den Randzellen (Abb. 13.14 B) beginnt erst 3 – 10 min nach Isolation des Blättchens eine Cytoplasmarotation. Da am Blattrand nur eine chloroplastenarme Zellschicht vorliegt, kann die Protoplasmaströmung hier besonders leicht beobachtet werden.

B. Quantifizierung der Strömungsraten
Mit Hilfe eines Okularmikrometers können wir die mittlere Strömungsrate innerhalb der Randzellen (Abb. 13.14 B) wie folgt bestimmen. Wir suchen eine Zelle aus, die eine konstante Cytoplasmarotation zeigt, und orientieren die Strichskala des Okularmikrometers exakt parallel zur Längswand (Vergrößerung: x 400). Mit Hilfe einer Uhr ermitteln wir nun die Zeit, die ein Chloroplast benötigt, um die Längsachse der Randzelle zu durchwandern. Daraus kann die Strömungsrate berechnet werden (z.B. Länge der Zelle ~100 µm; Wanderzeit: 10 s ⇒ Strömungsrate: 100 µm/10 s = 10 µm/s). Wir wiederholen die Messung alle 5 min und tragen die Daten für jede einzelne Zelle gegen die Zeit nach Beginn der ersten Messung auf. Wie Abb. 13.15 zeigt, bleibt die Strömungsrate über 50 min hinweg weitgehend konstant. Von Zelle zu Zelle sind jedoch deutliche Unterschiede zu beobachten: die individuellen Strömungsraten liegen im Bereich zwischen 4 – 12 µm/s.

C. Hemmstoffversuche
Um Informationen zum Mechanismus der Protoplasmaströmung zu erhalten, werden spezifische Hemmstoffe (Inhibitoren) appliziert und deren Wirkung auf die

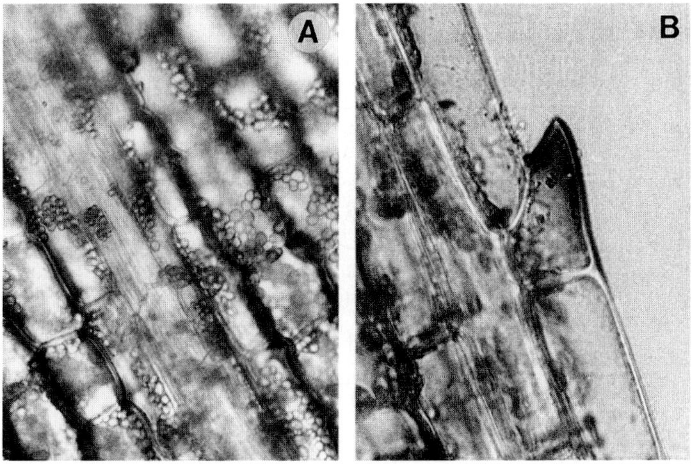

Abb. 13.14: Zellen aus dem Bereich des Leitbündels (A) und dem Rand (B) eines Blättchens der Kanadischen Wasserpest (Aufsicht, x 400).

Rotationsrate ermittelt. Wir betrachten im Lichtmikroskop eine Randzelle, die eine konstante Strömungsrate aufweist (Inkubationsmedium: H_2O). Nach 5 min wird das Medium gewechselt und die Cytoplasmarotation, die in der H_2O-Kontrolle konstant bleibt (s. Abb. 13.15), in 5 min-Abständen ermittelt. Aus diesen Daten kann der zeitliche Verlauf sowie die Intensität der Inhibitorwirkung abgeleitet werden. (I.) *Atmungsgifte*: Schwefelwasserstoff (H_2S) blockiert in den Mitochondrien der Zellen das Enzym Cytochromoxidase, d. h. der letzte Schritt in der Atmungskette ($2\ H^+ + 2\ e^- + \frac{1}{2}\ O_2 \rightarrow H_2O$) wird durch dieses Gas unterbunden. Zur Herstellung von H_2S-Wasser wird in einem Reagenzglas Eisensulfid (FeS) mit Salzsäure (HCl, 1 mol/l) zur Reaktion gebracht und das gebildete H_2S-Gas über ein Glasrohr in Wasser eingeleitet (Dauer: ~ 20 min). Etwas mit H_2S angereichertes Wasser wird zu unserem *Elodea*-Blatt gegeben. Die Protoplasmaströmung kommt rasch zum Stillstand (Problem: Geruchsbelästigung; H_2S unter Abzug herstellen). Die Verbindung 2,4-Dinitrophenol (2,4-DNP) blockiert die mitochondriale ATP-Bildung („Entkoppler"). Nach Zugabe einer 2,4-DNP-Lsg. (1 mmol/l) kann eine vollständige Hemmung der Cytoplasmarotation beobachtet werden. (II.) *Actin-Myosin-System*: Im Cytoplasmasaum von Pflanzenzellen konnten den Muskelproteinen der Tiere homologe Mikrofilamente (Actin, Myosin) nachgewiesen werden. Dieses Actin-Myosin-System („intrazelluläre Muskeln") ist der ATP-abhängige Motor der Cytoplasmarotation. Durch Zugabe des giftigen Pilzstoffes Cytochalasin B, das spezifisch und reversibel F-Actin-Filamente depolymerisiert, kann die Protoplasmaströmung (reversibel) blockiert werden. Wir stellen eine Stammlsg. von Cytochalasin B her (Lösungsmittel: 2 % Dimethylsulfoxid, Konz.: 1 mmol/l). Bereits geringe Inhibitorkonzentrationen (0,1 mmol/l) führen nach 10 min zu einem Stillstand der Rotation. Werden die Blättchen anschließend in H_2O gespült und erneut untersucht, so zeigt sich, daß die Chloroplasten bald wieder wie zuvor rotieren.

Diese Experimente zeigen, daß die Protoplasmaströmung ein aktiver, von der Zellatmung abhängiger Prozeß ist, der vom Actin-Myosin-System der Zelle angetrieben wird.

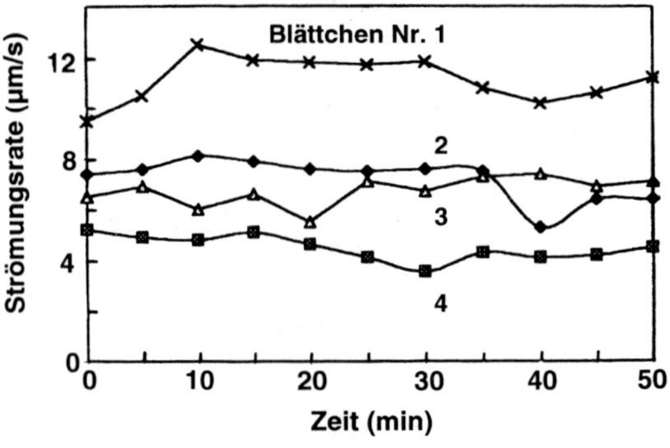

Abb. 13.15: Geschwindigkeiten der Protoplasmaströmung von jeweils einer Randzelle 4 verschiedener Blättchen der Kanadischen Wasserpest. Zeitpunkt Null = 10 min nach Abtrennung des Organs. (Daten: N. TOMCZAK.)

13.9 Circumnutation beim Sonnenblumenkeimling

Achsenförmige Pflanzenorgane (Wurzel, Stengel) wachsen nur selten exakt in einer Richtung: in der Regel wird bei genauer Beobachtung ein Kreisen der Organspitzen festgestellt. Da von oben betrachtet eine mehr oder weniger flache Ellipse durchlaufen wird, wurde dieses Verhalten von C. DARWIN (1882) als *Circumnutation* bezeichnet. Betrachten wir den Wachstumsvorgang in drei Dimensionen, so durchläuft der Apex eine ungleichmäßig geformte Schraube (Helix). Circumnutationen sind endogene Wachstumsbewegungen, die auf asymmetrischen Unterschieden in den Expansionsraten der Organflanken beruhen (lokale Schwankungen der epidermalen Wachstumsraten). Sie treten universell im Pflanzenreich auf und sind insbesondere bei Windepflanzen von Bedeutung (endogene Suchbewegung; Umschlingen einer Stütze).

Circumnutationen (periodische Wachstumsoszillationen) können im Prinzip bei jedem rasch wachsenden Pflanzenorgan beobachtet werden. Ein klassisches Versuchsobjekt ist der bereits im Zusammenhang mit dem Gravitropismus vorgestellte Keimling der Sonnenblume (*Helianthus annuus*). Gequollene Achänen werden in Rollrand-Gläschen, die mit freuchtem Vermiculit gefüllt wurden, angezogen (s. Abschnitt 13.1). Die Keimlinge wachsen im Licht/Dunkel-Wechsel heran bis die Hypocotyle eine Länge von 3 – 5 cm erreicht haben (4 – 5 d nach Aussaat). Die Hypocotylhaken sollten vollständig geöffnet sein. Wir befestigen mit Klebeband eine Stecknadel am oberen Drittel eines Keimstengels („Zeiger"). Als Bezugspunkt stecken wir einen Stahl- oder Plastikstab in das feuchte Vermiculit. Der Keimling wird nun unterhalb einer Glasplatte plaziert, die mit einer transparenten Millimeterskala belegt wurde (mm-Papier auf Klarsichtfolie kopieren). Nach einer „Erholungsphase" von 30 min beginnt das Experiment. Wir betrachten den Keimling von oben (Abb. 13.16) und notieren mit einem spitzen Filzstift den Bezugspunkt und die Position des „Zeigers" (Nadel). In Abständen von 30 min zeichnen wir die Position der Nadel auf. Bei Zimmertemperatur wird innerhalb von 2 – 3 h eine Ellipse durchlaufen, die eine Länge von 1 – 3 cm aufweisen kann. Die Intensität der Circumnutation variiert innerhalb einer Population von Keimlingen. Manche Individuen zeigen nur geringe Bewegungen, während bei anderen eine sehr ausgeprägte Rotation der Hypocotylspitze zu beobachten ist.

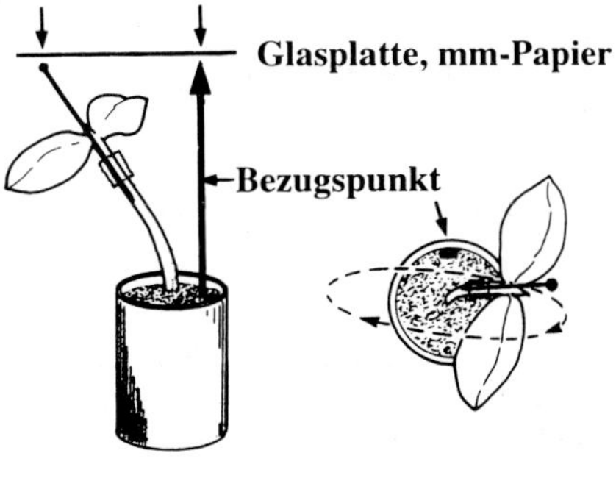

Abb. 13.16: Circumnutation des Hypocotyls eines Keimlings der Sonnenblume. Seitenansicht (*links*), Aufsicht (*rechts*). Die Bewegung (---) wird in Relation zu einem festen Bezugspunkt aufgezeichnet. (Nach BROWN, A.H. & Mitarb.: Plant Physiol. 94, 233-238, 1984.)

Verzeichnis der Abkürzungen und Symbole

ABA	=	Abscisinsäure
ATP	=	Adenosintriphosphat
CAM	=	Crassulaceen-Säurestoffwechsel
Chl.	=	Chlorophyll
d	=	Tag
D	=	Dunkelheit
Fm	=	Frischmasse (g)
GAs	=	Gibberelline
h	=	Stunde
IAA	=	Indol-3-essigsäure (Auxin)
λ	=	Wellenlänge des Lichts (nm)
Lsg.	=	Lösung
min	=	Minute
MPa	=	Megapascal (Druckeinheit: 0,1 MPa ~ 1 bar)
ν	=	Frequenz des Lichts (1/s)
OC	=	Osmotische Konzentration (= Osmolalität) (Osmol/kg)
PAR	=	Photosynthetisch aktive Strahlung (λ-Bereich: 400 – 700 nm)
P	=	hydrostatischer (durch unbewegtes Wasser erzeugter) Druck (MPa)
P_v	=	Turgordruck (MPa)
P_w	=	Wandspannung (MPa)
PEG	=	Polyethylenglycol (Osmoticum)
π	=	Osmotischer Druck (MPa)
R	=	Allgemeine Gaskonstante (0,0083 MPa · l · mol^{-1} · K^{-1})
RH	=	rel. Luftfeuchtigkeit (%)
s	=	Sekunde
S	=	Saugkraft (MPa) bzw. Saccharose
Tm	=	Trockenmasse (g)
WL	=	Weißlicht
Ψ	=	Wasserpotential (MPa)

Literaturhinweise

Bannwarth, H., Kremer, B.P. & Massing, D.: Stoffe und Stoffwechsel: Grundlagen, Abläufe, Experimente. Quelle & Meyer, Wiesbaden, 1996.

Böhlmann, D.: Botanisches Grundpraktikum zur Phylogenie und Anatomie (UTB 1787). Quelle & Meyer, Wiesbaden, 1994.

Brauner, L. & Bukatsch, F.: Das kleine pflanzenphysiologische Praktikum. 9. Aufl. G. Fischer, Stuttgart, 1980.

Detmer, W.: Das Pflanzenphysiologische Praktikum. 2. Aufl., G. Fischer, Jena, 1895.

Eschrich, W.: Strasburger's Kleines Botanisches Praktikum für Anfänger. G. Fischer, Stuttgart, 1976.

Gahan, P.B.: Plant Histochemistry and Cytochemistry. An Introduction. Academic Press, London, 1984.

Greulach, V.A.: Plant Function and Structure. Macmillan Co., New York, 1973.

James, W.O.: An Introduction to Plant Physiology. 7. Ed., Oxford University Press, 1973.

Krüger, W.: Stoffwechselphysiologische Versuche mit Pflanzen. Quelle & Meyer, Heidelberg, 1974.

Kutschera, U.: Kurzes Lehrbuch der Pflanzenphysiologie (UTB 1861). Quelle & Meyer, Wiesbaden, 1995.

Lichtenthaler, H. & Pfister, K.: Praktikum der Photosynthese. Quelle & Meyer, Heidelberg, 1978.

Meidner, H.: Class Experiments in Plant Physiology. G. Allen & Unwin, London, 1984.

Metzner, H.: Pflanzenphysiologische Versuche. G. Fischer, Stuttgart New York, 1982.

Molisch, H. & Dobat, K.: Botanische Versuche und Beobachtungen mit einfachen Mitteln. 5. Aufl. G. Fischer, Stuttgart New York, 1979.

Moore, T.C.: Research Experiences in Plant Physiology. 2. Ed., Springer, New York Heidelberg Berlin, 1981.

Rauh, W.: Morphologie der Nutzpflanzen. Quelle & Meyer, Wiesbaden, 1994.

Reiss, C.: Experiments in Plant Physiology. Prentice Hall Int., London, 1994.

Sachs, L.: Statistische Methoden. Ein Soforthelfer. Springer, Berlin Heidelberg New York, 1970.

Schopfer, P.: Experimentelle Pflanzenphysiologie Bd. 1. Einführung in die Methoden. Springer, Berlin Heidelberg, 1986.

Schopfer, P.: Experimentelle Pflanzenphysiologie Bd. 2. Einführung in die Anwendungen. Springer, Berlin Heidelberg, 1989.

Sievers, A.: Sinneswahrnehmung bei Pflanzen. Graviperzeption. Westdeutscher Verlag GmbH, Opladen, 1984.

Sutcliffe, J.F. & Pate, J.S.: The Physiology of the Garden Pea. Academic Press, London, 1977.

Theiss, H. & Hügel, B.: Experimente zur Entwicklungsbiologie der Pflanzen. Phytohormone. Quelle & Meyer, Wiesbaden, 1996.

Urbach, W., Rupp, W. & Sturm, H.: Praktikum zur Stoffwechselphysiologie der Pflanzen. 2. Aufl., G. Thieme, 1983.

Walker, D.: The Use of the Oxygen Electrode and Fluorescence Probes in Simple Measurements of Photosynthesis. Oxygraphics Ldt., Sheffield, 1990.

Wendt, F. W.: Die Pflanzen. Time-Life Int., Nederland, 1965.

WILLERT, D.J. v., MATYSSEK, R. & HERPPICH, W.: Experimentelle Pflanzenökologie. Grundlagen und Anwendungen. G. Thieme, Stuttgart New York, 1995.
WILLMER, C. & FRICKER, M.: Stomata. 2. Ed., Chapmann & Hall, London, 1996.

Index

D

E

F

G

H

I

Q

R

S

T

U

V

W